动物疾病诊疗丛书

刘俊伟　魏刚才　主编

羊病诊疗与处方手册

YANGBING ZHENLIAO
YU CHUFANG SHOUCE

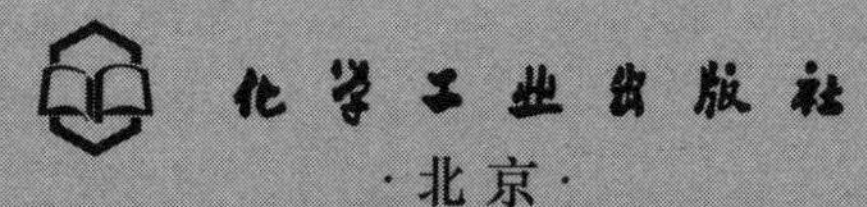

图书在版编目（CIP）数据

羊病诊疗与处方手册/刘俊伟，魏刚才主编. —北京：化学工业出版社，2011.8（2024.8重印）
（动物疾病诊疗丛书）
ISBN 978-7-122-11677-2

Ⅰ. 羊… Ⅱ. ①刘…②魏… Ⅲ. ①羊病-诊疗-手册②羊病-处方-手册 Ⅳ. S858.26-62

中国版本图书馆CIP数据核字（2011）第129161号

责任编辑：邵桂林　　装帧设计：刘丽华
责任校对：顾淑云

出版发行：化学工业出版社（北京市东城区青年湖南街13号　邮政编码100011）
印　　刷：北京云浩印刷有限责任公司
装　　订：三河市振勇印装有限公司
710mm×1000mm　1/16　印张14　字数318千字　2024年8月北京第1版第22次印刷

购书咨询：010-64518888　　售后服务：010-64518899
网　　址：http://www.cip.com.cn
凡购买本书，如有缺损质量问题，本社销售中心负责调换。

定　　价：38.00元

本书编写人员名单

主　　编　刘俊伟　魏刚才

副 主 编　安志兴　申家利　谢红兵　康永轩

编写人员　（按姓氏笔画排序）：

申家利（河南延津县动物疫病防控中心）

刘俊伟（河南科技学院）

安志兴（河南科技学院）

杨丽芬（河南科技学院）

张志平（河南农业大学）

张君涛（河南农业大学）

苗志国（河南科技学院）

范国英（河南科技学院）

康永轩（河南科技学院）

谢红兵（河南科技学院）

魏刚才（河南科技学院）

前　言

养羊业具有独特的生产特点，一是可以大量减少对精饲料的消耗，是节粮型畜牧业。我国家畜存栏量多，精饲料严重短缺，羊对精饲料的依赖性较小，可以充分利用我国大量的粗饲料和天然饲料资源，是我国发展和扶持的重点。二是羊生产的产品种类多，经济价值大。羊既可以生产肉和奶，又可以产毛和皮，其产品市场价格不仅高，而且价格稳定。三是生产的产品绿色。羊是草食家畜，消耗的饲料主要是粗饲料和青饲料，所以饲料中的农药和抗生素含量低，饲料安全性高，有利于绿色产品生产。四是市场潜力大。随着人们消费观念的不断转变，越来越喜欢消费羊产品，羊产品不仅直接的市场需求量大，而且间接的市场潜力也很巨大。所以，养羊业具有广阔的发展前景。

近年来，我国养羊业发展较为快速，成为许多人员的职业，也使许多人走上了致富路，在某些地区已形成了较大的产业。但总体来说，我国养羊业的规模化、集约化程度较低，规模化羊场比例小，绝大多数仍是散养户养羊，技术水平和管理水平都很低，羊病的发生率比较高，产品的生产效率低，直接影响到养殖效益。针对农户散养的特点，需要有一本通俗易懂、简单实用的疾病防治图书，使养殖户能够及时诊断，根据病情照方用药，提高疾病控制能力。为此特组织有关专家编写了本书。

本书结合养羊业生产实际和羊病现状，从羊病综合防控技术、羊病诊断技术、羊病治疗技术以及羊传染病、寄生虫病、营养代谢病、中毒病、普通内科病、外科病和产科病的诊疗和处方等方面进行了系统地介绍。本书具有较强的实用性、针对性和可操作性，可供广大兽医工作者和养羊专业户（场）的技术人员、饲养管理人员参考使用。

由于时间仓促，加之编者水平有限，书中难免出现错误和疏漏，恳请同仁和读者批评指正。

作　者

2011.4

目　录

第一章　我国羊病发生现状与综合防控技术

第二章　羊病的诊断技术

第三章　羊病临床治疗技术

第四章　羊传染病的诊疗与处方

第五章 羊寄生虫病的诊疗与处方

第六章 羊营养代谢病的诊疗和处方

第七章 羊中毒病的诊疗和处方

第八章 羊普通内科病和外科病的诊疗与处方

第九章 羊产科病的诊疗与处方

主要参考文献

第一章　我国羊病发生现状与综合防控技术

第一节　我国羊病发生现状

一、某些传染病呈暴发性流行趋势

饲养管理差、卫生防疫制度缺失、病死羊不能进行无害化处理、业务主管部门监管处置不力等是目前我国羊传染病发生和流行的主要原因。目前危害养羊业的传染性疾病主要有羊痘、传染性脓疱、巴氏杆菌病、链球菌病、羊梭菌性疾病、附红细胞体病、山羊传染性胸膜肺炎、大肠杆菌病、沙门菌病、布鲁菌病等。如羊群发生羊痘后，没有有效控制和扑灭，很快就会在当地暴发流行，导致大批病羊死亡、淘汰。

二、寄生虫病发生率越来越高

不科学的放牧和驱虫是羊群寄生虫病高发的主要原因。当前羊常发的寄生虫病有羊消化道线虫病、反刍兽绦虫病及绦虫蚴病、吸虫病、球虫病、梨形虫病和螨病等。特别是夏季超载牧地羊群捻转血矛线虫病的持续感染，导致羊贫血、消瘦、异嗜、下颌水肿和衰竭死亡，此时按常规的每年2～3次驱虫根本不能控制病情，甚至引起养羊户的恐慌和抛售，严重危害养羊业的健康发展。

三、营养代谢病发病率高

我国养羊业饲养管理粗放，多以放牧为主，由于一年四季粗饲料资源丰歉不均，因而养羊普遍出现“夏饱、秋肥、冬瘦、春乏”现象，以及单羔体重大于双羔，双羔大于多羔，母羊体质与带羔数量呈负相关等现象，这些现象都与营养状况、天气条件和寄生虫感染等因素有关。羊营养代谢病发病率高的主要原因：过度放牧、草地退化、草料短缺、单一、质地不良、饲养不当等造成的营养物质绝对缺乏；羊妊娠、泌乳和快速生长发育等时期，在过冷过热、遭受寄生虫侵袭等因素的作用下，机体对营养物质的需要量增加，没有及时补充导致营养物质相对缺乏。

四、中毒病呈地区性群发

羊常见的中毒病多与饲养管理方式有关，有时有地区性和季节性，危害越来越严重。常见的中毒性疾病，如农药中毒（有机磷农药、灭鼠药及除草剂中毒）、矿物类物质中毒（氟、钼、铜、硒及铅中毒等）、有毒动植物中毒（如采食疯草、萱草根、蕨、闹羊花等有毒植物，或被毒蛇、毒蜂、毒蜘蛛咬蜇而中毒）、饲料中毒（瘤胃酸中毒，食盐、亚硝酸盐、氢氰酸、菜籽饼、棉籽饼以及真菌毒素中毒等）以及因使用不当，剂量或浓度过大，疗程过长等引起的药物中毒等。

五、普通病有逐渐增多的趋势

由于天气骤变，饥饿寒冷、饲养管理不当等原因常常使羊群发生前胃弛缓、瘤胃臌气、肠炎、肠便秘、肠套叠、尿石症、感冒、支气管炎、心力衰竭、贫血、中暑、骨折、创伤、腐蹄病、腹壁疝、流产、难产、胎衣不下、子宫内膜炎、乳房炎等普通病。特别是由传染病和寄生虫病所引起的继发性内脏器官疾病逐渐增多，危害较大。

第二节　羊病综合防控技术

随着养羊业的规模化、集约化发展，羊病防控的重点是群发性的传染病、寄生虫病、营养代谢病和中毒病，以及常发的普通病。羊病防制应坚持“预防为主，防治结合”的原则，采用综合防制方法。

一、科学的饲养管理

以放牧为主的羊群，应根据当地自然资源、饲养条件，确定合理的规模，掌握四季放牧要点，做到科学放牧，并做好分群、轮牧，以及对怀孕母羊、哺乳母羊和羔羊的补饲工作。保证营养全面充足，提高机体抗病力。

以圈养为主的羊群，应科学选择场址和建筑羊舍，保持适宜的饲养密度，降低传染病爆发的风险；科学贮存和调制草料，防止霉变，如当地花生秧较多，可将其晒干后打捆或制成牧草颗粒存放，应满足全年饲喂需要；科学分群饲养，选用配合饲料饲喂；做好防暑和保暖工作，搞好舍内外环境卫生，保持羊舍、饲槽、羊体、用具等的清洁卫生，做好灭蚊灭鼠工作，不在羊舍内养其他动物，避免由规模化圈养易发生的营养代谢病和传染病等带来的严重威胁。

二、严格执行检疫、隔离和消毒制度

（一）严格检疫

坚持自繁自养和全进全出制度。引种时应从非疫区，取得《动物防疫合格证》的种羊场或繁育场引进经检疫合格的种羊。种羊引进后应在隔离观察舍隔离观察2周以上，确认健康后方可进入大群羊舍饲养。采取血清学或病原学的方法，定期有计划地对种羊群进行疫病动态监测，坚决淘汰阳性和带毒（菌）羊；发生疑似疫病时要及时对患病羊和疑似感染羊进行隔离治疗或淘汰处理，对假定健康的羊进行紧急预防接种。

（二）加强隔离

1. 科学选择场址和规划布局

注意羊场场址选择和规划布局；羊舍应建在地势干燥、通风向阳、光线充足、水源丰富的地方。饲养场应设立围墙或防护沟，门口设置消毒池，严禁非生产人员、车辆入内。

2. 实行全进全出或分单元全进全出饲养管理制度

商品羊出栏后，圈舍应空置2周以上，并彻底清洗、消毒，杀灭病原，防止连续感染和交叉感染。饲养人员不得相互窜舍，不得相互使用其他圈舍的用具及设备。

3. 人员管理

谢绝无关人员进入生产区。本场工作人员，确因工作需要必须进入的人员、车辆，应进行严格的消毒。对饲养员定期进行特定的人畜共患病检查，以保证饲养人员身体健康，防止疾病扩散。

4. 灭鼠除害

定期捕杀鼠类、蝇类，防止疾病传播。

（三）注重消毒

要建立定期消毒制度。消毒工作应贯穿于各个环节，每周要对羊舍内外环境进行清扫消毒，至少半月要用药物进行一次消毒；对羔羊要实施产前、产中、产后各个阶段严格消毒，即产羔前进行一次消毒，产羔高峰时进行多次消毒，产羔结束时再进行一次消毒。羊舍出入口应设消毒池。消毒药可选用广谱、高效、低毒、廉价的消毒剂。

1. 羊舍消毒

消毒前应先对羊舍进行清洁，然后使用消毒液消毒。如采用清扫方法，可使畜舍内的细菌数减少20%左右，如果清扫后再用清水冲洗，则畜舍内的细菌数可减少50%以上，清扫、冲洗后再用药物喷雾消毒，畜舍内的细菌数可减少90%以上。否则，污浊的羊舍会直接影响到消毒药物的消毒效果。化学消毒液消毒时，每平方米面积羊舍使用1升配制好的消毒液。常用的消毒药有10%～20%石灰乳、10%漂白粉溶液、0.5%～1.0%菌毒敌（也称农乐、菌毒灭）、0.5%～1.0%二氯异氰尿酸钠（也称强力消毒灵、灭菌净、抗威毒等）、0.5%过氧乙酸等。消毒方法是将消毒液盛于喷雾器内，先喷洒地面，然后喷墙壁，再喷天花板，最后再开门窗通风，用清水刷洗饲槽、用具，将消毒药味除去。如羊舍能密闭，可关闭门窗，再用福尔马林熏蒸（福尔马林的用量为每立方米空间用12.5～50毫升，加等量水一起加热蒸发，不能加热时，也可加入高锰酸钾，每立方米用7.25～25克）消毒12～24小时，然后开窗通风24小时。在一般情况下，羊舍消毒每年可进行两次（春秋各1次）。产房的消毒，在产羔前应进行1次，产羔高峰时进行多次，产羔结束后再进行1次。在病羊舍、隔离舍的出入口处应放置浸有消毒液的麻袋片或草垫；消毒液可用2%～4%氢氧化钠、1%菌毒敌（对病毒性疾病），或用10%克辽林溶液（对其他疾病）。

2. 地面土壤消毒

土壤表面可用10%漂白粉溶液、4%福尔马林或10%氢氧化钠溶液消毒。停放过芽孢杆菌所致传染病（如炭疽）病羊尸体的场所，应严格加以消毒，首先用10%漂白粉澄清液喷洒池面，然后将表层土壤掘起30厘米左右，撒上干漂白粉，并与土混合，将此表土妥善运出掩埋。其他传染病所污染的地面土壤，则可先将地面翻一下，深度约30厘米，在翻地的同时撒上干漂白粉（用量为每平方米面积

0.5 千克)，然后以水洇湿，压平。如果放牧地区被某种病原体污染，一般利用自然因素（如阳光）来消除病原体；如果污染的面积不大，则应使用化学消毒药消毒。

3. 皮毛消毒

患炭疽病、口蹄疫、布氏杆菌病、羊痘、坏死杆菌病等疫病的羊的羊皮、羊毛均应消毒。应当注意，患炭疽病时，严禁从尸体上剥皮；在储存的原料皮中即使只发现一张患炭疽病的羊皮，也应将整堆与它接触过的羊皮进行消毒。皮毛的消毒，目前广泛利用环氧乙烷气体消毒法。消毒时必须在密闭的专用消毒室或密闭良好的容器（常用聚乙烯或聚氯乙烯薄膜制成的篷布）内进行。在室温 15℃时，每立方米密闭空间使用环氧乙烷 0.4～0.8 千克维持 12～48 小时，相对湿度在 30%以上。此法对细菌、病毒、霉菌均有良好的消毒效果，对皮毛等产品中的炭疽芽孢也有较好的消毒作用。但本品对人畜有毒性，且其蒸汽遇明火会燃烧以至爆炸，故必须注意安全，具备一定条件时才可使用。、

4. 粪便消毒

羊的粪便消毒方法有多种，最实用的方法是生物热消毒法，即在距羊场 100～200 米以外的地方设一堆粪场，将羊粪堆积起来，上面覆盖 10 厘米厚的沙土，堆放发酵 30 天左右，即可用作肥料。

5. 污水消毒

最常用的方法是将污水引入污水处理池，加入化学药品（如漂白粉或其他氯制剂）进行消毒，用量视污水量而定，一般 1 升污水用 2～5 克漂白粉。

三、合理的免疫接种

免疫接种是防制传染病的一个重要方法。接种疫苗时，首先对本地区本场以往的疫病发生和流行情况有所了解，并科学地选择适合本地区本场的高质量疫苗，合理地安排接种疫苗计划和方法，保证接种效果。通过疫苗免疫接种来防制的疫病有羊痘、口蹄疫、羊梭菌性疾病、羊传染性脓疱和山羊传染性胸膜肺炎等，另外有选择性地进行免疫防制的有羊布氏杆菌病、羊链球菌病、羔羊大肠杆菌病、羊巴氏杆菌病和羊流产衣原体病等。为确保疫苗免疫效果，可进行接种前后的疫情和免疫监测，一旦发现问题，应及时找出原因和采取相应的补救措施。接种疫苗时应注意疫苗的类型和质量，疫苗运输和储存条件、接种时间、方法和剂量，羊群状况等因素。羊的免疫接种参考程序见表 1-1。

表 1-1 羊的参考免疫程序

日 龄	免疫方法
羔羊 20 日龄	羊快疫、猝疽、肠毒血症三联灭活苗初免，肌内注射或皮下注射 5 毫升。免疫期 6 个月
28 日龄	口蹄疫 O 型、亚洲Ⅰ型二价灭活疫苗（免疫期 4 个月），肌内注射，15～21 天后加强一次，以后 3～4 月免疫一次
42 日龄	羊厌气菌五联菌苗（免疫期 6 个月），皮下或肌内注射 5 毫升。或用羊厌氧菌七联干粉苗（免疫期 6 个月），皮下或肌内注射 1 毫升。以后每隔 6 个月免疫一次

续表

日　龄	免疫方法
50日龄	羊痘细胞化弱毒冻干疫苗(免疫期1年),皮内注射0.5毫升。以后每1年免疫一次
64日龄	传染性脓疱皮炎细胞弱毒苗(即羊口疮弱毒苗,免疫期1年),用消毒针头在羔羊下唇黏膜或股内侧作"#"样划痕,以轻微渗血为度,然后将疫苗按每只0.2毫升滴于划痕上,以拇指揉搓,使其充分吸收。该病流行严重地区也可在羔羊进行2日龄接种。以后每1年免疫一次

注：1. 每年9月中旬皮下注射1毫升Ⅱ号炭疽芽孢苗（羊1岁以内不注射，注射后14天产生免疫力），一年免疫一次。

2. 每年9月下旬接种山羊传染性胸膜肺炎氢氧化铝苗（半岁以下山羊皮下或肌内注射3毫升，半岁以上山羊注射5毫升，或用绵羊肺炎支原体灭活苗免疫），一年免疫一次。

3. 最好在母羊产羔前2～3周注射羔羊痢疾灭活苗或羊厌氧七联干粉苗，以防羔羊痢疾。

4. 新引进羊群在隔离15天后进行免疫接种，以后根据疫苗的免疫期进行注射。

5. 调出县境的羊只，在调运前3周注射口蹄疫O型、亚洲Ⅰ型二价灭活疫苗进行一次强化免疫。

6. 发生疫情时，对疫区、受威胁区的全部易感动物进行强制免疫。

四、定期科学驱虫

应建立完善的驱虫制度，坚持定期驱虫。结合本地实际，选择低毒、高效、广谱的药物给羊群进行预防性驱虫。建议进行“虫体成熟期前驱虫”或“秋冬季驱虫”，驱虫前要做小群试验，再进行全群驱虫，驱虫应在专门的有隔离条件的场所进行，驱虫后排出的粪便应统一集中发酵处理；科学选择和轮换使用抗寄生虫药物，减轻药物不良反应，尽量推迟或消除寄生虫抗药性的产生；逐日清扫粪便，打扫羊舍卫生，消灭或控制中间宿主或传播媒介，避免湿地放牧，避免吃露水草；加强饲养管理，减少应激，提高机体抵抗力。

目前常规预防多采用春秋两次或每年三次驱虫，也可依据化验结果确定，对外地引进的羊必须驱虫后再合群。放牧羊群消化道寄生虫感染普遍，在秋季或入冬、开春和春季放牧后4～5周各驱虫一次，夏季雨水多，气温高，寄生虫在外界发育迅速，羊寄生虫感染率高，可根据情况适当增加驱虫次数，一般2个月一次，如牧地过度放牧，超载严重，寄生虫发生（主要是捻转血矛线虫）持续感染，建议1个月驱虫一次，或投服抗寄生虫缓释药弹（丸）进行控制。羔羊在2月龄进行首次驱虫，母羊在接近分娩时进行产前驱虫，寄生虫污染严重地区在母羊产后3～4周再驱虫一次。

体外寄生虫，如疥螨、痒螨、蜱、跳蚤、虱子等，一般每年杀虫2次，或当发现羊群有瘙痒脱毛症状时全群进行杀虫，可选用敌百虫、双甲脒、辛硫磷、二嗪农、毒蝇磷、溴氰菊酯等进行喷洒或药浴，如用伊维菌素或阿维菌素皮下注射或内服给药，一般应在2周后重复给药一次。杀灭蚊子等吸血昆虫可采用消灭蚊子生存环境、灭蚊灯（器）、墙壁门窗喷洒防蚊虫药剂或在羊舍点燃自制的蚊香等进行。驱除蠕虫（如线虫、吸虫、绦虫）等体内寄生虫，可根据情况选用伊维菌素、多拉菌素、左旋咪唑等药物；抗球虫可选用氨丙啉、莫能菌素等。

五、及时准确诊断，合理使用抗菌药物

及时准确的诊断是提高治愈率，减少死亡，减少损失的重要手段。发生羊病

时，应及早诊断，尽快确诊和制定有效的防治方案。妥善保存防疫档案，检疫证明书、诊断记录、处方签、病历表等基本档案资料。一旦发现疫情，要按有关法律法规的要求，逐级上报，并请当地动物防疫监督机构兽医人员现场诊治。抗菌药物的滥用使细菌的耐药性和兽药残留等问题日益严重，要求兽药使用单位和人员严格遵守国务院兽医行政管理部门制定的兽药安全使用规定，严格执行兽药处方药与非处方药分类管理的规定，保障遵守兽药的休药期，根据适应症合理选择和使用兽药，建立用药记录，还应确保动物及其产品在用药期、休药期内不用于食品消费。

六、疫病扑灭措施

（一）隔离

当羊群发生传染病时，应尽快作出诊断，明确传染病性质，立即采取隔离措施。一旦病性确定，对假定健康羊可进行紧急预防接种。隔离开的羊群要专人饲养，用具要专用，人员不要互相串门。根据该种传染病潜伏期的长短，经一定时间观察不再发病后，再经过消毒后可解除隔离。

（二）封锁

在发生及流行某些危害性大的烈性传染病时，应立即报告当地政府主管部门，划定疫区范围进行封锁。封锁应根据该疫病流行情况和流行规律，按“早、快、严、小”的原则进行。封锁是针对传染源、传播途径、易感动物群三个环节采取相应措施。

（三）紧急预防和治疗

一旦发生传染病，在查清疫病性质之后，除按传染病控制原则进行诸如检疫、隔离、封锁、消毒等处理外，对疑似病羊及假定健康羊可采用紧急预防接种，预防接种可应用疫苗，也可应用抗血清。

（四）淘汰病畜

淘汰病畜，也是控制和扑灭疫病的重要措施之一。

第二章　羊病的诊断技术

羊病诊断是疾病防治的前提，只有及时准确的诊断，防治才能有的放矢，否则会盲目行事，错失良机，甚至误诊误治。羊病诊断方法有临床诊断、病理学诊断、实验室诊断等。

第一节　临床诊断

临床检查是诊断羊病最常用的方法。临床检查一般通过基本检查法（如问诊、视诊、触诊、叩诊、听诊和嗅诊等）进行。临床检查有利于及时发现病羊，了解病羊的表现，为疾病诊断提供依据和方向。临床检查时应注意疾病的典型症状和早期症状，依靠典型症状有时可以确诊疾病。

一、问　　诊

问诊就是以询问的方式，向饲养，管理人员调查了解畜群或病畜有关发病的各种情况。问诊是建立诊断的重要环节之一，一般是在进行具体检查之前进行。问诊的主要内容有病畜既往患病状况、现病史、日常饲养管理、生产及利用概况、有关流行病学的材料等。

（一）既往史

既往史即病畜或畜群过去的病史。调查了解羊群以前患病经过，如以前是否发生过与此次相类似的疾病，附近地区有无类似疾病发生，羊的引进或变动情况，羊的发病数量，时间等，借此了解过去患病与现症有无必然联系，可以作为这次疾病诊疗工作的参考。

（二）现病史

现病史即这次发病的详细情况和经过。主要了解以下内容。

1. 发病的时间与地点

如发病在饲喂前或饲喂后，放牧中或舍饲时、产前或产后等，借此可以了解病因，推断病性及病程。

2. 病畜的主要表现

如有关病羊的精神状态，采食和饮水、排泄、呼吸、咳嗽及其他行为表现等，借以推断疾病的性质和发病部位，为确定器官系统检查的重点提供依据。

3. 疾病经过

与发病初期比较，病势是减轻还是加重，主要症状的变化，已采用过的治疗方法（药物及疗效）等，借以推断预后，确定诊断，采取更合理的治疗措施。

4. 病因的初步估计

根据主诉人提供的线索，如饲喂不当、雨淋、受凉、曝晒、损伤等，以进一步判断病因。

（三）饲养、管理概况

对病畜与畜群的有关饲养、管理、使役及生产性能进行全面了解，从而分析饲养、管理与发病的关系，为采取合理的诊疗手段提供依据。

1. 饲粮与饲养制度

由于饲料品质不良和日粮配合不当，常常是消化紊乱、营养不良、代谢疾病的主要原因。而饲料与饲养制度的改变，也往往是引发前胃疾病的重要原因。由于饲料霉变、饲料品质不良，以及饲料加工调制不当而形成有毒物质，可引起家畜的饲料中毒性疾病。在放牧条件下，应着重询问牧场与牧草的组成情况等。

2. 畜舍卫生和环境条件

这些因素包括畜舍的光照、通风、保暖与降温、废物排除等设备，畜床与垫草、畜栏设置，牧场运动场的自然环境特点（地理位置、地形、土壤特性、供水系统、气候条件），附近厂矿的废水、废气及污物的排放处理等。

3. 生产性能与管理制度

管理粗放及制度混乱，如种畜的运动不足、盲目引进畜种、不合理的品种组合及繁育方法等，都可能是致病的重要条件。

（四）流行病学调查

对卫生防疫制度的贯彻实施，如羊舍定期消毒、粪便处理、预防接种、驱虫及病畜的处理方法等，都应进行充分了解。特别是在一个大型养羊场中，如果没有健全的防疫卫生制度，或有制度而不能认真执行，稍有漏洞就可能为传染病的发生与流行提供条件。

总之，问诊的内容相当广泛，应当根据病畜的具体情况适当地加以取舍。同时要灵活掌握问诊的顺序，一般是先问诊再进行检查，也可一边检查一边询问，在遇到危重病例时，经采取有效抢救措施后再补充询问。问诊时，态度要热情诚恳，语言要通俗易懂，提问要明确而重点突出。对问诊取得的材料，应以客观的态度进行评价，排除“诈病”或“匿病”的干扰，做到心中有数，这样，才能获得比较全面详细、真实可靠的预期结果。

二、视　　诊

视诊是用肉眼或借助器械观察病畜的整体和局部的异常表现的方法。视诊方法简便可靠、应用范围广，祖国医学将其列为四诊（望、闻、问、切）之首。视诊是从畜群里及早发现病畜的一种行之有效的方法。视诊时，最好先从离病羊几步远的地方观察羊的肥瘦、姿势、步态等情况，然后靠近病羊详细察看被毛、皮肤、黏膜、结膜、粪尿等情况。

（一）肥瘦

一般急性病，如急性瘤胃臌气、急性炭疽等，病羊身体仍然肥壮，而一些慢性消耗性疾病，如营养代谢病、寄生虫病等，病羊身体多为瘦弱。

（二）姿势

观察病羊一举一动是否与平素相同，如果不同，就可能是有病的表现。有些疾病表现出特殊的姿势，如破伤风表现四肢僵直，行动不灵便。

（三）步态

健康的羊步行活泼而稳定。如果羊患病时，常表现不喜行走，行动缓慢，甚至卧地不起。当羊的四肢骨骼、肌肉、关节或蹄部发生疾病时，则表现为跛行，甚至跪地、卧地等。

（四）被毛和皮肤

健康的羊被毛整齐而不易脱落，富有光泽。在病理状态下，被毛粗乱蓬松，失去光泽，而且容易脱落。患螨病的羊，患部被毛成片脱落，皮屑增多，皮肤变厚变硬，出现蹭痒和擦伤。在检查皮肤时，除注意皮肤的颜色外，还要注意皮肤弹性，皮肤有无水肿、炎性肿胀、气肿、外伤等。

（五）可视黏膜

一般健康的羊眼结合膜、口腔、鼻腔、阴道和肛门黏膜呈光滑粉红色。眼结合膜的颜色决定于黏膜下毛细血管中的血液数量及其血液和淋巴液中胆色素的含量。检查可视黏膜时，除应注意其温度、湿度、有无出血、完整性外，更可仔细观察颜色变化，特别是眼结合膜的颜色变化。通过眼结合膜的颜色变化，不仅可反映局部病变，并可推断全身的循环状态及血液某些成分的改变，在诊断和预后判断上均有一定的意义。病理情况下可表现如下。

1. 眼睑及分泌物

眼结膜肿胀是由于炎症所引起的浆液性浸润和瘀血性水肿所致，如过敏；如果从结膜囊中流出较多浆液性、黏膜性或脓性分泌物，往往与侵害黏膜组织的热性病和局部炎症有关，如传染性角膜结膜炎、山羊传染性胸膜肺炎、羊痘、眼病。

2. 眼结膜的颜色

（1）潮红　这是眼结合膜下毛细血管充血的征象。单侧潮红，可能是局部的结合膜炎症所致。双侧潮红，见于眼病、全身性疾病、传染性角膜结膜炎、山羊传染性胸膜肺炎、羊痘等。弥漫性潮红时，眼结膜呈均匀鲜红，是由于血管运动中枢机能紊乱及外周血管扩张的结果，见于热性病，呼吸困难，氢氰酸中毒等。树枝状充血时，小血管高度扩张，血液充盈呈树枝状，见于高度血液循环障碍的心脏病、脑炎等。

（2）苍白　眼结合膜色淡，甚至呈灰白色，是各型贫血的特征。这是由于全身或头部循环血液量减少，以致局部组织器官的血液供给和含血量不足，或血液中红细胞和血红蛋白含量减少的结果。因缺血程度不同，眼结膜可呈淡红色、红白色、灰白色、黄白色等。急性苍白，见于动物的外伤性大出血，或脏器破裂而致的内出血，如创伤、撞伤和手术。渐进性苍白，见于各种慢性贫血及慢性消耗性疾病等，如营养不良、寄生虫病。苍白的同时伴有不同程度的黄染，见于溶血性贫血。如梨形虫病、钩端螺旋体病。

（3）发绀　下列因素可致发绀：动脉血的氧饱和度不足（低氧血症），见于上呼吸道阻塞的疾病，肺呼吸面积明显减少的疾病（如肺炎、肺水肿等），因血液在肺部氧合作用不足，导致血液中氧合血红蛋白含量降低。缺血性缺氧，心力衰竭时导致全身性瘀血，血流缓慢，血液流经组织中毛细血管时，脱氧过多；严重休克时，心输出量大大减少，外周循环缺血缺氧，黏膜呈青灰色。血液中出现多量的异常血红蛋白衍生物（如亚硝酸盐中毒导致的高铁血红蛋白血症）。

（4）黄染　眼结膜呈不同程度的黄色，在巩膜及瞬膜处易于表现出来，是由于胆色素代谢障碍，使血液中胆红素浓度增高所致。黄染常见于肝炎、胆道阻塞、中毒、钩端螺旋体病。

(5) 出血点和出血斑　见于败血性传染病、出血性素质的疾病。

3. 口腔黏膜

羊的徒手开口法，两手的拇、中指分别自口的两侧将上下唇自口角压入齿列间，同时上下用力拉开口腔即可。口腔黏膜检查应注意其颜色、温度、湿度及破坏程度（完整性）等。

(1) 颜色　健康羊口腔黏膜颜色淡红而有光泽。在病理情况下，口黏膜的颜色也有潮红、苍白、发绀、黄染以及呈现出血斑等变化，与眼结膜颜色变化的临诊意义大致相同。口黏膜极度苍白或高度发绀，提示预后不良。

(2) 温度　手指伸入口腔中感知口腔温度。口腔温度与体温的临诊意义基本一致，如仅口温升高而体温不高，多为口腔炎的表现。

(3) 湿度　健康家畜口腔湿度中等。口腔过分湿润，是唾液分泌过多或吞咽障碍的结果，见于口炎、咽炎、唾液腺炎、口蹄疫、狂犬病、破伤风及有机磷农药中毒等。口腔干燥，见于热性病、脱水等。

(4) 完整性　口黏膜出现红肿、发疹、结节、水泡、脓疱、溃疡、表面坏死、上皮脱落等，除见于一般性口炎外，也见于口蹄疫、羊痘、传染性脓疱等过程中。

（六）采食、饮水

1. 食欲减退

表现为不愿采食或食量减少，是许多疾病的共同表现，由于各种致病因素作用，导致舌苔生成，味觉减退，反射性地抑制胃的饥饿收缩所引起。同时与胃肠张力减弱，消化液分泌减少有关。因消化器官本身的疾病引起，如口炎、牙齿疾病、胃肠病等，还见于热性病、疼痛性疾病、代谢障碍，慢性心衰、脑病等。

2. 食欲废绝

表现为完全拒食饲料，长期拒食饲料表示疾病严重，预后不良。多见于各种高热性疾病、剧痛性疾病、中毒性疾病、急性胃肠道疾病（如急性瘤胃臌气、急性肠臌气、肠阻塞、肠变位）等。

3. 食欲不定

表现为食欲时好时坏，变化不定，见于创伤性网胃炎等。

4. 食欲亢进

表现食欲旺盛，采食量多。主要是由于机体能量需要增加，代谢加强，或对营养物质的吸收和利用障碍所致。常见于重病恢复期、肠道寄生虫病、机能性腹泻等。

5. 异嗜

异嗜是食欲扰乱的另一种异常表现，其特征是病畜喜食正常饲料以外的物质或异物，如灰渣、被毛、污物等。异嗜现象常见于幼畜。异嗜多提示为营养代谢障碍和矿物质、维生素、微量元素缺乏性疾病的先兆，如骨软病、佝偻病、维生素缺乏症、羔羊白肌病、贫血等，也常见于胃肠道寄生虫病，如羊捻转血矛线虫病等。

6. 饮欲增加

表现为口渴多饮，常见于热性病、重度脱水（如剧烈呕吐、腹泻、多尿、大出汗）、渗出过程（如胸膜炎和腹膜炎）及食盐中毒。

7. 饮欲减少

表现为不喜饮水或饮水量少，见于意识障碍的脑病、腹痛性疾病（如肠变位）。

（七）排粪排尿

羊的排粪也要检查，主要检查粪便形状、硬度、色泽及附着物等。正常时，羊粪呈小球形，表面平滑有光泽，没有难闻臭味。病理状态表现如下。

1. 便秘

表现排粪费力，次数减少或屡呈排粪姿势而排出量少，粪便干燥、粗糙、色深、变硬，有时被覆黏液。便秘见于一切热性病、羊捻转血矛线虫病、前胃弛缓、瘤胃积食、瓣胃阻塞、肠套叠等。

2. 腹泻

腹泻表现为频繁排粪，甚至排粪失禁，粪便呈稀粥状，甚至水样。腹泻或下痢是各种类型肠炎的特征，见于饲养管理不当（如青绿饲料饲喂过多，突然换料，营养缺乏），传染病（如羔羊痢、沙氏菌病、大肠杆菌病、副结核病、小反刍兽疫）。也见于肠道寄生虫病（如食道口线虫病、仰口线虫病、捻转血矛线虫病、球虫病、鞭虫病、小袋虫病、隐孢子虫病、绦虫病、肝片吸虫病等）及某些中毒病（如食盐中毒、有机磷农药中毒、钼中毒、铜中毒、砷中毒、黄曲霉毒素中毒、棉籽饼中毒、硝酸盐与亚硝酸盐中毒等）。

3. 排粪失禁

排粪失禁即动物不经采取固有的排粪动作而不自主地排出粪便，多是由于肛门括约肌弛缓或麻痹所致。可见于荐部脊髓损伤和炎症或脑的疾病。引起顽固性腹泻的各种疾病，也常伴有排粪失禁现象。

4. 排粪带痛

排粪时动物表现疼痛不安、惊惧、努责、呻吟等，可见于腹膜炎、胃肠炎、创伤性网胃炎、直肠炎及直肠嵌入异物等。

5. 里急后重

表现屡屡呈排粪动作并强度努责，而仅排出少量粪便或黏液，是直肠发炎的特征。顽固性腹泻时，常有里急后重现象，是炎症波及直肠黏膜的结果。

6. 粪便的颜色

在排除由于饲料成分等因素影响外，粪便暗红色或呈煤焦油样，均匀混于粪便中，见于胃及前部肠管出血，如羔羊痢、肠毒血症、羊快疫等，如血液只附于粪球外部表面，并呈鲜红色时，是后部肠管出血的特征。

7. 粪便的异常混有物

粪便混有黏液，见于肠黏膜的卡他性炎症或肠梗阻；含有完整谷粒，表示消化不良；混有纤维素膜时，示为纤维素性肠炎；还要认真检查是否含有寄生虫及其节片。

（八）呼吸

正常时，羊每分钟呼吸12～30次。呼吸次数增多，见于热性病、呼吸系统疾病、心力衰竭、中暑、贫血、腹压升高的疾病等；呼吸次数减少，主要见于呼吸中枢高度抑制，如脑部疾病和中毒性疾病的后期，昏迷，以及喉、气管和细支气管狭窄。另外，还要检查呼吸型、呼吸节律以及是否有呼吸困难等。

三、触　诊

触诊是指用手或手指尖感触被检查的部位，并稍加压力，以便确定被检查的各个器官组织是否正常。触诊常用如下几种方法。

（一）皮肤检查

主要检查皮肤的弹性、温度、有无肿胀和伤口等。皮肤弹性降低见于消瘦、脱水、水肿或皮肤病后期。皮温升高见于热性病。皮肤呈捏面团状，见于水肿，如捻转血矛线虫病、肝片吸虫病等引起的下颌水肿和头部水肿。

（二）体温检查

一般用手触摸羊耳朵或把手插进羊嘴里去握住舌头，可以知道病羊是否发烧。但是准确的方法，是用体温计测量。羊的体温，一般幼羊比成年羊高一些，热天比冷天高一些，运动后比运动前高一些，这都是正常的生理现象。绵羊和山羊的正常体温是38～40℃。病理性的体温升高称为发热，见于各种病原体的感染性疾病，例如急性热性传染病，血液寄生虫病，以及急性炎症、中暑等。机体散热过多，或产热不足，导致体温降至常温以下，称为体温低下（或体温过低）。正常时老龄动物，冬季放牧的家畜会出现体温低下。病理性低体温见于休克、心力衰竭、中枢神经系统抑制（如脑炎、中毒、全身麻醉）、高度营养不良、衰竭及濒死期。

（三）脉搏检查

检查时，注意脉搏的频率和强弱等。检查羊脉搏的部位，是用手指摸后肢股部内侧的股动脉。健康绵羊和山羊的脉搏频率是每分钟70～80次。羊有病时，脉搏的跳动次数和强弱都和正常羊不同。脉搏频率增加是心脏机能活动加快的结果，主要见于热性病，心脏病，呼吸器官疾病，血管张力减低或血压下降的疾病（如失血、休克、严重贫血、脱水、血管运动中枢麻痹），伴有剧烈疼痛的疾病，中毒性疾病（如毒芹中毒）或治疗不当引起的药物中毒（洋地黄、阿托品中毒等）。脉搏频率降低是心脏活动减慢的指征，主要见于颅内压增高的疾病（如慢性脑积水、脑肿瘤），自体中毒（如尿毒症、胆管阻塞造成的胆血症）和心脏传导阻滞等。

（四）体表淋巴结检查

主要检查颌下、肩前、膝上和乳房上淋巴结。当羊发生泰勒虫病、结核病、伪结核病和羊链球菌病时，体表淋巴结往往肿大，其形状、硬度、温度、敏感性及活动性等也会发生变化。

（五）人工诱咳

检查者立在羊的左侧，用右手捏压气管前3个软骨环。如引发连续性咳嗽，即为阳性。羊发生肺炎、胸膜炎、结核病时，多呈弱咳，发生喉炎及气管炎时，则为强咳。

（六）腹部触诊

触诊瘤胃或真胃内容物的性状及腹水的波动时，常以一手放在羊的背腰部作支点，另一只手四指伸直并拢，垂直放在被检部位，指端不离开体表，用力做短而急促的触压。触诊网胃区（剑状软骨后方）或瓣胃区（羊右侧第7～9肋间和肩关节水平线上下）时，如发生前胃疾病，病羊会感觉疼痛，即咩叫、呻吟或表现骚动不安。瘤胃积食或前胃弛缓时，左侧腹壁紧张，内容物较硬，如其中混有气体和液体时，则呈半液状，触之有波动感，如内容物较干固，触压有压痕呈现捏粉状。瘤胃臌气时，则其上部腹壁紧张而有弹性，甚至用力强压亦不能感到胃中坚实的内容物。右侧腹壁正常为软而不实之感，若触之有充实感，严重时呈捏面团状，多为肠便秘，如于右侧肷窝部触之有胀满感，或同时有击水音，叩之呈鼓音，排粪大减或停止，粪便被覆黏液，有腹痛姿势，可疑为小肠或盲肠变位。

四、叩　诊

叩诊是对动物体表的某一部位进行叩击，根据所产生的音响性质，以推断被检查的器官、组织有无病理变化的一种方法。动物体的叩诊音，是由被叩器官的特性决定的。根据组织器官是否含有气体，分为清音和浊音。

（一）清音

广义的清音包括正常肺叩诊音、鼓音和过清音三种，而狭义的清音仅指正常肺叩诊音。

1. 正常肺叩诊音

正常肺组织的肺泡含气量多，弹性好，叩诊时发清音。但肺叩诊音是由许多小肺泡同时振动而形成的，其中伴音较多，振动不规律，发出不和谐的噪音，遂被称为非鼓音，或满音。

2. 鼓音

叩击含有多量气体，而组织弹性较松弛的空腔，则发出鼓音。正常羊瘤胃的上1/3部，叩诊时为鼓音，瘤胃臌气时，叩诊瘤胃的其他部位也可以呈鼓音。

3. 过清音

过清音是介于清音与鼓音之间的一种声音。此种叩诊音正常时不易听到，当叩打含气量过多而弹性减弱的组织，如肺气肿的肺组织边缘部位，才能听到。

（二）浊音

广义的浊音包括相对浊音（半浊音）和绝对浊音。

1. 浊音

浊音是一种音调高、音响弱和振动时间短的音响。叩击实质器官（心、肝、脾等）和肌肉，由于组织不含气体，弹性也较差，所以呈现浊音。在病理情况下，如肺组织实变或发生液体浸润时叩诊发生浊音，有胸水时胸部叩诊为水平浊音。

2. 半浊音

半浊音是介于清音和浊音之间的音响。正常情况下，叩击肺组织的边缘部分和心脏的相对浊音区，即发生半浊音。在病理情况下，可见于肺组织含气量减少。

五、听　诊

听诊是借助听诊器或直接用耳听取动物内脏器官在活动过程中所发生的声音，借以判定其异常变化的一种检查方法。听诊的应用范围很广，现代听诊法主要用于听取心音、喉、气管及肺泡呼吸音，胃肠蠕动音。

（一）心脏听诊

心音是随心室的收缩和舒张活动而产生的两个有节律、相互交替发生的声音。声如“咚、嗒”。心肌、瓣膜和血液等的振动是产生心音的基础。第一心音发生于心室收缩期，故称为缩期心音，是在心室收缩时，主要由两个房室瓣（二尖瓣、三尖瓣）突然关闭的振动所形成，其他次要因素有心房收缩的振动、半月瓣开放和心脏射血而冲击大动脉管壁所产生的振动等，为低而浊的长音。第二心音发生于心室舒张期，故称为张期心音，主要是由于心室舒张时，两个半月瓣突然关闭的振动所形成，其他次要因素有心室舒张时的振动、房室瓣开放和血流的振动等，为稍高而短的声音。

第一心音、第二心音均增强，见于热性病的初期，贫血，使用肾上腺素或阿托品等药物。第一心音、第二心音均减弱，一般见于高度心力衰竭、濒死期、渗出性胸膜炎、胸水等。第一心音增强，第二心音减弱甚至难以听到，是动脉根部血压过低所致（见于大失血、严重脱水、休克、虚脱、贫血、热性病）。第二心音增强，主要是由于动脉压升高，使半月瓣关闭时振动有力而引起的，见于能导致肺动脉高压的因素（如肺瘀血、肺气肿、二尖瓣闭锁不全等），也见于能导致主动脉压力升高的因素（如高血压、左心肥大、肾炎等）。如果在正常心音以外听到其他杂音，多为瓣膜或瓣膜口疾病、严重贫血、创伤性心包炎、胸膜炎等。

（二）肺脏听诊

肺脏听诊是听取肺脏在吸入和呼出空气时，由于肺脏振动而产生的声音，一般有下列几种。

1. 肺泡呼吸音

肺泡呼吸音类似柔和的“夫”音，一般在健康家畜的肺区内可以听到。在吸气时，较明显，时间也长，吸气之末更清楚，呼气时短而微弱，仅在呼气之初可以听到。

普遍性增强，为呼吸中枢兴奋性增强，呼吸运动和肺换气加强的结果。其特征为两侧和全肺的肺泡音均增强，如重读“夫、夫”音。常见于发热、代谢亢进及其他伴有一般性呼吸困难的疾病，这种普遍性增强的现象，是全身性症状的一部分，并不标志着肺实质的原发性病理变化。

局限性增强，亦称代偿性增强，此乃病变侵及一侧肺或肺脏的某些部分，而使其机能减弱或消失，则健侧或无病变的健康肺组织部分承担着患病部的呼吸机能，出现代偿性呼吸机能亢进的结果。它标志着肺实质的病理变化，具有重要的诊断意义，常见于大叶性肺炎、小叶性肺炎和渗出性胸膜炎等，其特点是常伴发一侧或局部肺泡呼吸音减弱或消失，或出现支气管呼吸音。配合胸部叩诊时，常可发现相应的浊音和鼓音等症状。

肺泡呼吸音减弱或消失表现为肺泡呼吸音极为微弱，听不清楚，吸气时也不明显，甚至听不到肺泡呼吸音。见于肺组织的弹性减弱或消失（如各型肺炎、肺结核、肺气肿），进入肺泡的空气量减少或流速减慢（如上呼吸道狭窄，肺膨胀不全，严重中毒性疾病的后期，脑炎后期、濒死期，呼吸肌麻痹、呼吸运动减弱），胸部有剧烈疼痛性疾病（如胸膜炎、肋骨骨折），膈肌运动障碍（如瘤胃臌气、肠臌气等），呼吸音传导障碍（如胸腔积液、胸壁肿胀），以及空气完全不能进入肺泡内（如支气管阻塞和肺实变）。

2. 支气管呼吸音

支气管呼吸音是一种类似将舌抬高呼出气时而发出的“赫”音，或以强的“ch”音形容。支气管呼吸音是空气通过声门裂隙时产生气流漩涡所致。故支气管呼吸音实为喉、气管呼吸音的延续。在正常情况下，绵羊和山羊在第 3～4 肋间，肩关节水平线上下可以听到柔和而轻微的混合性呼吸音。在肺部正常可听范围以外的部位出现支气管呼吸音，认为是病理征象。肺组织实变是发生病理性支气管呼吸音最常见的原因，见于肺炎的肝变期、山羊传染性胸膜肺炎、渗出性胸膜炎和胸水。

3. 啰音

啰音为伴随呼吸而出现的附加音响。按其性质可分为干啰音和湿啰音。

干啰音是支气管黏膜上有黏稠分泌物，支气管黏膜发炎、肿胀或支气管痉挛，使其管径变窄，空气通过狭窄的支气管腔或气流冲击附着于支气管内壁的黏稠分泌物时引起振动而产生的声音。干啰音在吸气或呼气时均能听到，一般在吸气的顶点最清楚，干啰音变动性较大，可因咳嗽，深呼吸而有明显的减少或增多，或时而出现，时而消失。如为强大粗糙低调的“咕－咕”声或“嗡嗡”音，则表示病变在大支气管，为高调尖锐的哨音、笛音、飞箭音、咝咝音等，表明病变在细支气管。广泛性干啰音，见于弥散性支气管炎、支气管肺炎、慢性肺气肿等。局限性干啰音，常见于局限性慢性支气管炎、结核病、肺丝虫病和间质性肺炎等。

湿啰音又称水泡音，是支气管内有较稀薄的分泌物，被气流冲击而发出的类似水泡破裂的声音。湿啰音的性质类似用一小管吹空气入水中时产生的声音，多半是水泡破裂音、沸腾音、含漱音等。按支气管口径的不同，可将其分为大、中、小 3 种水泡音。湿啰音于吸气和呼气时都可听到，但以吸气末期更为清楚。一般存在时间较长或较固定，易变性较小，但咳嗽后可增多、减少或消失，经短时间之后又重新出现。湿啰音是支气管疾病和许多肺部疾病的重要症状之一，如支气管炎、各型肺炎、肺结核等。广泛性湿啰音，见于肺水肿；两侧肺下野的湿啰音，见于心力衰竭、肺充血、肺出血、异物性肺炎。沸腾样大水泡音见于重度心力衰竭、昏迷和濒死期。

4. 捻发音

捻发音为一种极细微而均匀的噼啪音。该音的性质类似在耳边用手捻搓一束头发时产生的声音，其特点为声音短、细碎、大小相等而均匀。捻发音是肺泡内含有液体（渗出液、漏出液），并将肺泡粘合起来，但并非完全实变，当吸气时粘着的肺泡突然被气体展开，或毛细支气管黏膜肿胀并被黏稠的分泌物粘着，当吸气时粘着的部分又被分开，而产生特殊暴裂音。一般出现在吸气之末，或在吸气顶点最为清楚。捻发音常发生的部位是肺脏的后下部。捻发音常提示肺实质的病变和肺泡炎症，常见于大叶性肺炎的充血期和消散期、肺结核、毛细支气管炎、肺水肿初期。此外，在老龄家畜或长期躺卧的患畜，在肺底部偶尔可听到捻发音。

5. 胸膜摩擦音

正常胸膜表面光滑，胸膜腔内有少量液体起润滑作用，胸膜脏层和壁层摩擦时不产生音响，当胸膜发炎时，由于纤维蛋白沉着，使其变为粗糙不平，呼吸运动时，两层粗糙的胸膜面互相摩擦而产生摩擦音。摩擦音的特点是干而粗糙，声音接近体表，且呈断续性，吸气与呼气时均可听到，但一般多在吸气之末与呼气之初较为明显。如紧压听诊器时，则声音增强。摩擦音常发生于肺移动最大的部位，即肘后、肺叩诊区下 1/3、肋骨弓的倾斜部。有明显摩擦音的部位，触诊可感到胸膜摩擦感和疼痛表现。胸膜摩擦音为纤维素性胸膜炎的特征。

（三）腹部听诊

腹部听诊主要是听取腹部胃肠运动的声音。在羊左侧肷窝可听到瘤胃蠕动音，为由远及近逐渐增强、又逐渐减弱的吹风样、沙沙声或远雷声，每分钟可听到2～4次，其强度和次数以食后2小时为最旺盛，食后4～6小时后逐渐减弱，饥饿时收缩次数减少。反刍动物的肠袢，位于腹腔右侧的后半部，紧靠瘤胃壁。健康的羊右腹侧，可听到短而稀少的肠蠕动音，呈流水音或含漱音。

瘤胃蠕动次数稀少，蠕动音减弱，则标志瘤胃机能衰弱，可见于前胃弛缓、瘤胃积食以及引起瘤胃机能障碍的慢性前胃病、热性病、全身性病与传染病。瘤胃蠕动音完全消失，为运动机能高度扰乱的表现，见于瘤胃臌气和瘤胃积食的末期以及其他严重的全身性疾病。长期的、顽固性的瘤胃蠕动机能障碍，常提示创伤性网胃炎。瘤胃机能亢进，表现为蠕动次数频繁、蠕动音增强、持续时间长，见于瘤胃臌气的初期，某些毒物中毒或给予瘤胃兴奋药物时，此时常伴有频繁的嗳气和轻度不安。肠音亢进，见于各类型肠炎及腹泻。肠音减弱或消失，可见于肠便秘、肠梗阻、热性病和肠管麻痹等。

六、嗅　诊

嗅诊是用嗅觉发现、辨别动物的呼出气、口腔、排泄物及病理性分泌物的气味的一种检查方法。实际上在接近病畜时对气味变化已有所察觉，一旦发现异常，必须深入检查。嗅诊只对某些疾病具有诊断意义，如粪便稀薄恶臭，见于各种肠炎，呼出气体及鼻液有特殊腐败臭味时，提示呼吸道及肺脏有坏疽性病变的可疑，皮肤及汗液有尿臭味时，常有尿毒症的可能。

七、群体检查

临床诊断时，羊的数量较多，应先作大群检查。运动、休息和采食饮水三种状态的检查，是对大群羊进行临床检查的三大环节；眼看、耳听、手摸、检温是对大群羊进行临床检查的主要方法。运用“看、听、摸、检”的方法通过“动、静、食”三态的检查，可以把大部分病羊从羊群中检查出来。

（一）运动时检查

首先观察羊的精神外貌和姿态步样。健康羊精神活泼，步态平稳，不离群，不掉队。而病羊多精神不振，沉郁或兴奋不安，步态踉跄，跛行，前肢软弱跪地或后肢麻痹，有时突然倒地发生痉挛等。应将其挑出作个体检查。其次，注意观察羊的天然孔及分泌物。健康羊鼻镜湿润，鼻孔、眼及嘴角干净；病羊则表现鼻镜干燥，鼻孔流出分泌物，有时鼻孔周围污染脏土或杂物，眼角附着脓性分泌物，嘴角流出唾液，发现这样的羊，应将其剔出复检。

（二）休息时检查

首先，有顺序地并尽可能地逐只观察羊的站立和躺卧姿态，健康羊吃饱后多合群卧地休息，时而进行反刍，当有人接近时常起身离去。病羊常独自呆立一侧，肌肉震颤及痉挛，或离群单卧，长时间不见其反刍，有人接近也不动。其次，与运动时的检查一样要注意羊的天然孔、分泌物及呼吸状态等。再次，注意被毛状态，如发现被毛有脱落之处，无毛部位有痘疹或痂皮时，以及听到磨牙、咳嗽或喷嚏声时，均应剔出来检查。

（三）采食饮水时检查

在放牧，喂饲或饮水时对羊的食欲及采食饮水状态进行的观察。健康羊在放牧时多走在前头，边走边吃草，饲喂时也多抢着吃；饮水时，多迅速奔向饮水处，争先喝水。病羊吃草时，多落在后边，时吃时停，或离群停立不吃草；饮水时或不喝或暴饮，甚至出现异嗜，如发现这样的羊应予剔出复检。

第二节 病理学诊断

病理剖检是羊病现场诊断比较重要的一种诊断方法。羊发生了传染病、寄生虫病或中毒性疾病时，器官和组织常呈现出特征性病理变化，通过剖检，就可迅速作出诊断。如羊患肠毒血症时，除肠道黏膜出血或溃疡外，肾脏常软化如泥。山羊患传染性胸膜肺炎时，肺实质发生肝变，切面呈大理石样变化。羊患细颈囊尾蚴病时，网膜、肠系膜和胃肠浆膜等腹腔浆膜上可见借助粗细不一的蒂悬挂着成熟的囊尾蚴囊泡。在实践中，有条件应尽可能剖检病羊尸体，必要时可剖杀典型病羊。除肉眼观察外，必要时采取病料，进一步作病理组织学检查。

一、尸体剖检的注意事项

剖检前应事先准备好消毒药、乳胶手套及解剖刀、解剖剪、骨剪、镊子等有关器械。如需采病料，还要准备灭菌的容器；剖检时，最好多剖检几头病死羊，以便寻找出共同的病理变化；剖检时应做好记录，内容一般包括羊的品种、性别、日龄、死亡日期、剖检日期、外观检查内容和病理剖检内容等。剖检时间越早越好，不要超过 12 小时，特别是在夏季，气温较高，尸体易腐败。剖检工作最好在白天进行，以便于观察病变；剖检地点选择在远离居民区、牧场、水源、道路的地方，以防止病原体的传播。剖检时应保持清洁、注意消毒，尽量减少对周围环境和衣物的污染，并做好个人防护；剖检后将尸体和污染物作深埋处理（禁止流入市场）。在尸体上撒上生石灰或洒上 10%石灰乳、4%火碱液、5%～20%漂白粉溶液等。污染的表层土壤铲除后投入坑内，埋好后对埋尸地面要再次进行消毒。

二、剖检方法和检查

为了全面而系统地检查尸体内所呈现的病理变化，尸体剖检必须按照一定的方法和程序进行。尸检程序通常如下：外部检查→剥皮与皮下检查→腹腔剖开与检查→骨盆腔器官的检查→胸腔剖开与检查→脑和脊髓取出与检查→鼻腔剖开与检查→骨、关节与骨髓的检查。

（一）外部位查

主要包括羊的一般情况（如品种、性别、年龄、毛色、特征、营养状况、皮肤等）、死后变化、天然孔（口、眼、鼻、耳、肛门和外生殖器）与可视黏膜。

（二）剥皮与皮下检查

第一是剥皮方法。尸体仰卧固定，由下颌间隙经过颈、胸、腹下（绕开阴茎或乳房、阴户）至肛门做一纵切口，再由四肢系部经其内侧至上述切线分别做四条横切口，然后剥离全部皮肤。第二是皮下检查。应注意检查皮下脂肪、血管、血液、肌肉、外生殖器、乳房、唾液腺、舌、咽、扁桃体、食管、喉、气管、甲状腺、淋巴结等的变化。

（三）腹腔的剖开与检查

第一，腹腔剖开与腹腔脏器采出。剥皮后，让尸体呈左侧卧位，从右侧肷窝部沿肋骨弓至剑状软骨切开腹壁，再从髋结节至耻骨联合切开腹壁。将此三角形的腹壁向腹侧翻转，即可暴露腹腔。检查有无肠变位、腹膜炎、腹水或腹腔积血等异常。在横膈膜之后切断食道，用左手插入食道断端握住食道，向后牵拉，右手持刀将胃、肝脏、脾脏背部的韧带和后腔静脉、肠系膜根部切断，腹腔脏器即可取出。第二，胃的检查。在沿皱胃小弯瓣皱胃孔→瓣胃大弯→网瓣胃孔→网胃大弯→皱胃腹囊→瘤胃腹囊→食管→右纵沟切开的同时，注意内容物的性质、数量、质地、颜色、气味、组成及黏膜的变化。特别应注意皱胃有无黏膜炎症和寄生虫，注意瓣胃的阻塞状况，注意网胃内的异物、刺伤或穿孔，以及观察瘤胃的内容物。第三，肠道检查。检查肠系膜后，沿肠系膜附着缘对侧剪开肠管，重点检查内容物和肠系膜，注意内容物的质地、颜色、气味和黏膜的各种炎症变化。第四，肝脏、胰脏、脾脏、肾脏与肾上腺的检查。主要检查这些器官的颜色、大小、质地、形状、表面和切面等有无异常的变化。

（四）骨盆腔器官的检查

除输尿管、膀胱、尿道外，检查重点是公畜的精索、输精管、腹股沟、精囊腺、前列腺及外生殖器官，母畜的卵巢、输卵管、子宫角、子宫体、子宫颈与阴道。注意观察上述器官的位置和表面、内部的异常变化。

（五）胸腔的剖开与检查

第一，胸腔的剖开。可切割两侧肋骨与肋软骨交接处，除去胸骨；也可在肋骨与肋软骨的连接处，切断肋骨，再在肋骨上端锯断所有肋骨，并切断横膈，就可整片掀除一侧胸壁或用扭脱肋骨小头的办法，一根根地除去肋骨。第二，胸腔器官的检查。割断前腔静脉、后腔静脉、主动脉、纵隔和气管等同心脏、肺脏的联系后，将心脏、肺脏一同取出。心脏检查，应注意观察心包液的量、颜色，心脏的大小、形状、软硬度，心室和心房的充盈度，心内、外膜的变化。

（六）脑的取出与检查

先沿两眼的后缘用锯横行锯断，再沿两角外缘与第一锯相接锯开，并于两角的中间纵锯一正中线，然后两手握住左右角，用力向外分开，使颅顶骨分成左右两半，即可露出脑。应注意检查脑膜、脑脊液、脑回和脑沟的变化。

（七）关节检查

尽量将关节弯曲，在弯曲的背面横切关节囊。注意囊壁的变化，确定关节液的量、性质及关节面的状态。

第三节　实验室诊断

实验室诊断是羊病综合诊断的重要诊断方法之一，是疾病确诊的重要手段。经临床检查、病理剖检以后，根据已获得的资料和症状，还不足以作出明确的诊断时，就需要拟定必要的实验室诊断方案，进一步选择并实施某些辅助或特殊的实验室诊断项目和内容。实验室诊断的主要内容包括病料的采集、保存、包装和运送，血、尿、粪的常规检验及生化分析，脑脊液检查，胸腔液、腹腔液的检验，肝功能、肾功能检验，X线检查，超声波检查，心电描记、细菌学检查（如细菌形态学检查、细菌的分离培养与生化鉴定、细菌对药物的敏感试验），病毒学检查（病毒的分离与鉴定、包涵体检查、电镜技术），血清学试验（如凝集试验、直接凝集试验、中和试验、酶联免疫吸附试验、胶体金免疫层析诊断技术），寄生虫学检查（粪便寄生虫检查、血液寄生虫检查、皮肤寄生虫检查、虫卵和卵囊计数法）和毒物检验等内容。

第三章　羊病临床治疗技术

治疗是通过使用物理性的、化学性的、手术的等方法措施的处置，更好地改善机体的机能，以维持和延长生命，亦即消除疾病。兽医临床治疗技术的应用是兽医临床上最重要的实践性活动。

第一节　羊的保定方法

在兽医临床中，为了便于诊疗和保证人畜安全，以人力、器械或药物控制动物的方法，称为保定。正确的保定，可以保证临床各科检查能够安全进行，使术者及助手不致遭受危险，同时，保定的好坏能给治疗操作带来很大影响。除了骚动不安以及恶癖或狂暴的患畜以外，要尽量通过安抚或抚摸，使其保持自然状态，让后再进行治疗最为理想。保定的目的就在于防止动物骚动，便于检查和处置，保障人畜安全。羊的保定方法见表 3-1。

表 3-1　羊的保定方法

方法		操作
站立保定	倒立式保定法	保定者倒骑在羊背上，两手提握两侧膝皱皮肤，并提起后躯，两腿紧夹胸腹侧。此法适用于阉割、后躯检查
	夹后肢保定法	在无助手的情况下，术者可面向羊头蹲在羊的一侧，提起羊的一后肢夹压在术者靠近羊侧屈的腿弯内，此法适用于羔羊
	握角骑跨保定法	保定者骑在羊背部，两腿膝部用力夹住羊的两侧胸壁，两手握紧两个羊角，或一手握角（耳），另一手紧托羊的下颌。此法适合于一般检查、注射和灌药
	两手围抱保定法	用两臂在羊的胸前围抱即可固定
倒卧保定		将羊放倒后，保定者两只手分别提握倒卧侧前肢的羊掌部和后肢的跖部，手臂置于羊前肢的肘后和后肢的膝前，两肘下压，即将羊牢牢地保定；或以一手握按头角，一手提握倒卧侧后肢的跖部，羊因头部被下压，倒卧侧后肢被固定而无法活动。如需保定较长时间，可将三肢或四肢集拢于腹下，用绳索捆绑。有时也可以将羊用绳索捆绑后采取俯卧姿势
台架保定		台架用木料制成，前部设有颈夹，上夹可上下活动，下部设有横梁，供吊羊体，结构简单，可任意移动

第二节　兽医临床治疗的方法和基本原则

一、治疗的方法

1. 病因疗法

病因疗法是以消除病因为目的的治疗方法，是最根本的治疗方法，如用氟苯尼考治疗羊巴氏杆菌病。

2. 对症疗法

通过消除症状或减轻疾病的某些症状，间接增强病畜的恢复机能的治疗方法为对症疗法，是最常用的治疗方法，明确病因的和不明确病因的病畜均可采用对症疗法。如：解热、止咳、止血、止泻、强心等。

3. 预防疗法

对易患某种疾病的病畜或患过某种疾病易复发的病畜进行预防发病或复发的治疗方法为预防疗法。如定期接种疫苗、投服驱虫药等。

4. 化学疗法

化学疗法是用化学合成药物治疗疾病的方法。其覆盖面最广，是最常用的疗法，包括西药疗法和中药疗法。其主要问题是合理用药。对羊来说抗菌药物内服会影响瘤胃菌群，长期大量注射广谱抗生素时，也会影响瘤胃菌群，长期应用某种抗生素或驱虫药，不但会使细菌或寄生虫产生耐药性，影响动物健康，还会产生药物残留，导致食品安全问题。另外中药也不像宣传的那样无毒副作用，用时要慎重。

5. 物理疗法

应用光、电、X 射线、水、冷、热以及按摩等物理因子进行治疗疾病的方法，称为物理疗法。以医用物理学、动物生理学的现代理论知识为基础，结合临床治疗的应用，物理治疗学已形成为治疗学中的一个重要分支学科。目前物理疗法已较普遍地应用于家畜普通病的治疗工作中，并且显示出重要的实际意义。

6. 输液疗法

输液疗法多用于调节体液平衡或补充营养。该疗法效果最好，但属个体治疗，费工费时。

7. 营养疗法

营养疗法就是给予病畜必要的营养物质或营养性药剂的治疗方法。营养疗法能改善病畜的营养条件、代谢状况、促进其生理功能的恢复，加快机体的康复过程。营养疗法在综合治疗中占有重要的地位。对于由某些营养物质缺乏或不足而引起的疾病，给予所需要的营养药剂或富含营养物质的饲料、饲料添加剂，更可起到病因治疗的作用。输血疗法、补液疗法、给氧疗法等也可属于广义的营养疗法。

8. 外科手术疗法

外科手术疗法即通过对病畜施行外科手术以达到治疗目的的方法。兽医外科及实验外科学的进展，为很多疾病的治疗提供了有效的手术方法。化学疗法的应用，已能确切地防止术后感染及其某些并发症，为手术疗法的临床应用提供了可靠的保证。手术疗法的应用十分广泛，在治疗学中占有重要地位。某些手术，可起根治作用（如肠套叠手术）。手术疗法一般都应同时配合进行其他的、必要的综合治疗，如药物疗法、营养疗法、物理疗法等。

9. 针灸疗法

针灸疗法是祖国医学及中兽医学中一种独特的传统治疗方法。它简便易行，治疗效果明显。针灸疗法包括针法和灸法。针法是用特制的针具，通过刺扎畜体的特定部位（所谓穴位），给以机械的刺激，从而达到治疗目的的一种疗法，灸法是用特制的灸具，通过灸烤畜体的一定部位，给以温热刺激，从而达到治疗目的的一种疗法。

二、治疗的基本原则

为了达到有效的治疗效果，必需根据病畜的特点和疾病的具体情况选择适当的治疗方法，并组织实施治疗措施，每种疾病都有不同的具体疗法，但是在治疗时都应遵循一些共同的基本原则。

1. 治病必求其本的治疗原则

任何疾病，都必须明确致病原因，并力求消除病因，尽量采取对因疗法，根据不同的致病原因，采取不同的治疗方法，如羊鞭虫病引起的腹泻，应选择驱虫药进行治疗。

2. 主动积极的治疗原则

主动积极才能及时地发挥治疗作用，防止病情蔓延，阻断病程的发展，迅速而有效地消灭疾病，使病畜恢复健康。主动积极的治疗原则主要体现在积极预防、早期治疗、首选特效药物和坚持疗程。如羊群感染羊痘后，及时淘汰病羊，紧急接种羊痘疫苗，是目前控制羊痘的最实用、有效的措施。

3. 综合性的治疗原则

所谓综合疗法，是根据具体病例地实际情况，选取多种治疗手段和方法，予以必要的配合与综合应用。每种治疗方法和手段，都具有各自的特点，而每个具体的病例又千差万别，针对任何一个病例只采取单一治疗方法，即使是特效疗法，有时也难以收到满意的效果。因此，必须根据疾病的实际情况，采取综合性治疗，发挥各种疗法相互配合的优势，以期相辅相成。如羊捻转血矛线虫病的持续感染问题，但用抗寄生虫药物，效果不好，还极易导致耐药性的产生，应该变不良的饲养管理方式，做好卫生消毒等工作。

4. 个体性的治疗原则

兽医临床人员必须树立治疗的个体性原则，治疗时应考虑病畜的种属特性、品种特点，以及不同年龄和性别条件，掌握个体反应性，进行个体性的治疗，对具体病畜进行具体分析。

5. 局部治疗结合全身治疗的原则

疾病发展过程中，局部与全身是密切相关的。局部病变以全身的生理代谢状态为前提，并会影响到其他局部，以至全身。治疗时应采取局部疗法与全身疗法相结合的原则，依据病情的不同而有所不同。

第三节　羊的临床治疗技术

一、投　药　法

（一）药物内服法

1. 经口投药法

投服少量片剂、丸剂或舔剂等固体、半固体药物时常用经口投药法。舔剂一般可用光滑的木片或竹片。丸剂、片剂可用徒手投服，亦可用镊子投服，必要时用特制的丸剂投药器（或投药枪）。经口投药法简便快捷，安全有效。

（1）投药方法　动物保定，术者或助手打开或撬开动物口腔，另一手夹持或用镊子夹住药片、药丸，舔剂则用竹片刮取，自另一侧口角送入舌根部投药，或反转竹片将药剂抹在舌背面，急速抽出手、镊子或竹片等，使其闭口，并用右手掌托其下颌，使头稍高抬，让其自行咽下，或外部刺激咽部，促进快速吞咽。

(2) *注意事项* 如用丸剂投药器，先将药丸装入投药器内，术者持投药器自动物一侧口角伸入并送向舌根部，迅即将药丸打（推）出后，抽出投药器，待其自行咽下。投药后视其需要可灌少量饮水。有时也可以将药物混入少量精料，放入手中诱食。

2. 经口灌药法

投服少量药液时常用经口灌药法。灌服药液可用灌角、橡皮瓶、药匙或注射器等进行。经口灌药法简便快捷，安全有效，但操作时容易造成浪费。

(1) *灌药方法* 助手抓住病羊的两耳，把羊头略向上提，使羊的口角与眼角连线近水平，并用两腿夹住羊腰背部。术者用左手拇指和食指压迫颊部（或食指和中指插入口角，拇指顶开上颚，此法应防止动物前后移动，咬伤手指），打开口腔，右手用药匙或其他灌药器具，从舌侧面靠颊部倒入药液，待其咽下后，再灌第二匙，直到灌完为止。

(2) *注意事项* 每次灌药，药量不宜太多，速度不可太快，否则容易将药物呛入气管内；灌药过程中，病畜发生强烈咳嗽时应暂停灌服，并使其头部低下，将药物咳出；头部吊起的高度，以口角与眼角连线近水平为宜。若过高，易将药液灌入气管或肺中，轻者引起肺炎，重者可造成死亡；当动物拒绝吞咽时，如有药液流出，应以药盆接住，以减少流失。

3. 经口胃管投药法

经口胃管投药法可用于猪、羊等动物的投药，在药液量较多，或药品有特殊气味，经口不易灌服时采用。胃管投药法剂量准确，效果好，可以大量投药。缺点是费工费时，有一定危险性。

(1) *胃管投药方法* 动物站立保定，佩戴开口器后，再经口投入胃管（胃管应粗细、长短合适，并涂凡士林润滑），抵达咽部，轻捣刺激吞咽，随吞咽动作将胃管送入食道，进行充气检查，按照“吹动吸不动，必在食道中；吹动吸也动，则在气管中；吹不动吸也不动，则胃管打折”的原则进行判断。胃管插入食道或气管的鉴别要点见表 3-2。如胃管已经插入食道，再将胃管前端推送到颈部下 1/3 处或胃内，连接漏斗，进行投药。投药完毕，灌少量清水，或向胃管中打气两次，再将胃管打折后徐徐拔出，胃管洗净消毒后，放回原处备用。

(2) *注意事项* 胃管使用前要仔细洗净、消毒；涂以滑润油或凡士林，使管壁滑润；插入、抽动时不宜粗暴，要小心、徐缓，动作要轻柔，防止食道损伤和破裂；有明显呼吸困难的病畜不宜用胃管，有咽炎的病畜更应禁用；应确实证明插入食道深部或胃内后再灌药，如灌药后引起咳嗽、气喘，应立即停灌，如中途因动物骚动使胃管移动、脱出，亦应停灌，待重新插入，并确定无误后再行灌药；开口器佩戴应牢固，以防动物咬伤、咬断胃管。

4. 经口群体给药法

(1) *给药方法* 经口群体给药法有饮水给药法和拌料给药法。

① 饮水给药法。将药物溶解在水中让家畜饮用预防和治疗疾病，特点是简便，快捷，效果较好。一般易溶于水的药物，可采用此法。但某些药在水中时间长易失效，水质对药物会有一定影响。

表 3-2 胃管插入食道或气管的鉴别要点

鉴别方法	插入食道内	插入气管内
胃管送入的感觉	插入时稍感前送有阻力	无阻力
观察咽、食道及动物的动作	胃管前端通过咽部时，可引起吞咽动作或伴有咀嚼，动物安静	无吞咽动作，可引起剧烈咳嗽，动物不安
触诊颈沟部	食管内可摸到有一坚硬探管	无
将胃管外端放耳边听诊	可听到不规则的咕噜声，但无气流冲耳	随呼气动作而有强力气流冲耳
鼻嗅胃管外端	有刺鼻酸臭味	无
排气和呼气动作	不一致	一致
将橡皮球打气或捏扁橡皮球后在接于胃管外端	打入气体时可见颈部食道呈波动状膨起，接上捏扁的橡皮球后不再鼓起	不见波动状膨起，橡皮球迅速臌气

② 拌料给药法。将药物拌在饲料中让家畜采食药物而预防和治疗疾病。动物有食欲或食欲正常时可应用，也适用于不溶于水的药物。注意为防止药物中毒，应分级混合均匀。

（2）注意事项 饮水给药法和拌料给药法，药物用量的计算，可按每千克体重给药，或按饮水或拌料的浓度给药。拌料给药时应混合均匀，防止中毒。饮水给药比拌料给药的效果好，因为病畜食欲减退或废绝时，往往饮欲正常或增加。饮水量和拌料量的计算，应在原来的基础上相应增加。反刍动物经口给予抗菌药物，会使瘤胃菌群失调，应用时应慎重。

（二）药物注射法

1. 皮内注射

皮内注射是指将药液注入羊表皮和真皮之间的注射方法。多用于诊断和某些疫苗接种。一般仅在皮内注射药液或疫苗 0.1～0.5 毫升。

（1）注射部位 羊的颈侧中部或尾根内侧。

（2）注射方法 使用小容量注射器或 1～2 毫升的注射器与短针头，吸取药液，局部剪毛，用 2%～5%碘酊消毒，70%～75%酒精脱碘，以左手大拇指和食指、中指固定（绷紧）皮肤，右手持注射器，针头斜面向上，与皮肤呈 5°角刺入皮内。待针头斜面完全进入皮内后，放松左手，并固定针头与注射器交接处，右手推注药液，并感到推药时有一定的阻力，局部可见一半球形隆起，俗称“皮丘”。注射完毕，迅速拔出针头，术部用酒精棉球轻轻消毒，避免压挤局部。

（3）注射注意事项 注射部位一定要认真判定准确无误，否则将影响诊断和预防接种的效果。进针不可过深，以免刺入皮下，应将药液注入表皮和真皮之间。拔出针头后注射部位不可用棉球按压揉搓。

2. 皮下注射法

皮下注射是将药液注入皮下结缔组织内的注射方法。皮下注射的药物可由皮下结缔组织内丰富的毛细血管吸收入血，皮下有脂肪层，药物吸收慢，药效维持时间长。药液吸收比口服给药快，剂量准确，比血管内给药安全、易操作。皮下注射可大量注入药物，易导致注射部位肿胀疼痛。

（1）注射部位　多在皮肤较薄，富有皮下组织，活动性较大的部位。羊多在颈侧、背胸侧和股内侧。

（2）注射方法　动物保定，局部剪毛消毒。术者左手中指和拇指捏起注射部位的皮肤，同时用食指尖下压使其呈皱褶陷窝，右手持连接针头的注射器，针头斜面向上，从皱褶基部陷窝处与皮肤呈30°～40°角，刺入针头的2/3（根据动物体型适当调整），此时感觉针头无阻抗，且能自由活动针头时，左手把持针头连接部，右手抽吸无回血，即可推压针筒活塞，注射药液。如需注射大量药液，应分点进行。注射完毕，用左手持酒精棉球压迫针孔部，迅速拨出针头。必要时可对局部轻轻按摩，促进吸收。

（3）注射注意事项　刺激性强的药物不能做皮下注射；药量多时，可分点注射，注射后最好对注射部位轻度按摩或温敷。

3. 肌内注射法

肌内注射法是将药液注入肌肉内的注射方法。药物吸收缓慢，药效维持时间长。肌肉比皮肤感觉迟钝，不宜注射刺激性药物。因肌肉致密，只能注射少量药液。由于动物的骚动，操作不熟练者易导致针头折断。

（1）注射部位　羊多在颈侧及臀部。

（2）注射方法　保定动物，局部剪毛消毒处理。术者左手固定于注射局部，右手持连接针头的注射器，使针头与皮肤垂直，迅速刺入肌肉内，一般刺入2～3厘米（羔羊酌减）；而后用左手拇指与食指握住针头结合部分，以食指指节顶在皮肤上，在用右手抽动针管活塞，无回血，即可缓慢注入药液。如有回血，可将针头拔出少许再行试抽，见无回血后方可注入药液。注射完毕，用左手持酒精棉球压迫针孔部，迅速拨出针头。有时也可先以右手持注射针头，直刺入局部，接上注射器，然后以左手把住针头和注射器，右手推动活塞手柄，注入药液。

（3）注意事项　为防止针头折断，刺入时应与皮肤呈垂直的角度并且用力的方向与针头方向一致；注意不可将针头的全长完全刺入肌肉中，一般只刺入全长2/3即可，以防折断时难于拨出；对强刺激性药物不宜采用肌内注射；注射针头如接触神经时，动物骚动不安，应变换方向，再注药液。

4. 静脉内注射法

静脉注射是将药液注入静脉内，治疗危重疾病的主要给药方法。药物直接进入静脉内随血液分布全身，药效快，作用强，注射部位疼痛反应较轻，但药物代谢较快，维持时间较短；药物直接进入血液，不会受到消化道和其他脏器的影响而发生变化或失去作用；静脉注射可以耐受刺激性药物（如钙剂等），可以容纳大量的输液或输血。

（1）注射部位　羊多在颈静脉的上1/3与中1/3的交界处，波尔山羊也可在耳静脉，特殊情况也可以在掌心静脉。

（2）注射方法　羊行站立或侧卧保定，注射部位剪毛消毒，指压或用细绳结扎血管近心端，使其努张，右手持针头（可接注射器、输液线或什么都不接），使针头斜面向上，针尖与皮肤呈30°～45°角，沿静脉径路，在压迫点前2～3厘米处，迅速准确地刺入静脉内，如有空虚感，检查有回血后，再沿静脉管进针少许，以防骚动时针头滑出血管，用夹子或软胶管等固定针头，将压迫的手指或结扎的细绳松开，即可注入药液，并调整输液速度，注射完毕，以干棉球或酒精棉球按压穿刺点，迅速拔出针头，局部按压片刻，防止出血。

（3）注射注意事项　应严格遵守无菌操作规程，对所有注射用具、注射局部，均应严格消毒；要看清注射部的血管，明确注射部位，防止乱扎，以免局部血肿；羊颈静脉注射一般选用9号、12号或16号长针头，穿刺时要注意检查针头是否通顺，当反复穿刺时，针头常被血凝块堵塞，应随时更换；针头刺入静脉后，要再顺入1～2厘米，并使之固定；注入药液前应排净注射器或输液胶管中的气泡；要注意检查药品的质量，防止有杂质、沉淀；混合注入多种药液时注意配伍禁忌；油剂不能做静脉注射；静脉注射量大时，速度不宜过快；药液温度要接近于体温；药液的浓度以接近等渗为宜；注意心脏功能，尤其是在注射含钾、钙等药液时更应小心；静脉注射过程中，要注意动物表现，如有骚动不安、出汗、气喘、肌肉战栗等现象时应及时停止；当发现注射局部明显肿胀时，应检查回血，如针头已滑出血管外，则应整顺或重新刺入；若静脉注射时药液外漏，可根据不同的药液，采取相应的措施处理。立即用注射器抽出外漏的药液。如为等渗溶液，不需处理。如为高渗盐溶液，则应向肿胀局部及其周围注入适量的蒸馏水，能稀释之。如为刺激性强或有腐蚀性的药液，则应向其周围组织内注入生理盐水；如为氯化钙溶液可注入10%硫酸钠溶液或10%硫代硫酸钠溶液10～20毫升，使氯化钙变为无刺激性的硫酸钙和氯化钠；局部可用5%～10%硫酸镁溶液进行温敷，以缓解疼痛；如为大量药液外漏，应早期切开，并用高渗硫酸镁溶液引流。

5. 腹腔内注射法

腹腔内注射法是利用药物的局部作用和腹膜的吸收作用，将药液注入腹腔内的一种注射方法。药物吸收快，注射方便，可以大量补液，对腹腔器官脏器疾病有一定的作用。

（1）注射部位　成年羊在右肷窝部，羔羊在两侧后腹部。

（2）注射方法

① 成年羊腹腔内注射。站立保定，术部剪毛消毒，右手持针头从肷窝中央垂直刺入腹腔，回抽判断无血液、尿液、粪液等，即可注入药液，注射完毕，用左手持酒精棉球压迫针孔部，迅速拨出针头。

② 羔羊腹腔内注射。可倒立保定，局部剪毛消毒，在耻骨前沿3～5厘米腹中线的两侧，或脐与耻骨连线中点，避开血管，垂直进针或刺入皮肤向下进针1～2厘米再向腹腔进针，之后回抽判断，注射药液。

（3）注射注意事项　腹腔注射宜用无刺激性的药液，如药液量大，则宜用等渗溶液，并将药液加温至近似体温的程度。

6. 动脉内注射

动脉内注射主要用于肢蹄、乳房及头颈部的急性炎症或化脓性炎症疾病的治疗。一般使用普鲁卡因青霉素或其他抗生素及磺胺类药物注射。动脉内注射抗生素药物，直接作用于局部，发挥药效快，作用强。特别是治疗乳房炎，经会阴动脉内注射药液，可直接分布于乳腺的毛细血管内，迅速奏效。动脉内注射药液有局限性，不适合全身性治疗。注射技术要求高，不如静脉内注射易掌握和应用广泛。

(1) 注射部位

① 会阴动脉注射部位。在乳房后正中提韧带附着部的上方 2～3 指处，可触知会阴体表的会阴静脉，在会阴静脉侧方附近，与会阴静脉平行即为会阴动脉。

② 颈动脉注射的部位。约在颈部的上 1/3 部，即颈静脉上缘的假想平行线与第 6 颈椎横突起的中央，向下引垂线，其交点即为注射部位。

(2) 注射方法

① 会阴动脉内注射法。病畜侧位保定，先以左手触摸到会阴静脉，在其附近，右手用针先刺入 4～6 厘米深，此时稍有弹力性的抵抗感，再刺入即可进入动脉内，并见有搏动样的鲜红色血液涌出，立即连接注射器，徐徐注入药液。

② 颈动脉内注射法。在病灶的同侧，注射部位消毒后，一手握住注射部位下方，另手持连接针头的注射器与皮肤呈直角刺入 4 厘米左右。刺入过程同样有动脉搏动感，流出鲜红色血液，即可注入药液。

(3) 注意事项　保定切实，操作要准确，严防意外。当刺入动脉之后，应迅速连接注射器，防止流血过多，污染术部，影响操作。操作熟练者最好 1 次注入，以免出血。注射药液时，要握紧针筒活塞，防止由于血压力量而顶出针筒活塞。

7. 瓣胃内注射

瓣胃内注射即将药液直接注入于瓣胃中，使其内容物软化通畅。主要用于治疗瓣胃阻塞。

(1) 注射方法　站立保定，注射部位在羊右侧第 8～9 肋间（羊有 13 对肋骨，由后向前数，第 6 个肋骨即是第 8 肋骨，第 8 肋骨与第 9 肋骨之间即是第 8 肋间）与肩关节水平线交界处下方 2 厘米处。术部剪毛消毒后，用 12 号 7 厘米长的注射针头，向对侧肩关节方向刺入 4～5 厘米深。可先注入生理盐水 20～30 毫升，随即吸出一部分，如液体中有食物或液体被污染时，证明已刺入瓣胃内。然后注入所需药物（如 25％硫酸镁溶液 30～40 毫升、石蜡油 100 毫升）。注完后，拔出针头，局部消毒。

(2) 注意事项　操作过程中宜将病畜确实保定，注意安全，以防意外；注射中病畜骚动时，要确实判定针头是否在瓣胃内，而后再行注入药物；在针头刺入瓣胃后，回抽注射器，如有血液或胆汁，是误刺入肝脏或胆囊，表明位置过高或针头偏向上方的结果。这时应拔出针头，另行移向下方刺入；注射 1 次无效时，于第二日再重复注射 1 次。必要时皮下注射氨甲酰胆碱注射液，兴奋胃肠运动机能，促进积聚物排出。

二、穿刺法

穿刺术是使用特制的穿刺器具（如套管针、肝脏穿刺器、骨髓穿刺器等），刺入病畜体腔、脏器或髓腔内，排除内容物或气体，或注入药液以达到治疗目的。也可通过穿刺采取病畜体某一特定器官或组织的病理材料，提供实验室可检病料，有助于确诊。但是，穿刺术在实施中有损伤组织，并有引起局部感染的可能，故应用时必须慎重。

应用穿刺器具均应严密消毒，干燥备用。在操作中要严格遵守无菌操作和安全措施，才能取得良好的结果。手术动物一般行站立保定，必要时，中小动物可行侧卧保定。手术部位剪毛、消毒。

(一) 胸腹腔穿刺

1. 胸腔穿刺

胸腔穿刺主要用于排出胸腔的积液、血液，或洗涤胸腔及注入药液进行治疗。也可用于检查胸腔有无积液，并采取胸腔积液，从而鉴别其性质，以助于诊断。

(1) 穿刺部位　牛、羊在右侧第6肋间，左侧第7肋间。具体位置在与肩关节引水平线相交点的下方2～3厘米处，胸外静脉上方约2厘米处。

(2) 穿刺方法　准备好套管针或16～10号长针头，胸腔洗涤剂（如0.1%利凡诺溶液、0.1%高锰酸钾溶液）、生理盐水（加热至体温程度），输液瓶等。左手将术部皮肤稍向上方移动1～2厘米，右手持套管针用指头控制于3～5厘米处，在靠近肋骨前缘垂直刺入。穿刺肋间肌时有阻力感，当阻力消失而有空虚时，表明已刺入胸腔内，左手把持套管，右手拔去内针，即可流出积液或血液，放液时不宜过急，应用拇指不断堵住套管口，作间断地放出积液，预防胸腔减压过急，影响心肺功能。如针孔堵塞不流时，可用内针疏通，直至放完为止。

有时放完积液之后，需要洗涤胸腔，可将消毒药液装入接有橡胶管的输液瓶，连结输液瓶胶管，高举输液瓶，药液即可流入胸腔，然后将其放出。如此反复冲洗2～3次，最后注入治疗性药物。消毒药液量少时也可用注射器进行冲洗。操作完毕，插入内针，拔出套管针（或针头），使局部皮肤复位，术部涂碘酊，以碘仿火棉胶封闭穿刺孔。

(3) 注意事项　穿刺或排液过程中，应注意防止空气进入胸腔内。排出积液和注入洗涤剂时应缓慢进行，洗涤剂量不能过多，并加温，同时注意观染病畜有无异常表现。穿刺时需注意防止损伤肋间血管与神经。刺入时，应以手指控制套管针的刺入深度，以防过深刺伤心肺。穿刺过程遇有出血时，应充分止血，改变位置再行穿刺。

2. 腹腔穿刺

腹腔穿刺用于排出腹腔的积液和洗涤腹腔及注入药液进行治疗。或采取腹腔积液，以助于胃肠破裂、肠变位、内脏出血、腹膜炎等疾病的鉴别诊断。

(1) 穿刺部位　牛、羊在脐与膝关节连线的中点。

(2) 穿刺方法　术者蹲下，左手稍移动皮肤，右手控制套管针（或针头）的深度，由下向上垂直刺入3～4厘米。其余的操作方法同胸腔穿刺。当洗涤腹腔时，牛、羊在右侧肷窝中央（小动物在肷窝或两侧后腹部），右手持针头垂直刺入腹腔，连结输液瓶胶管或注射器，注入药液，再由穿刺部排出，如此反复冲洗2～3次。

(3) 穿刺注意事项　刺入深度不宜过深，以防刺伤肠管。穿刺位置应准确，保定要安全。其他参照胸腔穿刺的注意事项。

(二) 其他穿刺法

1. 瘤胃穿刺法

瘤胃穿刺用于瘤胃急性臌气时的急救排气和向瘤胃内注入药液。

(1) 穿刺部位　在左侧肷窝部，由髋结节向最后肋骨所引水平线的中点，距腰椎横突10～12厘米处。也可选在瘤胃隆起最高点穿刺。

(2) 穿刺方法　羊可用一般静脉注射针头，或用细套管针。术部剪毛消毒，右手持注射针头或套管针向对侧肘头方向迅速刺入10～12厘米，左手按压固定针头或套管，拔出内针，用手指不断堵住管口，间歇放气，使瘤胃内的气体间断排出。

若套管堵塞，可插入内针疏通。气体排出后，为防止复发，可经针头或套管向瘤胃内注入制酵剂和消沫剂。注完药液插入内针，同时用力压住皮肤，拔出针头或套管针，局部消毒，必要时以碘仿火棉胶封闭穿刺孔。

在紧急情况下，无套管针或注射针头时，可就地取材（如竹管、鹅翎等）进行穿刺，以挽救病畜生命，然后再采取抗感染措施。

（3）注意事项 放气速度不宜过快，防止发生急性脑贫血，造成虚脱。同时注意观察病畜的表现；根据病情，为了防止臌气继续发展，避免重复穿刺，可将套管针固定，留置一定时间后再拔出；穿刺和放气时，应注意防止针孔局部感染。因放气后期往往伴有泡沫样内容物流出，污染套管口周围并易流进腹腔而继发腹膜炎；经套管注入药液时，注药前一定要确切判定套管仍在瘤胃内后，方能注入。

2. 膀胱穿刺法

当尿道完全阻塞发生尿闭时，为防止膀胱破裂或尿中毒，进行膀胱穿刺排出膀胱内的尿液，进行急救治疗。

（1）穿刺部位 羊在后腹部耻骨前缘，触摸有膨满弹性感，即为术部。

（2）穿刺方法 侧卧保定，将左或右后肢向后牵引转位，充分暴露术部，于耻骨前缘触摸膨满波动最明显处，左手压迫，右手持连有长橡胶管的针头向后下方刺入，并固定好针头，待排完尿液，拔出针头，术部消毒，涂火棉胶。

（3）穿刺注意事项 针刺入膀胱后，应很好地握住针头，防止滑脱。若进行多次穿刺时，易引起腹膜炎和膀胱炎，宜慎重。

三、冲 洗 法

（一）洗眼法与点眼法

洗眼法与点眼法主要用于各种眼病，特别是结膜与角膜炎症的治疗。

1. 用具

用具包括冲洗器、洗眼瓶、胶帽吸管等，也可用20毫升注射器。

2. 药物

可用的药物有0.5%硫酸锌溶液、3.5%盐酸可卡因溶液、0.5%阿托品溶液、0.1%盐酸肾上腺素溶液、2%～4%硼酸溶液、1%～3%蛋白银溶液、0.01%～0.03%高锰酸钾溶液、0.1%利凡诺溶液及生理盐水等，还有抗生素配制的点眼药、抗生素眼膏和其他药物配制的眼膏。

3. 方法

动物站立保定，先固定好头部，用一手拇指与食指翻开上下眼睑。另手持冲洗器（洗眼瓶、注射器等），使其前端斜向内眼角，徐徐向结膜上灌注药液冲洗眼内分泌物。如冲洗不彻底时，可用硼酸棉球轻拭结膜囊。洗净之后，左手拿点眼药瓶靠在外眼角眶上，斜向内眼角，将药液滴入眼内，闭合眼睑，用手轻轻按摩1～2次以防药液流出，并促进药液在眼内扩散。如用眼膏时，可用玻璃棒一端蘸眼膏，横放在上下眼睑之间闭合眼睑，抽去玻璃棒，眼膏即可留在眼内，用手轻轻按摩1～2次，以防流出。或直接将眼膏挤入结膜囊内。

4. 注意事项

防止动物骚动，点药瓶或洗眼器与病眼不能接触。与眼球不能成垂直方向，以防感染和损伤角膜。点眼药或眼膏应准确点入眼内，防止流出。

（二）口腔冲洗法

口腔冲洗法主要用于口炎、舌及牙齿疾病的治疗，有时也用于冲出口腔的不洁物。

1. 用具

大动物用橡皮管连接漏斗或注射器连接橡胶管，中、小动物可用吸管或不带针头的注射器。冲洗剂可用自来水或收敛剂、低浓度防腐消毒药等。

2. 方法

大动物站立保定，使病畜头部稍低并确实固定。中、小动物侧卧保定，使头部处于低位。术者一手持橡胶管一端（或注射器）从口角伸入口腔，并用手固定在口角上，另一只手将装有冲洗药液的漏斗举起（或推注），药液即可流入口腔进行冲洗。

3. 注意事项

冲洗药液根据需要可稍加温防止过凉。插进口腔内的胶管，不宜过深，以防误咽和咬碎。

（三）导胃与洗胃法

导胃与洗胃法用于瘤胃积食或瘤胃酸中毒时排除胃内容物，以及排除胃内毒物，或用于吸取胃液供实验室检查等。

1. 用具及药品

导胃用具同胃管给药，但应用较粗胃管。洗胃应用36～39℃温水，此外根据需要可用2%～3%碳酸氢钠溶液、1%～2%食盐水、0.1%高锰酸钾溶液等。还应备吸引器。

2. 方法

基本同胃管投药。动物站立或倒卧保定。先用胃管测量到胃内的长度（羊从唇至倒数第2肋骨）并做好标记。装好开口器，固定好头部。从口腔徐徐插入胃管，到胸腔入口及贲门处时阻力较大，应缓慢插入，以免损伤食管黏膜。必要时可灌入少量温水，待贲门弛缓后，再向前推送入胃。胃管前端经贲门到达胃内后，阻力突然消失，此时可有酸臭味气体或食糜排出。如不能顺利排出胃内容物时，装上漏斗，每次灌入温水或其他药液1000～2000毫升。将头低下，利用虹吸原理，高举漏斗，不待药液流尽，随即放低头部和漏斗，或用抽气筒反复抽吸，以洗出胃内容物。如此反复多次，逐渐排出胃内大部分内容物，直至病情好转为止。冲洗完之后，缓慢抽出胃管，解除保定。

3. 注意事项

操作中要注意安全。使用的胃管要根据动物的大小选定，胃管长度和粗细要适宜。瘤胃积食宜反复灌入大量温水，方能洗出胃内容物。

（四）阴道及子宫冲洗法

阴道及子宫冲洗法用于阴道炎和子宫内膜炎的治疗，主要为了排出阴道或子宫内的炎性分泌物，促进黏膜修复，尽快恢复生殖机能。

1. 用具及药品

子宫洗涤用的输液瓶（或连接长胶管的盐水瓶，长胶管与漏斗也可）或小动物灌肠器（末端接以带漏斗的长胶管），洗净消毒。冲洗溶液为微温生理盐水、5%～

10%葡萄糖溶液、0.1%利凡诺溶液及0.1%或0.5%高锰酸钾溶液等，还可用抗生素及磺胺类制剂。

2. 方法

充分洗净外阴部，术者手及手臂常规消毒。而后术者手握输液瓶或漏斗所连接的长胶管，徐徐插入子宫颈口，再缓慢导入子宫内，提高输液瓶或漏斗，药液可通过导管流入子宫内，待输液瓶或漏斗中的冲洗液快流完时，迅速把输液瓶或漏斗放低，借虹吸作用使子宫内液体自行排出。如此反复冲洗2～3次，直至流出的液体与注入的液体颜色基本一致为止。

阴道的冲洗，把导管的一端插入阴道内，提高漏斗，冲洗液即可流入，借病畜努责冲洗液可自行排出，如此反复洗至冲洗液透明为止。

阴道或子宫冲洗后，可放入抗生素或其他抗菌消炎药物。

3. 注意事项

操作认真，防止粗暴，特别是插入导管时更需谨慎，预防子宫壁穿孔；严格遵守消毒规则。子宫积脓或子宫积水的病例，应先将子宫内积液排出之后，再进行冲洗；不得应用强刺激性或腐蚀性的药液冲洗。注入子宫内的冲洗药液，尽量充分排出，必要时可按压腹壁促使排出，以防子宫积液。

（五）尿道及膀胱冲洗法

尿道及膀胱冲洗法用于尿道炎及膀胱炎的治疗，或采取尿液供化验诊断。本法对于母畜较易操作，对公畜操作难度较大。

1. 用具及药品

根据动物种类、性别备用不同类型的导尿管。用前将导尿管放在0.1%高锰酸钾溶液温水中浸泡5～10分钟，前端蘸液体石蜡。冲洗药液宜选择刺激或腐蚀性小的消毒、收敛剂。常用的有生理盐水、2%硼酸溶液、0.1%～0.5%高锰酸钾溶液、1%～2%石炭酸溶液或0.1%～0.2%利凡诺溶液等。此外，也常用抗生素及磺胺制剂的溶液（冲洗药液的温度要与体温相等）。备好注射器与洗涤器。术者的手，病畜的外阴部及公畜阴茎、尿道口要清洗消毒。

2. 方法

（1）*母畜膀胱冲洗*　羊侧卧保定，助手将尾巴拉向一侧或吊起。术者将导尿管握于掌心，前端与食指同长，呈圆锥形伸入阴道，先用手指触摸尿道口，轻轻刺激或扩张尿道口，伺机插入导尿管，徐徐推进，当进入膀胱后，则无阻力尿液自然流出。排完尿后，导尿管另端连接洗涤器或注射器，注入冲洗药液，反复冲洗，直至排出药液透明为止。最后将膀胱内药液排净。当触摸识别尿道口有困难，可用开膣器开张阴道，即可看到阴道腹侧的尿道口。

（2）*公羊膀胱冲洗*　用速眠新麻醉病羊后仰卧于操作台上保定。挤压病羊包皮，使龟头暴露在外，用消毒纱布包住龟头，用0.1%新洁尔灭液擦洗尿道外口，用医用专用导尿管（直径约为1.5毫米）从尿道口缓缓插入，插入至“S”状弯曲部前缘时常发生困难，可用手指隔着皮肤向深部压迫，迫使导尿管末端进入膀胱，一旦进入膀胱内，尿液即从导尿管流出。冲洗方法与母畜相同。导尿或冲洗完之后，还可注入治疗药液。而后除去导尿管。

3. 注意事项

插入时，导尿管前端宜涂润滑剂，以防损伤尿道黏膜，防止粗暴操作，以免损伤尿道黏膜或造成膀胱壁的穿孔。

四、灌　肠　法

灌肠是向直肠内注入大量的药液、营养物或温水，直接作用于肠黏膜，使药液、营养得到吸收或促进宿粪排出，以及除去肠内分解产物与炎性渗出物，达到治疗疾病的目的。

1. 用具及药品

中、小动物于手术台上侧卧保定。灌肠用具可用灌肠器、吊桶，药品可用1%温盐水、0.1%高锰酸钾溶液、2%硼酸液和葡糖糖液等。

2. 方法

（1）*浅部灌肠法*　即将药液灌入直肠内。常在病畜有采食障碍或咽下困难、食欲废绝时，进行人工营养；直肠炎或结肠炎症时，灌入消炎剂；病畜兴奋不安时，灌入镇静剂；排除直肠内积粪时使用。

动物站立保定，助手将尾巴拉向一侧或吊起。术者一手提盛有药液的灌肠用吊桶，另一手将连接吊桶的橡胶管徐徐插入肛门10～20厘米，然后高举吊桶，使药液流入直肠内。灌肠后使动物保持安静，以免引起排粪动作而将药液排出。对以人工营养、消炎和镇静为目的的灌肠，在灌肠前应先把直肠内的蓄粪取出。

（2）*深部灌肠法*　即将大量液体或药液灌到较靠前的肠管内，适用于治疗中、小动物肠套叠、结肠便秘等。

动物站立保定或侧卧保定，并呈前低后高姿势。术者先将灌肠器的胶管一端插入肛门，并向直肠内推进8～10厘米，另一端连接漏斗或吊桶，也可使用100毫升注射器注入溶液。先灌入少量药液软化直肠内积粪，待排净积粪后再大量灌入药液，直至灌完。并随时用手指刺激肛门周围，使肛门紧缩，防止注入的溶液流出。灌完后拉出胶管，放下尾巴。

3. 注意事项

直肠内存有宿粪时，应先取出宿粪，再进行灌肠。防止粗暴操作，以免损伤肠黏膜或造成肠穿孔。溶液注入后由于排泄反射，溶液易被排出，为防止排出，用手压迫尾根，或于注入溶液的同时以手指刺激肛门周围，也可按摩腹部，最好的办法是用塞肠器压定肛门。

五、药　浴　法

疥螨、痒螨、蠕形螨、虱子、跳蚤、蜱等外寄生虫病对绵羊的产毛量和羊毛品质都有不良影响，体外寄生虫可以消耗营养，甚至传播疾病，造成巨大的经济损失。除对病羊及时隔离并严格进行圈舍消毒、灭虫外，药浴是防止疥螨等外寄生虫病的有效方法。定期药浴是绵羊饲养管理的重要环节。羊一年可进行两次药浴，一次是预防性药浴，在夏末秋初进行，另一次药浴一般在剪毛后10～15天进行，这时羊皮肤的创口已基本愈合，毛茬较短，药液容易浸透，防治效果更好，通常选晴朗无风之日进行。第1次药浴后8～14天应进行第2次药浴。

1. 药品

可选用0.05%双甲脒溶液、0.05%辛硫磷乳油水溶液、0.05%蝇毒磷乳剂水溶液、0.5%～1%敌百虫液、0.005%溴氰菊酯和0.025%～0.075%螨净等。

2. 方法

主要有池浴和淋浴两种。池浴适合大中型羊场。药浴池用砖、石、水泥建造，长10～15米、深1.1米、上口宽0.6～0.8米、下口宽0.4～0.6米，入口为陡坡，出口为有台阶的缓坡，以有利于羊的攀登。入口处设置羊栏，是羊群等候入浴的地方；出口处设滴流台，出浴的羊在此短暂停留，使身上的药液流回池内。羊栏和滴流台都修成水泥地面。池内药液根据羊的种类保持70～100厘米深，以没过羊的躯干为度。药浴时，工作人员手持带钩木棒，在浴池两旁控制羊徐徐前行，并使其头部抬起不致浸入药液内。但接近出口时，要有意用棒钩将羊头部压入药液内1～2次，以防头部发生寄生虫病。

淋浴适于各类羊场和养羊户，需要专门的淋浴场和喷淋药械，每只羊喷淋3～5分钟，用药水2.4千克。一般养羊户可采用背负式喷雾器或杆式喷雾器，一只一只羊进行喷淋。喷淋过的羊应赶入滤液栏，停留10～20分钟，滴干药液后才放出羊只。

3. 注意事项

药浴应选择晴朗无大风天气进行，药浴前8小时停止放牧或喂料，药浴前2～3小时给羊饮足水，以免药浴时羊吞饮药液。药浴时，先洗浴健康羊，后洗浴有皮肤病的羊。羊药浴完毕，在离开滴流台或滤液栏后，应放入晾棚或宽敞的羊舍内，免受日光照射，过6～8小时后才可以喂料饮水或放牧。妊娠两个月以上的母羊不能进行药浴，可在产后皮下注射伊维菌素或阿维菌素（注射一次）防治。药浴时，工作人员应带好口罩和橡皮手套，以防中毒。羊洗浴完的当天晚上，应派人值班，对出现中毒症状的个别羊应及时救治。

六、去 势 术

去势术是指摘除或破坏雄性动物的睾丸，使其丧失性欲和繁殖能力的技术。公羊一般在4～6周龄时去势，也有在2～3日龄去势的。去势的经济意义：一是提高动物生产性能，加速育肥，促进增重，节约饲料；二是提高动物产品的质量（使肉羊的肉质细嫩、味道优美，提高羊的皮毛质量）；三是使性情恶劣的动物变得温顺而易于管理和使役；四是治疗疾病（如睾丸炎、鞘膜积水、睾丸创伤、睾丸肿瘤等疾病治疗无效时，去势术常为治疗这些疾病的方法之一）。去势术主要有如下两种方法。

（一）无血去势术

采用无血去势钳去势，安全有效。将羊左侧横卧保定，羊背向术者，术者用左脚踩住羊颈部，右脚踩住羊尾根部，术者用手抓住羊阴囊颈部，将睾丸挤到阴囊底部，将精索推挤到阴囊颈一侧，并用长柄精索固定钳夹在精索内侧皮肤上（也可以用手固定），以防精索在皮下滑动。用2%碘酊消毒精索部皮肤，然后助手将无血去势钳钳嘴张开，夹在精索固定钳固定点上方3～5厘米处，助手缓缓合拢钳柄，术者确定精索确实在两钳嘴之间时，助手用力合拢钳柄，即可听到“咯嚓”声，表明精索已被挫断。钳柄合拢后停留1～5分钟，触摸阴囊皮肤发凉时，再松开钳嘴，必要时再于其下方1.5～2.0厘米的精索上钳夹第二道。另一侧的精索同样处理，钳夹部皮肤用碘酊消毒，术后不需治疗和特殊护理。

（二）开放式露睾去势术

一般不麻醉，左侧横卧保定，羊背向术者，术者用左脚踩住羊颈部，右脚踩住羊尾根，保定一定要确实，必要时用绳捆住四肢，并尽量暴露阴囊。局部剪毛，用0.1%新洁尔灭液充分清洗消毒。

切口定位在阴囊两侧平行于阴囊缝际处，术者左手手臂部按压羊右后肢股部后方，使该后肢向上紧贴腹壁以充分显露睾丸。用左手中指、食指和拇指捏住阴囊颈部，把睾丸推挤入阴囊底部，使阴囊皮肤紧张，固定好睾丸。右手持刀，在阴囊缝际两侧1～1.5厘米处平行缝际切开阴囊皮肤和总鞘膜，显露出睾丸。术者食指和拇指捏住阴囊韧带与附睾尾连接部，剪开附睾尾韧带，向上撕开睾丸系膜，充分显露精索。对精索用缝线贯穿结扎后去掉睾丸，并观察精索断端是否出血，大公羊可进行双道结扎，以确保术后不出血。然后按同法去掉另一侧睾丸。切口用碘酊严格消毒后，不缝合切口，松解保定。术后注意观察出血和感染情况。

第四章 羊传染病的诊疗与处方

第一节 病毒性传染病

一、羊 痘

羊痘是由羊痘病毒引起的羊的一种急性、热性、接触性传染病。其临床特征为发热，在皮肤及黏膜发生丘疹和疱疹。羊痘被世界动物卫生组织（OIE）列为必须报告的重大传染病，我国将其列为一类动物疫病。其中绵羊痘是动物痘病中病情最为严重的一种。

（一）病原

绵羊痘病毒和山羊痘病毒属于痘病毒科羊痘病毒属。病毒颗粒呈砖形，大小约为300纳米×270纳米×200纳米，是动物病毒中最大的病毒，是唯一在细胞质内复制的有囊膜的双股DNA病毒，可在易感细胞的细胞质内形成包涵体。羊痘病毒和传染性脓疱病毒有共同抗原性。该病毒耐干燥，在干燥的痂皮内能成活数月至数年，在干燥羊舍内可存活6～8个月。不同毒株对热敏感程度不一，一般55℃持续30分钟即可灭活。病毒对寒冷的抵抗力强，冻干可保存3个月以上。对直射阳光、酸、碱和大多数常用消毒药（如酒精、碘酒、红汞、福尔马林、来苏儿、石炭酸等）均较敏感，对醚和氯仿也较为敏感。

（二）诊断要点

1. 流行特点

病羊是主要传染源。羊痘多由含有羊痘病毒的皮屑随风和灰尘吸入呼吸道而感染，也可通过损伤的皮肤及消化道传染。被病羊污染的用具、饲料、垫草，病羊的粪便、分泌物、皮毛和体外寄生虫（如羊虱）都可成为传播媒介。该病春秋两季多发（主要在冬末春初流行），常呈地方性流行或广泛流行，饲草缺乏和饲养管理不良等因素都可促使发病和加重病情。绵羊痘危害较重，不同品种、性别、年龄的绵羊都易感染，以细毛羊最为易感，羔羊比成年羊易感，羔羊致死率高达100%，妊娠母羊极易流产。

2. 临床症状

（1）绵羊痘 自然感染潜伏期一般为6～8天，长的达16天。病羊以体温升高为特征，可达41～42℃，精神沉郁，食欲废绝，鼻黏膜和眼结膜潮红，先后出现浆液性、黏液脓性鼻液，呼吸、脉搏加快，很快消瘦，全身症状严重。典型的1～4天后开始发生痘疹，起初为红斑，1～2天后形成丘疹，突出于皮肤表面，坚实而苍白，随后丘疹逐渐扩大，变成灰白色或淡红色、半球状隆起的结节。结节在2～3天内变成水疱，水疱内容物逐渐增多，中央凹陷，呈脐状，在此期间，病羊体温稍下降。不久水疱变为脓性，不透明，形成脓疱、化脓。如无继续感染，几日内脓胞干瘪为褐色痂块，脱落后遗留下灰褐色瘢痕而痊愈，整个病程14～21天；非典型病例主要见于体质强壮的成年羊，如种公羊，仅出现体温升高，呼吸道和眼结膜的卡他性炎症，不出现或仅出现少量痘疹，或痘疹呈硬结状，在几天内经干燥后脱落，不形成水疱和脓疱，此为良性经过，称为顿挫型。有的病例可见痘疱内出血，呈出血痘或黑痘，还有的病例痘疱发生化脓和坏疽，形成相当深的溃疡，具有恶臭味，形成所谓的臭痘和坏疽痘。

（2）山羊痘　潜伏期为6～7天，病初发热，体温40～42℃，精神不振，食欲减退。痘疹不仅发生于皮肤无毛部位，如乳房、尾内面、阴唇、会阴、肛门周围、阴囊和四肢内侧，也可发生于头部、背部、腹部有毛丛的皮肤。痘疹大小不一，圆形。初为红斑，随之转为丘疹，以后丘疹发生坏死、结痂，经3～4周痂皮脱落。眼的痘疹见于瞬膜、结膜和巩膜。此外，痘疹偶见于口腔与上呼吸道黏膜、骨骼肌、子宫黏膜和乳腺。

3. 病理变化

在前胃或皱胃的黏膜上有大小不等的白色、圆形或半圆形坚实的结节，严重的引起前胃黏膜糜烂或溃疡，肠道黏膜少有痘疹变化。咽和支气管黏膜也常有痘疹，呼吸道黏膜有出血性炎症，气管及支气管内充满混有血液的浓稠黏液。肺脏有出血性肺炎变化，发生瘀血、水肿，表面有大小不等的灰白色或暗红色球形痘疹，切开可见不透明的白色胶冻样物，有继发病症时，肺有肝变区。

4. 实验室检查

可利用血清学试验确诊。

5. 鉴别诊断

注意与丘疹性湿疹和羊口疮区别。

（三）防制

1. 预防

（1）加强饲养管理　圈舍要经常打扫，保持清洁，抓好秋膘，冬春季节要适当补饲，提高机体抵抗力。

（2）严格隔离和消毒　病、死羊严格消毒并深埋，如需剥皮利用，注意消毒防疫措施，防止病毒扩散；定期对环境和用具进行清洁和消毒，消毒剂可采用2%氢氧化钠液、2%福尔马林、30%草木灰水、10%～20%石灰乳剂或含2%有效氯的漂白粉液等。

（3）免疫接种　羊痘常发地区，每年应定期进行预防接种。如羊痘鸡胚化弱毒羊体反应冻干疫苗，绵羊不论大小一律在尾内侧或股内侧皮内注射0.5毫升，3月龄的哺乳羔羊，断奶后应加强免疫1次。山羊无论大小，均皮下注射5毫升。4～6天产生可靠免疫力，免疫期绵羊为1年，山羊暂定为6个月。

2. 治疗

发生羊痘时，病羊立即隔离，环境、用具应消毒，同群的假定健康羊应圈养或在特定范围内放牧，密切观察，并做好隔离和消毒工作。必要时进行封锁，封锁期为两个月。

【处方1】

紧急接种同群的健康羊和受威胁羊，选用羊痘鸡胚化弱毒羊体反应冻干疫苗，绵羊0.5毫升，皮内注射，山羊5毫升，皮下注射。或选用山羊痘细胞化弱毒冻干疫苗 0.5 毫升，皮内注射。

【处方 2】

羊痘康复血清或高免血清，预防量，小羊 2.5～5 毫升，成年羊 5～10 毫升，治疗量加倍，皮下注射。

10%病毒唑注射液（食品动物禁用）1～2.5 毫升，肌内注射，每日 1 次，连用 3 日。

30%安乃近注射液 3～10 毫升，肌肉注射，或复方氨基比林注射液 5～10 毫升，皮下注射或肌内注射。

0.1%高锰酸钾溶液 500 毫升，患部清洗；或碘甘油 100 毫升，患部涂抹。

2.5%恩诺沙星注射液 5 毫升，或 5%氟苯尼考注射液，5～20 毫克/千克体重；或 20%长效土霉素注射液 0.05～0.1 毫升/千克体重，肌内注射，每日 1 次，连用 3 日。

10%葡萄糖注射液 100～500 毫升，静脉注射，每天一次，连用 3 天。

【处方 3】

葛根汤：葛根、紫草、苍术各 15 克，黄连 10 克（或黄柏 15 克），白糖、绿豆各 30 克，水煎灌服，每日 1 剂，连服 3 剂。

二、传染性脓疱

传染性脓疱（传染性脓疱性皮炎、羊口疮、传染性唇皮炎等）是由传染性脓疱病毒引起的以羊为主的一种急性、高度接触性、嗜上皮性的人兽共患传染病。其临床特征是在口、唇、舌、鼻、乳房等部位的皮肤和黏膜形成红斑、丘疹、水疱、脓疱、溃疡和菜花状厚痂。该病传染性强，发病率高，常呈群发性流行。

（一）病原

传染性脓疱病毒（羊口疮病毒）属于痘病毒科副痘病毒属，病毒粒子呈砖形或呈椭圆形的毛线团样，有囊膜，大小为（220～300）纳米×（140～200）纳米，基因组为线性双股 DNA。该病毒对外界环境抵抗力强，干燥痂皮内的病毒于夏季日光下经 30～60 天开始丧失传染性；散落于地面的病毒可以越冬。病料在低温冷冻条件下可保持毒力数年。该病毒对脂溶剂（如乙醚、氯仿、苯酚）敏感，对热敏感（60℃30 分钟和煮沸 3 分钟均可灭活），不耐酸、碱，可被 2%福尔马林浸泡 20 分钟和紫外线照射 10 分钟灭活。常用的消毒药为 2%氢氧化钠溶液、10%石灰乳剂、20%热草木灰水等。

（二）诊断要点

1. 流行特点

病羊和带毒动物是该病的主要传染源，病毒经脓疱和水疱的内容物，以及干燥的痂块排出，污染饲料、厩草、栅栏、产房、车辆等，播散该病。患病母羊及其吮乳羔羊能相互传染。病毒主要通过皮肤和黏膜擦伤感染，饲草粗硬或有芒刺能促使发病。该病发生于各种品种和年龄的绵羊，3～4 月龄的绵羊羔发病率可达 90%，纯种羊也易感，成年绵羊的发病率较低。此病常呈群发性流行，无季节性，以春夏发病为多。

2. 临床症状

该病的潜伏期为 4～8 天，长的 16 天。全身症状较轻，一般无发热，体躯皮肤无病变。

(1) 唇型 此型最为常见，病初患羊精神不振，食欲减退，口腔发热，齿龈红肿。而后开始在口角、上唇或鼻镜出现散在的小红斑，逐渐变为丘疹、小结节、水疱和脓疱，之后结成黄色或棕色的疣状硬痂。若为良性，1～2 周后痂皮干燥、脱落，羊逐渐康复。病情严重的羊，在齿龈、舌、颊、软腭及硬腭上出现被红晕包围的水疱，水疱迅速变成脓疱，脓疱破裂形成烂斑，口中流出发臭、混浊的唾液。结痂后痂垢不断增厚，痂垢下伴有肉芽组织增生，整个嘴唇肿大外翻呈桑椹状隆起，严重影响采食。病羊日趋消瘦，最后衰竭而死，病程一般为 2～3 周。

(2) 蹄型 此型几乎仅侵害绵羊，多单独发生，偶有混合型，病羊多见一肢患病。通常于蹄叉、蹄冠或系部皮肤上形成水疱、脓疱、溃疡。如继发感染则发生化脓、坏死。病羊跛行，长期卧地，病期缠绵。严重者因极度衰竭或败血症死亡。

(3) 生殖器型 少数病羊还在乳房、阴唇、包皮、阴囊及四肢内侧发生同样的病理变化，阴唇肿胀，阴道内流出黏性或脓性分泌物。哺乳病羔的母羊常发生红斑、水疱、脓疱、结痂，痂多为淡黄色，较薄，易剥脱，病程长者，可发生溃疡。公羊还表现为阴囊肿胀。单纯的生殖器型很少出现死亡。

3. 病理变化

上述病变只在唇周、蹄、乳房、阴唇、包皮等处发生，但绝不波及体躯部皮肤，各内脏器官也无明显病变。组织病理学变化有皮肤表皮棘细胞层增厚，毛细血管扩张、充血；棘细胞发生严重的水疱变性、网状变性，甚至发生气球样变；一些棘细胞发生坏死，胞核浓缩、崩解；此外，一些变性、坏死的棘细胞胞质内可见粉红色、大小不一、圆形或椭圆形的嗜酸性包涵体。

4. 实验室检查

可用补体结合试验、琼脂扩散试验、反向间接血凝试验、酶联免疫吸附试验（ELISA）、免疫荧光技术、聚合酶链式反应（PCR）等方法进行确诊。

5. 鉴别诊断

注意与羊痘和坏死杆菌病相区别。

（三）防制

1. 预防

(1) 严格隔离消毒 不从疫区引进羊或购入饲料、畜产品。引进羊需隔离观察 2～3 周，严格检疫，证明无病后方可混入大群饲养；选用 3%福尔马林、2%氢氧化钠溶液、10%石灰乳剂、20%热草木灰水等对环境和用具进行消毒。

(2) 加强饲养管理 饲喂柔软多汁的草料，补充配合饲料或放置舔砖，减少羊只啃土啃墙，以免发生损伤。捡出饲料和垫草中的芒刺，保护羊的皮肤、黏膜不受损伤。

(3) 免疫接种 该病常发地区每年春季用传染性脓疱皮炎细胞弱毒苗免疫接种，方法见第一章表 1-1。

2. 治疗

发生传染性脓疱时，病羊立即隔离饲养，对环境、用具进行消毒，防止病毒扩散。

【处方 1】

隔离病羊，同群的健康羊和受威胁羊，用传染性脓疱皮炎细胞弱毒苗 0.2 毫升，下唇黏膜划痕法紧急接种。

【处方 2】

水杨酸软膏患部涂抹，软化厚痂，0.1%～0.2%高锰酸钾溶液 500 毫升，冲洗创面；5%碘甘油 100 毫升，患部涂抹，每日 1～2 次。

5%～10%福尔马林 500～1000 毫升，浸泡患蹄，每周 1 分钟，连用 3 次；或 5%硫酸铜溶液 500～1000 毫升，浸泡蹄部，每日 2 次，连用 1 周。

丙二醇或甘油 20～30 毫升，维 D_2 磷酸氢钙片 30～60 片，干酵母片 30～60 克，加水灌服，每日 2 次，连用 3～5 日。

10%病毒唑注射液（食品动物禁用）1～2.5 毫升，肌内注射。

2.5%恩诺沙星注射液 5 毫升，或 5%氟苯尼考注射液 5～20 毫克/千克（按体重计），20%长效土霉素注射液 0.05～0.1 毫升/千克（按体重计），肌内注射，每日 1 次，连用 3 日。

【处方 3】

冰硼散：冰片 50 克，朱砂 30 克，硼砂 500 克，元明粉 500 克，共为细末。去掉结痂后，将冰硼散兑水调成糊状涂抹患部，隔日换药一次，连用 2～3 次，一般 7～10 天，患部痂皮或结痂开始脱落而痊愈。

三、口　蹄　疫

口蹄疫俗称“口疮”，是由口蹄疫病毒引起的主要侵害偶蹄动物的急性、热性、高度接触性人畜共患传染病。其特征是在口腔黏膜、蹄部和乳房等处皮肤出现水疱和烂斑。该病传播快，发病率高，传播途径广，病原复杂多变，被世界动物卫生组织（OIE）列为必须上报的动物传染病。

（一）病原

口蹄疫病毒属微 RNA 病毒科口蹄疫病毒属，是已知最小的动物 RNA 病毒，病毒粒子直径 20～25 纳米，呈圆形，无囊膜，基因组为单股线状正义 RNA。口蹄疫病毒具有型多、易变异的特点，到目前为止，世界上发现有 A 型、O 型、C 型和南非 1、2、3 型（SAT1、2、3 型），以及亚洲 1 型（Asia1 型）等 7 个血清型和 80 多个亚型。各血清型之间无交叉免疫现象，口蹄疫病毒在流行过程中及经过免疫的动物体均容易发生变异，即抗原漂移。口蹄疫病毒对干燥的抵抗力很强，含病毒组织或被病毒污染的饲料、饲草、皮毛及土壤等可保持传染性数周至数月，病毒在低温下十分稳定，在 50%甘油生理盐水中于 5℃能存活 1 年以上。但对直射日光（紫外线）、热、酸、碱均很敏感，在 pH3.0 以下和 pH9.0 以上的缓冲液中，病毒的感染性将在瞬间消失。2%～4%氢氧化钠溶液，3%～5%福尔马林，5%氨水，0.2%～0.5%过氧乙酸，5%次氯酸钠液，1∶150～1∶300 农福等对该病毒均有较好的杀灭作用。

（二）诊断要点

1. 流行特点

在牧区口蹄疫常从秋末流行，冬季加剧，春季减弱，夏季基本平息。该病多呈良性经过，病程一般为 2～3 周。成年羊的发病率可达 80%或更高，但死亡率低。羔羊的发病率可达 90%，死亡率约 40%。患病动物及带毒动物是该病最主要的传染源，病初的动物是该病最危险的传染源。病畜的水疱皮、水疱液、唾液、粪、奶和呼出的空气中都含有大量致病力很强的病毒，当食入或吸入这些病毒时，便可引起感染。环境的污染也可造成该病的传播，如污染的水源、棚圈、工具和接触过病畜人员的衣物、鞋帽等都是可能的传染源。

2. 临床症状

病羊体温升高，精神不振，食欲减退，反刍减少或停止。水疱破溃后，体温降至常温，全身症状好转。口腔损害常在唇内面、齿龈、舌面及颊部黏膜发生水疱和糜烂，病羊疼痛，流涎，涎水呈泡沫状。蹄部损害常在趾间及蹄冠皮肤，表现红、肿、热、痛，继而发生水疱、烂斑，病羊蹄部疼痛，发生跛行（呈现支跛），常降低重心小步急进，甚至跪地或卧地不起。

如单纯口腔发病，一般1～2周可望痊愈，当累及蹄部或乳房时，则2～3周方能痊愈。一般呈良性经过，死亡率不超过1%～2%。羔羊发病则常表现为恶性口蹄疫，发生心肌炎，有时呈出血性胃肠炎而死亡，死亡率可达20%～50%。孕羊常流产。

3. 病理变化

除口腔、蹄部皮肤等处出现水疱和溃烂外，还可见咽喉、气管、支气管和前胃黏膜有烂斑和溃疡，皱胃和大、小肠黏膜可见有出血性炎症。心包膜有出血斑点，心脏有心肌炎病变，心肌松软，心肌切面有灰白或淡黄色斑点或条纹，称为虎斑心，心脏似煮熟样。

4. 实验室检查

采取病畜水疱皮或水疱液，康复时采取血清，送口蹄疫参考实验室检查。

5. 鉴别诊断

注意与传染性脓疱和蓝舌病区别。

（三）防制

1. 预防

(1) 无病地区严禁从有病国家和地区引进动物及动物产品、饲料、生物制品等。引进动物及其产品，应严格执行检疫、隔离、消毒；发生口蹄疫时应早报告、早诊断，严格采取扑灭措施，对疫区和受威胁区未发病的易感动物进行紧急免疫接种。

(2) 口蹄疫流行地区，应坚持免疫接种，应选用与当地流行毒株同型的疫苗，目前可用口蹄疫O型亚洲Ⅰ型二价灭活疫苗，羊每只1毫升，肌内注射，15～21天后加强免疫1次，免疫持续期为4个月。

2. 治疗

发生口蹄疫后，患病动物及同群动物全部扑杀销毁（全国一盘棋，扑杀越早，损失越少，一处不扑杀，前功尽弃），不允许治疗。如贵重动物，经有关部门批准，可在严格隔离的条件下进行治疗。

【处方】

哺乳母羊或哺乳羔羊患病时，立即断奶，羔羊人工哺乳或饲喂代乳料。

同型的口蹄疫高免血清按1毫升/千克体重肌内注射，每日1次，连用2日。

安乃近注射液3～10毫升，肌内注射，每日1次，连用3日。

0.1%高锰酸钾液或食醋、0.2%福尔马林冲洗创面，之后涂碘甘油或1%～

2%明矾液，或撒布冰硼散。乳房可用肥皂水或2%～3%硼酸水清洗，然后涂以青霉素软膏或其他刺激性小的防腐软膏。

四、蓝　舌　病

蓝舌病是由蓝舌病病毒引起的，以库蠓为传播媒介的反刍兽的一种非接触性传染病。该病主要发生于绵羊，其临床特征为发热、消瘦，白细胞减少，口、鼻和胃黏膜有溃疡性炎症变化。并可发生肌炎和蹄冠炎，且口腔黏膜及舌发绀。我国农业部已将该病定为一类动物疫病。

（一）病原

蓝舌病病毒属呼肠孤病毒科环状病毒属，病毒颗粒呈圆形，病毒基因组为双链RNA，20面体对称，病毒直径为50～60纳米，无囊膜。蓝舌病病毒对外界抵抗力较强，可耐干燥和腐败。在50%甘油内于室温下可以保存数年。60℃30分钟不能完全灭活。对乙醚、氯仿有抵抗力。对胰蛋白酶、3%氢氧化钠溶液和2%过氧乙酸溶液敏感。

（二）诊断要点

1. 流行特点

蓝舌病呈地方性流行。该病一般发生于5～10月份，多发生于湿热的夏季和秋季，特别是池塘、河流较多的低洼地区。其发生和分布与库蠓的分布、习性和生活史密切相关。病羊和带毒的动物是该病主要的传染源，在疫区临床健康的羊也可能携带病毒成为传染源；该病主要通过库蠓传递，当库蠓吸吮带毒动物的血液后，病毒就在虫体内繁殖，当再次叮咬绵羊和牛时，即可发生传染。

2. 临床症状

潜伏期为3～8天。病畜体温升高达40～42℃，稽留2～6天，同时白细胞数量也明显降低。高温稽留后体温降至正常，白细胞也逐渐回升至正常生理范围。病羊精神委顿、厌食、流涎，嘴唇水肿，并蔓延至面部、眼睑、耳、颈部和腋下。口腔黏膜和舌头充血、糜烂，严重病例舌头发绀，呈现出蓝舌病特征症状。有的蹄冠和蹄叶发炎，呈现跛行，在蹄、腕、跗趾间的皮肤上有发红区，靠近蹄部较严重。病羊消瘦，衰弱，有的发生便秘或腹泻，甚至便中带血，孕羊可发生流产、胎儿脑积水或先天畸形。病程为6～14天，发病率30%～40%，病死率2%～30%。多因并发肺炎和胃肠炎引起死亡。

3. 病理变化

病羊以舌发绀，舌及口腔充血、瘀血，鼻腔、胃肠道黏膜发生水肿及溃疡为特征。可见整个口腔黏膜出现糜烂，皮肤及黏膜有小出血点，尤其在毛囊的周围出血和充血，皮下组织充血及胶冻样浸润，肌纤维变性，肌间有浆液和胶样浸润。心包积液，心肌、心内膜、呼吸道、泌尿道黏膜都有针尖大小的出血点。

4. 实验室检查

通过动物试验、病毒分离和血清学试验进行确诊。

（三）防制

1. 预防

羊群放牧要选择高地，减少感染机会，防止在潮湿地带露宿；定期进行消毒、驱虫（伊维菌素注射液定期皮下注射），消灭库蠓（羊舍装窗纱、灭蚊灯，圈舍墙壁和纱窗喷洒卫害净悬浮剂或其他杀虫剂，也可在蚊虫滋生季节用敌敌畏等农药加入锯末中熏烟杀虫）；做好圈舍和牧地的排水工作；进行免疫接种。日本采用鸡胚化弱毒冻干疫苗，每年接种一次，可有效预防该病，孕羊禁用。

2. 治疗

发现该病及时扑杀，并做好隔离消毒等工作。经有关部门许可，贵重动物可在严格隔离下治疗。该病无特效药物，病羊应精心护理，隔离饲养，饲喂柔软易消化的饲草，进行对症治疗。

【处方】

0.1％高锰酸钾液500毫升，冲洗口腔。碘甘油或冰硼散，适量涂抹或撒布溃烂面。

3％来苏儿液500毫升，蹄部冲洗；碘甘油或土霉素软膏，蹄部涂抹，绷带包扎。

丙二醇或甘油30毫升，维生素D_2磷酸氢钙片30～60片，干酵母片30～60克，加水胃管投服或瘤胃注入，每日1～2次，连用3～5日。

5％葡萄糖氯化钠注射液500毫升，氨苄青霉素50～100毫克/千克体重，10％安钠咖注射液5～20毫升，10％葡萄糖注射液500毫升，维生素C注射液0.5～1.5克，静脉注射，每日1次，连用3日。

五、梅迪-维斯纳病

梅迪-维斯纳病是由梅迪-维斯纳病毒引起成年绵羊和山羊的一种不表现发热症状的接触性传染病。其临床特征为经过一个漫长的潜伏期之后，表现间质性肺炎或脑膜炎，病羊衰弱、消瘦，最终死亡。梅迪是以呼吸困难或消瘦等为主要特征的慢性进行性肺炎，维斯纳是以神经症状为主要特征的脑脊髓炎。

（一）病原

病原为反录病毒科慢病毒属的梅迪-维斯纳病毒，含单股RNA，成熟病毒粒子呈圆形或卵圆形，直径80～120纳米，有囊膜，其表面有纤突，核芯存在反转录酶。该病毒对乙醚、乙醇、氯仿、过碘酸盐和蛋白酶敏感，在pH7.2～9.2最为稳定，50℃只能存活15分钟。4％石炭酸溶液、0.1％福尔马林和50％酒精均易使其失去活性。

（二）诊断要点

1. 流行特点

该病多呈散发，发病率因地区不同而异，病死率可能高达100％。绵羊最易感，多见于2岁以上的成年绵羊，山羊也可感染。该病的潜伏期为2年或更长。传染源主要为病羊及带毒羊，羊一旦感染即终生带毒。病羊所排出的唾液、鼻液、粪便等含有病毒，通过消化道、呼吸道和皮肤传播，或经胎盘和乳汁垂直传播，吸血昆虫也可能成为传播者。

2. 临床症状

（1）梅迪（呼吸道型）　多见于3～4岁成年羊。病羊发生进行性肺部损害，然后出现逐渐加重的呼吸道临诊症状。但病情发展非常缓慢，常经过数月或数年。早期病羊易落群，病情恶化时，呼吸困难，体重不断下降，消瘦和衰弱，病羊常保持站立姿势。听诊肺的背侧有啰音，叩诊肺的腹侧发浊音。体温一般正常。病羊常由于缺氧和并发急性细菌性肺炎死亡。

(2) 维斯纳（神经型） 多见于2岁以上的绵羊。病羊常落群，后肢易失足、发软。体重减轻，随后跗关节不能伸直，常用跖骨后段着地。四肢逐渐麻痹，行走困难。有时唇和眼睑震颤。头微偏向一侧，然后出现偏瘫或完全麻痹。自然和人工感染病例的病程均很长，通常为数月，有的可达数年。病程有时呈波浪式，中间出现轻度缓解，但终归死亡。

3. 病理变化

(1) 梅迪 病理变化主要见于肺和肺淋巴结。病肺体积和重量比正常肺大2～4倍，不塌陷，各叶之间以及肺和胸壁粘连，肺组织致密，质地如肌肉，呈淡灰色或暗红色，触摸有橡皮感，以膈叶变化最重。有的肺小叶间隔增宽，呈暗灰细网状花纹，在网眼中显出针尖大小暗灰色小点。肺的切面干燥。支气管淋巴结增大，重量增加，切面均质发白。胸膜下散在许多针尖大小、半透明、暗灰白色的小点，严重时突出于表面。

(2) 维斯纳 剖检无特异性变化。病程很长的，其后肢肌肉经常萎缩。少数病例脑膜充血，白质切面有灰黄色小斑。病初期在脑膜下和脑室膜下出现浸润和网状内皮系统细胞增生。病重羊的脑、脑干、桥脑、延髓及脊髓的白质发生广泛性损害。胶质细胞浸润可融合成较大病灶，具有坏死和形成空洞的趋势。

4. 实验室检查

可结合病毒分离、病毒颗粒的电镜观察，以及血清学试验确诊。

（三）防制

该病目前尚无疫苗和有效的治疗方法。防制该病的关键在于防止健康羊接触病羊。加强进口检疫，对病羊施行全部扑杀，严格消毒。定期对羊群进行血清学检测，及时淘汰有临床症状及血清学阳性的羊及其后代，培育健康后备羊群。

六、山羊病毒性关节炎-脑炎

山羊病毒性关节炎-脑炎是由山羊关节炎-脑炎病毒引起山羊的一种进行性、慢性消耗性传染病。其临床特征为羔羊脑炎、成年羊关节炎、间质性肺炎和硬结性乳房炎。目前许多国家都有该病的报道，1982年我国从英国进口山羊时，将该病引入。

（一）病原

病原为反转录病毒科慢病毒属的山羊关节炎-脑炎病毒。病毒的形态结构和生物学特征与梅迪-维斯纳病毒相似，病毒粒子呈球形，直径80～100纳米，有囊膜，含单股RNA。该病毒对外界环境的抵抗力不强，56℃10分钟可被灭活。低于pH4.2可迅速死亡。常规消毒剂一般浓度均可杀灭。

（二）诊断要点

1. 流行特点

仅在山羊间相互感染，无年龄、性别、品系间差异。一年四季均可发病，呈地方流行性。病山羊和隐性感染的山羊是主要传染源。该病可由直接接触感染，或经乳汁、唾液、粪尿及呼吸道分泌物传播。感染途径以消化道为主，也可能通过生殖道和呼吸道感染。

2. 临床症状

(1) 脑脊髓炎型　主要发生于2～4月龄山羊羔，育成羊和成年羊也有发病。有明显的季节性，多发生于3—8月间，与晚冬和春季产羔有关。病初病羊精神沉郁、跛行，共济失调，一侧后肢不敢负重，反射亢进，之后，后肢甚至四肢轻瘫，转圈，头部抽搐和震颤，角弓反张，斜颈，有的还出现四肢划动。羔羊一般无体温变化。有时面神经麻痹，吞咽困难或双目失明。病程半月至1年。个别耐过病例留有后遗症。少数病例兼有肺炎或关节炎症状。

(2) 关节炎型　主要发生于1岁以上的成年山羊，病程1～3年。典型症状是腕关节肿大和跛行，即所谓的"大膝病"。膝关节和跗关节也可患病。病情逐渐加重或突然发生。病初关节周围软组织水肿、湿热、波动、疼痛，有轻重不一的跛行，进而关节肿大如拳，活动不便，常见前膝跪地爬行。有时病羊肩前淋巴结肿大。穿刺检查关节液呈黄色或粉红色。

(3) 间质性肺炎型　较少见。无年龄限制，主要见于成年山羊，病程3～6个月。患羊进行性消瘦，咳嗽，呼吸困难，胸部叩诊有浊音，听诊有湿性啰音。如无细菌继发感染，则无体温反应。

(4) 硬结性乳房炎型　主要见于哺乳母羊。多发生于分娩后的1～3天，乳房坚实或坚硬，肿胀，少乳或无乳，无全身反应。采集乳房炎病例的乳汁经菌检无细菌感染。个别羊的产奶量可恢复到正常。

3. 病理变化

主要病理变化见于中枢神经系统、四肢关节及肺脏，其次是乳腺。

(1) 脑和脊髓　主要发生于小脑和脊髓的白质，在前庭核部位将小脑与延脑横断，可见一侧脑白质中有5毫米大小的棕红色病灶。

(2) 关节　患病关节周围软组织肿胀，有波动，皮下浆液渗出，关节囊肥厚，滑膜常与关节软骨粘连。关节腔扩张，充满黄色或粉红色液体，其中悬浮纤维蛋白条索或血凝块。滑膜表面光滑，或有结节状增生物。慢性病例，透过滑膜常可见到软组织中有钙化斑。

(3) 肺脏　轻度肿大，质地坚实，表面散在灰白色小点，切面有大叶性或斑块状实变区。支气管淋巴结和纵隔淋巴结肿大，支气管空虚或充满浆液及黏液。

(4) 乳腺　在感染初期，血管、乳导管周围及腺叶间有大量淋巴细胞、单核细胞和巨噬细胞浸润，随后出现大量浆细胞，间质常发生局灶性坏死。

(5) 肾脏　少数病例，肾脏表面有直径1～2毫米的灰白色小点，镜检可见广泛性的肾小球性肾炎。

4. 实验室检查

确诊需进行病原分离鉴定和血清学试验。

(三) 防制

该病目前尚无疫苗和有效治疗方法。加强进口检疫，禁止从疫区（疫场）引进种羊，引进种羊前，应先做血清学检查，运回后隔离观察1年，其间再做两次血清学检查（间隔半年），均为阴性才可混群。对感染羊群应采取检疫、扑杀、隔离、消毒和培育健康羔羊群的方法进行净化。

七、绵羊肺腺瘤病

绵羊肺腺瘤病又称绵羊肺癌，或驱赶病，是由绵羊肺腺瘤病病毒引起的一种慢性接触性传染性肺癌。其临诊特征为咳嗽、呼吸困难、消瘦、大量浆液性鼻漏、Ⅱ型肺泡上皮细胞和无纤毛细支气管上皮细胞发生肿瘤性增生。

（一）病原

该病的病原为绵羊肺腺瘤病病毒，属于反转录病毒科乙型反转录病毒属，含线性单股负链 RNA，直径为 74 纳米，具有囊膜。该病毒抵抗力不强，56℃ 30 分钟可使其灭活，对氯仿和酸性环境很敏感，普通消毒剂的常规浓度即可将其杀死。病毒在－20℃条件下可在病肺细胞里存活几年。

（二）诊断要点

1. 流行特点

该病呈散发或呈地方性流行，寒冷季节病情严重，可因放牧中赶路而加重，故称为驱赶病。主要感染成年羊，尤其是 3～5 岁的羊，6 月龄以下的羔羊罕见。感染羊群发病率平均 2%～4%，死亡率为 100%。几乎所有养羊国家和地区（澳大利亚和新西兰除外）都有该病的发生和流行。病羊是该病的主要传染源。病原主要经呼吸道传染给易感羊，尤其在气喘或咳嗽时，病毒随唾液或气流散布在空气和自然界中，临近的羊吸入这种感染性气胶团而造成感染。

2. 临床症状

潜伏期为 6～9 个月。感染初期，不易发现羊异常，当剧烈运动或长途驱赶时，呼吸加快。病羊为获得氧气，头伸直，鼻孔扩张。后期经常咳嗽，当患羊低头或将患羊后肢抬高（即手推车试验），可见有大量泡沫状、稀薄的黏液样液体从鼻孔流出。听诊肺区有湿性啰音，叩诊肺区有数量不等的浊音区。个别病例机体衰竭、消瘦、贫血，但仍保持站立姿势，躺卧时呼吸更加困难。病羊体温正常。病程长短不一，可达几个月或数年。

3. 病理变化

特征性病理变化主要在肺脏。肺泡里出现由立方上皮细胞构成的小结节，质地坚实，是上皮细胞性的腺瘤，常见于肺的前部和腹测。密集的结节融合后形成不整形的大结节。其次是细支气管周围淋巴结显著肿大。病的后期，肺的切面有水肿液流出。

4. 实验室检查

必要时采集血清血清学试验诊断。

（三）防制

该病尚无有效疗法。应严格引种制度，发现该病应立即扑杀病羊、隔离发病羊群、严格消毒等。

第二节　细菌性传染病

一、炭　疽

炭疽是由炭疽杆菌引起人兽共患的一种急性、热性、败血性传染病。其临诊特征为突然发病、高热稽留，脾脏显著肿大，皮下及浆膜下结缔组织出血，血液凝固不良，呈煤焦油样。

（一）病原

病原体为炭疽杆菌，革兰染色阳性，菌体两端平直，无鞭毛，大小为（1.0～1.5)微米×(3～5）微米。该菌繁殖体抵抗力不强，60℃ 30～60 分钟即可杀死。一旦繁殖体形成芽孢，则其抵抗力极强，在干燥的土壤中可存活数十年之久，煮沸15～25 分钟或高压灭菌 121℃ 5～10 分钟方可杀死该菌芽孢。临床上常用 20％漂白粉、5％～10％福尔马林、0.5％过氧乙酸溶液和 10％氢氧化钠溶液进行消毒，该菌对青霉素、四环素类，以及磺胺类药物敏感。

（二）诊断要点

1. 流行特点

该病常呈地方性流行，其发生有一定的季节性，多发生于 6～8 月份，也可常年发病。特别是在干旱或多雨、洪水泛滥和吸血昆虫滋生等环境下都可促进炭疽暴发。病畜是主要的传染源，主要由消化道、呼吸道及皮肤伤口感染，也可由吸血昆虫的叮咬传染。

2. 临床症状

该病的潜伏期一般为 3～6 天，有的可达 14 天，绵羊可以短至 12～24 小时。羊多为急性发作，表现为突然倒地，全身痉挛，磨牙，站立时摇摆不稳，体温升高到42℃，呼吸困难，黏膜发绀，天然孔流出带有气泡的黑红色液体，于几分钟内死亡。病程发展稍慢者，常出现兴奋不安，呼吸急促，黏膜发绀，精神沉郁，卧地不起，天然孔流出血水等症状，在数小时内死亡。有的羊只出现体温升高和腹痛等症状。

3. 病理变化

患炭疽病的病死羊禁止解剖，只有在具备严格的防护、隔离、消毒条件下，方可剖检。最急性死亡的病例腹部臌胀，尸僵不全，口、鼻、肛门流血样泡沫或不凝固的血液。头、颈、腹下皮肤发生胶冻样浸润，并可扩散到肌肉深层。血凝不良，暗红色，呈煤焦油状，脾脏肿大，比正常的肿大 3～5 倍，质地脆，暗红色，切面充满煤焦油样的脾髓和血液。淋巴结肿大，出血，切面为深红至暗红色。肺脏充血，水肿。胃肠道有出血性、坏死性炎症变化，有时可在肠黏膜上出现炭疽痈。心包及心内膜、外膜出血，气管及支气管充有大量血样泡沫。胸腹腔有血样渗出物。尸体极易腐败。

4. 实验室检查

(1) 涂片镜检　取末梢血液或其他材料制成涂片后，染色镜检，可发现有带有荚膜的革兰阳性的粗大杆菌，菌体多量单在、成对或 2～4 个菌体相连的短链排列或呈竹节状。

(2) 细菌分离　采取病羊的血液、渗出液或组织进行培养，在低倍镜下观察，炭疽芽孢杆菌的菌落具有边缘呈卷发状的粗糙（R）型菌落的特征，是确诊该病的重要依据之一。

另外可以利用荧光抗体染色技术和炭疽沉淀试验确诊。

（三）防制

1. 预防

在疫区或常发地区，每年对易感动物进行预防注射（羊 1 岁以内不注射），常用的疫苗有无毒炭疽芽孢苗（绵羊0.5毫升，皮下注射）和Ⅱ号炭疽芽孢苗（山羊和绵羊1毫升，皮下注射），接种14天后产生免疫力，免疫期为1年。

2. 治疗

发现病羊，立即将病羊和可疑羊进行隔离，迅速上报有关部门，尸体禁止剖检和食用，应就地深埋；病死动物躺过的地面应除去表土15～20厘米，并与20%漂白粉混合深埋，环境严格消毒，污物用火焚烧，相关人员加强个人防护。已确诊的患病动物，一般不予治疗，而应严格销毁。如必须治疗时，应在严格隔离和防护条件下进行。

【处方1】

抗炭疽高免血清，预防剂量16～20毫升，治疗剂量50～120毫升，皮下或静脉注射，每日1次，连2次。

青霉素5万～10万单位/千克体重，链霉素10～15毫克/千克体重，注射用水10～20毫升，肌内注射，每日1～2次，连用3～5日。

【处方2】

青霉素500万～1000万单位，生理盐水500毫升，静脉注射，每日2次，连用3～5日。

庆大霉素注射液8万～12万单位，肌内注射，每日2次，连用3～5日。

【处方3】

10%葡萄糖注射液500毫升，磺胺嘧啶钠注射液70～100毫克/千克体重，每日2次，连用3～5日。

二、布鲁菌病

布鲁菌病（布氏杆菌病，简称“布病”）是由布鲁菌引起人畜共患的一种慢性传染病。其临床病理特征为生殖器官和胎膜发炎，引起流产、不育和一些器官的局部增生性病变。

（一）病原

布鲁菌为革兰染色阴性小球杆菌，大小为（0.6～1.5）微米×（0.5～0.7）微米，无鞭毛，不能产生芽孢。羊布鲁菌病的病原主要有马耳他布鲁菌（又称羊布鲁菌，绵羊和山羊易感）、绵羊布鲁菌（绵羊易感）和流产布鲁菌（又称牛布鲁菌，牛易感，羊也有一定易感性）等。布鲁菌的抵抗力较强。在土壤和水中可生存72～114天，在乳汁内可生存60天，在粪尿中可存活45天，在冷暗处的胎儿体内可活6个月。对热的抵抗力弱，60℃ 30分钟、70℃ 5～10分钟即死亡。在0.1%新洁尔灭溶液5分钟，1%～3%石炭酸溶液、2%～3%来苏儿液、0.1%升汞液、2%氢氧化钠溶液1小时，5%新鲜石灰乳2小时，2.5%～5%福尔马林3小时，即可杀死该菌，该菌对链霉素、卡那霉素、庆大霉素等敏感，但对青霉素不敏感。

（二）诊断要点

1. 流行特点

山羊最易感，母羊比公羊易感，成年羊比幼龄羊易感。传染源为病羊和带菌羊。尤其是患此病的妊娠母羊，在流产时随胎儿、胎衣、羊水和阴道分泌物等排出大量病原菌。在病羊流产的前后随乳汁排菌。病公羊的精液中也含有大量的病原菌，随配种而传播。布鲁菌可经消化道、破损皮肤和黏膜侵入机体，也可通过交配经生殖道传染。

2. 临床症状

除流产外常不表现临床症状。母羊流产多发生在妊娠后第3或第4个月。流产前，食欲减退，口渴，委顿，阴道流出黄色黏液等，流产胎儿多为弱胎或死胎。流产后阴道持续排出黏液性或脓性分泌物，易发生慢性子宫内膜炎，发情后屡配不孕。有的山羊流产2～3次，有的则不发生。其他临诊症状可能还有乳房炎、支气管炎，以及关节炎、滑液囊炎引起的跛行。公羊睾丸炎（睾丸肿大）、乳山羊乳房炎（乳中有乳凝块，乳量减少，乳腺硬肿）常较早出现。绵羊布鲁菌可引起绵羊附睾炎。有的病例出现体温升高和后肢瘫痪。

3. 病理变化

尸体剖检可见胎膜呈淡黄色胶冻样浸润，充血或出血，有的发生水肿和糜烂，其上覆盖纤维素性渗出物。胎衣不下者，通常产道流血。流产胎儿呈败血症变化，浆膜和黏膜发生瘀点和瘀斑，皮下组织出血和水肿，也可发生木乃伊化，全身淋巴结发生急性炎症变化，实质器官变性，肝脏有多发性小坏死灶，胎儿的胃特别是皱胃中有淡黄色或灰白色黏性絮状物，胃肠和膀胱的浆膜下可见点状出血或线状出血。发生关节炎时，腕关节、跗关节肿大，出现滑液囊炎病变。公绵羊发生附睾炎，阴囊皮肤水肿，鞘膜腔积液，使阴囊下垂呈桶状，慢性期附睾尾肿大，表面呈结节状，质地较硬，并与睾丸粘连，切面呈黄白色斑纹状结构，并可见黄白色干酪样物，睾丸缩小，质地较硬。肝、脾、肾出现坏死灶。有时可见到睾丸炎、纤维素性胸膜炎、腹膜炎变化及局部淋巴结肿大。

4. 实验室检查

采集流产材料进行细菌分离鉴定或进行血清学试验诊断。

（三）防制

1. 预防

（1）*创建无病羊群*　坚持自繁自养，必须引种时，严格检疫后，隔离饲养2个月，确认安全，才可混群。羊群每年检疫1～2次，发现带菌羊，及时淘汰（或隔离饲养），培养健康羊群（可从羔羊断奶后开始检疫和淘汰来建立）。并做好平时的隔离和消毒工作。

（2）*免疫接种*　猪布鲁菌2号弱毒活苗（简称S_2苗），用于预防山羊、绵羊、猪和牛的布鲁菌病。山羊每头25亿活菌，绵羊50亿活菌，皮下或肌内注射，也可口服免疫，山羊和绵羊不论年龄大小，每头一律口服100亿活菌，免疫持续期羊为3年。羊布鲁菌5号弱毒活苗（马耳他布鲁菌5号弱毒活苗，简称M_5苗），用于预防牛、羊布鲁菌病，羊10亿活菌，皮下注射，配种前1～2个月进行，孕羊禁用，免疫持续期1.5年。

（3）*防止职业人群感染*　凡在动物养殖场（特别是接产人员）、屠宰场、动物产品加工厂的工作者，以及兽医、实验室工作人员，必须严格遵守防护制度，防止人感染此病（症状有持续低热，关节炎，生殖器官感染等），必要时可用疫苗皮上划痕接种。

2. 治疗

发现疑似病羊，立即向有关部门报告。病羊污染的圈舍等严格消毒，尸体焚烧处理。

【处方 1】

20%长效土霉素注射液，0.05～0.1 毫升/千克体重，肌内注射，每日或隔日 1 次，连用 7 次。

链霉素，10～15 毫克/千克体重，注射用水 5～10 毫升，肌内注射，每日 2 次，连用 7 日。

【处方 2】

5%氟苯尼考注射液，5～20 毫克/千克体重，每日或隔日 1 次，连用 7 次。

【处方 3】

复方新诺明片，20～25 毫克/千克体重，碳酸氢钠片 2 克，加水灌服，每日 2 次，连用 3～7 日。

庆大霉素注射液 8 万～12 万单位，肌内注射，每日 2 次，连用 7 日。

三、破 伤 风

破伤风又被称为强直症，俗称锁口风，是由破伤风梭菌经伤口深部感染引起的一种急性中毒性人兽共患病。临诊特征为运动神经中枢兴奋性增高和持续的肌肉痉挛。该病分布广泛，多呈散发。

（一）病原

病原为破伤风梭菌，是一种大型厌气性革兰染色阳性杆菌，大小为（2～5）微米×（0.3～0.8）微米，多单个存在，两端钝圆，菌体正直或稍弯曲，多数菌株有周鞭毛，能运动，不形成荚膜。该菌在动物体内和培养基内均可产生几种破伤风毒素，主要是痉挛毒素（是一种神经毒素，毒性强，对热敏感），其次是溶血毒素和非痉挛毒素。该菌繁殖体抵抗力不强，10%碘酊，10%漂白粉及 3%双氧水约 10 分钟可将其杀死。该菌对青霉素敏感，磺胺药次之，链霉素无效。

（二）诊断要点

1. 流行特点

此病无季节性，通常为零星散发。多见于羔羊和产后母羊。破伤风梭菌广泛存在于自然界中，人和动物的粪便都可带有，特别是施肥的土壤、腐臭淤泥中。病原必须经伤口传播。羊常因断脐、断尾、断角、去势、手术、产后产道损伤和其他创伤或擦伤感染，特别是狭小而深的创伤（如钉伤、刺伤），伤口内发生坏死，或伤口被泥土、粪、痂皮封盖造成厌氧环境，最适合病原生长繁殖，产生大量毒素，侵害中枢神经系统。在临床上有时常找不到伤口，这可能在潜伏期中创伤表面已愈合或经过损伤的子宫、胃肠黏膜感染。

2. 临床症状

潜伏期为 1～2 周。该病症状表现为不能自由卧下或立起，四肢逐渐强直，运步困难，角弓反张，牙关紧闭，不能采食，口流白色泡沫，耳朵直硬，尾直，呈“木马样”。常发生轻度肠臌胀。病羊易惊，突然的声响，可使骨骼肌发生痉挛，致使病羊倒地。母羊的强直症多发生于产死胎或胎衣停滞之后，羔羊多因脐带感染，病死率很高。体温一般正常，死前可升高至 42℃。继发症有脱水、心力衰竭、腹泻等。

3. 病理变化

破伤风无特征性病理变化。

（三）防制

1. 预防

（1）一般预防措施　严格处理伤口，防止感染。加强饲养管理，防止发生外伤，如发生外伤，尽快用0.1%新洁尔灭溶液等清洗，然后涂抹2%～5%碘酊，羔羊断脐或进行各种手术时，注意消毒，涂抹2%～5%碘酊或撒布青霉素粉。母羊产后可用青霉素、链霉素进行子宫灌注和肌内注射防止产道感染。

（2）免疫预防　破伤风常发的羊场，可注射破伤风类毒素，山羊、绵羊皮下注射0.5毫升，平时注射1次即可，受伤时再注射1次。

2. 治疗

治疗原则为加强护理（提供舒适环境，给予优质饲料和充足饮水），清创，抗菌，解毒，解痉和对症治疗。

处理病灶。伤口及时扩创，彻底清除伤口内的坏死组织，用0.1%新洁尔灭溶液冲洗干净，注入3%双氧水，再用0.1%新洁尔灭溶液冲洗，然后灌注5%～10%碘酊或10%～20%青霉素液。也可用0.1%高锰酸钾液处理伤口。伤口处理后不包扎。

青霉素5万～10万单位/千克体重，注射用水5～10毫升，肌内注射，或将青霉素加入5%葡萄糖氯化钠注射液100～500毫升，静脉注射，每日1～2次，连用3～5日。

破伤风抗毒素（血清），预防量1200～3000单位，治疗量5000～20000单位，皮下或肌内注射，也可以配合5%葡萄糖氯化钠注射液100～500毫升，静脉注射，每日1次，连用2～4次。

25%硫酸镁注射液5～20毫升，肌肉痉挛时皮下或肌内注射，每日1～2次，连用2～4日。

丙二醇或甘油20～30毫升，维D_2磷酸氢钙片30～60片，干酵母片30～60克，成羊加水灌服，每日2次，连用3～5日。羔羊可饮用口服补液盐水。

四、沙门菌病

羊沙门菌病是由羊流产沙门菌和都柏林沙门菌引起的传染病。其临床特征为妊娠母羊流产（由羊流产沙门菌感染），羔羊发生急性败血症和下痢（由都柏林沙门菌和鼠伤寒沙门菌感染）。主要引发绵羊流产和羔羊副伤寒两种病。沙门菌有地方流行性。

（一）病原

沙门菌是肠杆菌科中的一个重要成员，是一种革兰阴性的小杆菌，两端钝圆，大小为（0.7～1.5）微米×（2.0～5.0）微米。沙门菌对干燥、腐败、日光等因素具有一定的抵抗力，在水、土壤和粪便中能存活几个月，但不耐热。一般消毒药均能迅速将其杀死。

（二）诊断要点

1. 流行病学特点

沙门菌病无季节性。孕羊流产多发生于晚秋和早春，幼羊比成年羊易感。患病动物和带菌动物为主要传染源。可通过消化道、呼吸道和生殖道感染。

2. 临床症状

(1) 下痢型(羔羊副伤寒) 多见于7～15日龄的羔羊，也见于2～3日龄的羔羊。病羔体温升高达40～41℃，食欲减退，严重腹泻，排黏性带血稀粪，有恶臭，精神委顿，虚弱，低头，拱背，继而倒地，病羔往往死于败血症或严重脱水。有的出现肺炎和关节炎症状。病羔耐过后，生长发育缓慢，甚至变为侏儒羊。发病率约30%，死亡率约25%。

(2) 流产型 病羊阴唇肿胀，流产前1～2天常流出带血黏液，体温升至40～41℃，厌食，精神委顿，步态僵硬。母羊多在妊娠最后的4～6周发生流产，如果不发生产后感染，母羊不表现明显的症状。部分羊有腹泻症状，羊群流产一般在2周以内结束，流产率达60%左右，母羊流产以后身体消瘦，阴道常排出有黏性带有血丝或血块的分泌物。有的病羊可产下活羔，但羔羊多衰弱、委顿、卧地，并可有腹泻，粪便气味恶臭，多数羔羊表现拒食，往往于1～7天死亡。病母羊也可在流产后或无流产的情况下死亡。

3. 病理变化

下痢型病羔，尸体消瘦，皱胃与小肠黏膜充血、出血，肠道内容物稀薄如水，肠系膜淋巴结肿大，脾脏充血，心外膜与肾皮质有小出血点。流产胎儿和胎盘一般比较新鲜，胎儿皮下水肿，肝、脾肿胀，有灰色病灶，胸腔和腹腔积有大量液体，内脏浆膜有纤维素性渗出，心外膜和肺脏出血。母羊发生急性子宫炎，子宫肿胀，常含有坏死组织、浆液渗出物和滞留的胎盘。

4. 实验室检查

确诊要进行细菌分离鉴定。

(三) 防制

1. 预防

定期进行检疫，发现病羊应及时淘汰，注意圈舍、饲料和饮水的卫生消毒工作。羔羊生后及早吃初乳，并注意保暖，发病羊群也可在隔离条件下，全群肌内注射氟苯尼考注射液进行预防。有条件时可注射疫苗。

2. 治疗

治疗原则为抗菌及对症治疗。

【处方1】

5%氟苯尼考注射液，5～20毫克/千克体重，肌内注射，每日或隔日1次，连用3～5次。

【处方2】

20%长效土霉素注射液，0.05～0.1毫升/千克体重，肌内注射，每日或隔日1次，连用3～5次。

【处方3】

复方新诺明片，20～25毫克/千克体重，碳酸氢钠片，0.5～2克，硅碳银片2～10片，次硝酸铋片2～10片，颠茄片2～10毫克，加水内服，每日2次，连用3～5日。

羔羊配合口服补液盐饮水。

【处方4】

氧氟沙星注射液，2.5～5毫克/千克体重，5%葡萄糖氯化钠注射液100～500

毫升，静脉注射，每日1～2次，连用5日。

甲硝唑注射液，10毫克/千克体重，母羊产后静脉注射，每日1次，连用3日。

青霉素160万单位，链霉素100万单位，蒸馏水20毫升，母羊产后子宫灌注，每日2次，连用3日。

五、巴氏杆菌病

巴氏杆菌病又称出血性败血症，是一种主要由多杀性巴氏杆菌引起各种畜禽共患的传染病的总称。羊巴氏杆菌病多见于羔羊，绵羊发病较重。其临诊特征为急性病例发热、流鼻液、咳嗽、呼吸困难、败血症、肺炎、炎性出血和皮下水肿。

（一）病原

病原为多杀性巴氏杆菌或溶血性巴氏杆菌，革兰染色阴性，大小为（0.6～2.5）微米×（0.25～0.6）微米。该菌抵抗力不强，在干燥的空气中2～3天死亡，在圈舍内可以存活一个月，易被普通的消毒药或紫外线灭活。3%石炭酸、3%福尔马林、10%石灰乳、0.5%～1%氢氧化钠溶液及2%来苏儿经1～2分钟可将其灭活。

（二）诊断要点

1. 流行特点

该病无明显季节性，多散发，也可呈地方流行性。多发生于羔羊和绵羊，各种年龄的绵羊均易感，山羊也易发生，多呈慢性经过。该病主要经消化道、呼吸道传染，也可通过吸血昆虫叮咬或经皮肤、黏膜的创伤感染。羊群过大、大小混养、饲养不良、忍受饥饿、气候剧变、寒冷、闷热、雨淋、潮湿、通风不良、拥挤、运输、寄生虫病侵袭等因素作用时，机体抵抗力降低，诱发此病。

2. 临床症状

（1）绵羊　最急性型多见于哺乳羔羊，1日龄羔羊即可发病，发病突然，表现为寒战、虚弱、呼吸困难，往往呈一过性发作，在数分钟或数小时内死亡；急性型精神极度沉郁，食欲废绝，体温升高至41～42℃。呼吸短促，咳嗽，鼻孔常有出血，并流出黏性分泌物。眼结膜潮红，有黏性分泌物，有时在颈部、胸下部发生水肿。初期便秘，后期腹泻，有时粪便呈血水样。病羊常在严重腹泻后虚脱而死，病程2～5天；慢性型病羊食欲减退，消瘦，咳嗽，流出黏脓性鼻液，呼吸困难。伴发角膜炎。有时在颈部、胸下部发生水肿。病羊腹泻，粪便恶臭。临死前极度衰弱，四肢厥冷，体温下降，病程可达21天。

（2）山羊　体温轻度升高，食欲不振，流出黏液性鼻液，长期咳嗽，营养不良，如不及时治疗，常发生大叶性肺炎，病程10天左右。

3. 病理变化

最急性型和急性型剖检病羊可见颈部、胸部皮下胶冻样水肿和出血，全身淋巴结水肿、出血。气管和支气管黏膜充血、出血，含多量粉红色泡沫状液体，肺脏明显瘀血、出血和水肿，有时可见多发性的暗红色坏死灶，病灶中心呈灰白色或黄色，胸腔内有淡黄色渗出物。个别羔羊肾脏严重出血，呈黑红色。肝脏也常散在黄色病灶，周围有红晕。皱胃和盲肠黏膜水肿、出血和溃疡；慢性型颈部、胸部皮下胶冻样水肿，病变主要在胸腔，呈现纤维素性肺炎变化，常有胸膜炎和心包炎，肺炎灶主要出现于一侧或两侧尖叶、心叶和膈叶前缘，炎症区域大小不一，呈灰红色或灰白色，其中散布一些边缘不整齐的坏死灶或化脓灶。

4. 实验室检查

急性病羊可无菌采取血液及黏液，尸体可取心血、肺脏、肝、肾、脾或体腔渗出物等涂片，染色镜检，可见大量的革兰阴性、两极着色的小杆菌，则可初步判定为巴氏杆菌病。

（三）防制

1. 预防

加强饲养管理，给予全价配合饲料和优质草料，合理分群，不过度放牧，避免各种应激因素的作用，保持圈舍卫生，定期严格消毒，发现病羊立即隔离治疗。引种前后各肌内注射氟苯尼考注射液1～2次，可预防发病。有条件时可注射疫苗。

2. 治疗

治疗原则为加强护理，早期诊断和抗菌消炎。

【处方1】

5%氟苯尼考注射液，5～20毫克/千克体重，肌内注射，每日或隔日1次，连用3～5次。

【处方2】

20%长效土霉素注射液，0.05～0.1毫升/千克体重，肌内注射，每日或隔日1次，连用3～5次。

【处方3】

酒石酸泰乐菌素注射液，2～10毫克/千克体重，皮下或肌内注射，每日2次，连用3日。

【处方4】

青霉素5万～10万单位/千克体重，链霉素10～15毫克/千克体重，注射用水10毫升，肌内注射，每日1～2次，连用3日。

【处方5】

环丙沙星注射液2.5～5毫克/千克体重，肌内注射，每日1～2次，连用3日。

【处方6】

磺胺间甲氧嘧啶注射液50毫克/千克体重，肌内注射，每日2次，连用3日。

六、链球菌病

羊链球菌病即羊败血性链球菌病，是由C群马链球菌兽疫亚种引起的一种急性、热性、败血性传染病。其临诊特征为全身性出血性败血症，浆液性肺炎与纤维素性胸膜肺炎。该病主要发生于绵羊，其次为山羊。

（一）病原

病原为C群马链球菌兽疫亚种，该菌为呈球形，直径小于2.0微米，多排成链状或成双排列。该菌对外界环境的抵抗力较强，日光直射2小时死亡，0～4℃可存活150天，冷冻6个月其特性不变。但对热和普通消毒剂抵抗力不强，煮沸可很快被杀死，2%石碳酸、2%来苏尔液、0.1%升汞和0.5%漂白粉液均可在2小时内杀死该菌。该菌对青霉素和磺胺类药物敏感。

（二）诊断要点

1. 流行特点

该病有明显季节性，多在冬、春季节，气候寒冷和营养不良时发生。新发病区常呈地方性流行，老疫区则多为散发。病羊及带菌羊为主要传染源，主要是呼吸道，其次是消化道和损伤的皮肤、黏膜，另外羊虱等吸血昆虫也可传播。

2. 临床症状

最急性型病羊的初发症状不易被发现，常于24小时内死亡；急性型病羊体温升高到41℃以上，精神沉郁，呆立，拱背，不愿走动。食欲减退或废绝，反刍停止。眼结膜充血，流泪，随后有浆液性分泌物，鼻腔流浆液性、脓性鼻液，咽喉肿胀，咽背淋巴结和下颌淋巴结肿大，呼吸困难，咳嗽，流涎，粪便稀软，常带有黏液或血液，妊娠母羊阴门红肿，多发生流产。病羊最后衰竭倒地，磨牙，呻吟，抽搐，多窒息死亡，病程2～3天；亚急性型体温升高、食欲减退，喜卧，不愿走动，步态不稳，鼻流黏性透明鼻液，咳嗽，呼吸困难，粪便稀软，带有黏液或血液，病程1～2周；慢性型一般轻微发热，病羊食欲不振，消瘦，腹围缩小，步态僵硬，有的病羊咳嗽，或发生关节炎，病程约1个月。

3. 病理变化

以败血症变化为主，各脏器广泛出血，网膜、系膜、胸腹膜、心冠状沟以及心内外膜有出血点。淋巴结肿大、出血，甚至坏死。鼻、咽喉、气管黏膜充血、出血。肺水肿或气肿、出血，出现肝变区，呈大叶性肺炎变化，有时肺脏尖叶有坏死灶，肺脏常与胸壁粘连，心包、胸腔和腹腔积液，肝脏肿大，呈泥土色，其浆膜下有出血点，胆囊扩张，胆汁外渗，肾脏肿胀、质脆、变软，出血梗死，被膜不易剥离。各脏器浆膜面常覆有黏稠的纤维素样物质。

4. 实验室检查

采取心血或肝脏、脾脏等涂片、染色镜检，发现带有荚膜，呈双球状，偶见3～5个菌体相连成短链的革兰阳性球菌，即可作出诊断。

（三）防制

1. 预防

（1）做好管理　加强饲养管理，坚持自繁自养，饲喂全价日粮，供给优质干草，保持圈舍卫生，做好防寒保暖工作，定期消毒，不从疫区购进羊及其产品。发现该病立即隔离，在兽医指导下处理病死羊，环境彻底消毒，同群羊进行紧急免疫接种。

（2）定期免疫　羊链球菌氢氧化铝菌苗，绵羊及山羊不论大小，一律皮下注射5毫升，2～3周后重复接种1次，免疫期可维持半年以上。该病流行严重地区，绵羊可用羊链球菌弱毒菌苗，成年羊用1毫升（含活菌50万～100万个），0.5岁～2岁羊用0.5毫升，尾根皮下注射，免疫期为1年。

2. 治疗

治疗原则为早期诊断和抗菌消炎。

【处方1】

青霉素5万～10万单位/千克体重（或氧氟沙星注射液2.5～5毫克/千克体重），5%葡萄糖氯化钠注射液100～500毫升，地塞米松注射液4～12毫克，静脉注射，每日1～2次，连用3～5日。也可肌内注射。

30%安乃近注射液3～10毫升，肌内注射，或复方氨基比林注射液5～10毫升，皮下或肌内注射，每日1次，连用3日。

【处方2】

5%氟苯尼考注射液5～20毫克/千克体重，肌内注射，每日或隔日1次，连用3次。发病严重时可全群用药。

【处方3】

注射用头孢噻呋钠2.2毫克/千克体重，注射用水5毫升，肌内注射，每日1次，连用3日。

【处方4】

磺胺间甲氧嘧啶注射液50毫克/千克体重，肌内注射，每日2次，连用3日。

【处方5】

10%葡萄糖注射液500毫升，10%磺胺嘧啶钠注射液70～100毫克/千克体重，40%乌洛托品注射液2～8克，静脉注射，每日1～2次，连用3～4天。

七、结 核 病

结核病是由分枝杆菌引起人和动物共患的一种慢性传染病。其主要特征是在组织器官中形成结核结节（结核性肉芽肿）。所有家畜均能感染，牛最容易发生，羊、猪和禽类较少。

（一）病原

病原为分枝杆菌属的结核分枝杆菌（简称结核杆菌，可引起山羊发病），是直或弯的细长杆菌，呈单独或平行相聚排列，多为棍棒状，间或有分枝状。分枝杆菌对干燥、湿冷、腐败作用和一般消毒药物的耐受性都很强，在干燥痰液中可活10个月以上，在粪便、土壤中可存活6～7个月，在病变组织和尘埃中能生存2～7个月或更久。对热的抵抗力差，60℃30分钟即可死亡，煮沸时5分钟以内即死亡，日光照射30分钟到2小时死亡。常用消毒剂经4小时可将其杀死，在70%酒精或10%漂白粉中很快死亡，5%来苏儿液或石炭酸需要48小时才能将它杀死。

（二）诊断要点

1. 流行特点

呈散发或地方流行，环境卫生差，通风不良，会促进该病的发生和传播。病畜是主要的传染源，常通过呼吸道和消化道感染该病，也可通过生殖道感染。乳腺结核可垂直传染给幼畜。此外，人结核病也可传染给羊。

2. 临床症状

绵羊及山羊的结核病极为少见。羊结核病一般呈慢性经过，病初无明显症状。后期病羊消瘦，被毛粗乱，呼吸困难，容易疲倦，有时流出鼻液。

3. 病理变化

羊结核病的病理变化多见于在肺和胸部的淋巴结或其他器官形成增生性、渗出性、变质性结核结节，其中增生性结核结节比较多见。增生性结核结节多大小不等，从粟粒大到榛子大均有，质地硬实，呈灰白色或灰黄色，切面中心部可见干酪样坏死或钙化。

4. 实验室检查

筛查患羊可进行结核菌素皮内试验法，即用牛分枝杆菌、禽分枝杆菌提纯菌素或老结核菌素，以1∶4稀释后，分别在绵羊的耳根外侧，或山羊的肩胛部，皮内注射0.1毫升，观察反应，测量皮肤肿块的大小和厚度，判断结果。开放性结核时可取患病动物的病灶、痰、尿、粪、乳及其他分泌物，做抹片检查、分离培养和动物接种试验，或采用免疫荧光抗体技术检查病料。如用脓疱中心豆腐渣样物涂片，用抗酸染色，在显微镜下，看到成堆的红色分枝杆菌。

（三）防制

1. 预防

主要采取综合性防疫措施，防止疾病传入，净化污染群，培育健康群，发病后一般不予治疗，而是采取加强检疫、隔离、淘汰等措施，并对场地、用具进行消毒。贵重动物也可隔离治疗。

2. 治疗

【处方1】

链霉素10～15毫克/千克体重，注射用水5～10毫升，肌内注射，每日2次，连用数日。

【处方2】

注射用异烟肼5毫克/千克体重（每日用量），注射用水5～10毫升，肌内注射，连用数日。

八、副结核病

副结核病，也称副结核性肠炎，是由副结核分枝杆菌引起的一种慢性细菌性传染病，常见于牛，也见于羊、骆驼和鹿。其临床特征为慢性卡他性肠炎、顽固性腹泻和逐渐消瘦。剖检可见肠黏膜增厚并形成皱襞。

（一）病原

病原为副结核分枝杆菌，为革兰染色阳性小杆菌，具有抗酸染色的特性，大小为（0.5～1.5）微米×（0.3～0.5）微米。该菌对自然环境的抵抗力较强，但对湿热敏感，60℃30分钟，80℃15分钟即可将其杀死，3%～5%苯酚溶液、5%来苏尔液、4%福尔马林10分钟可将其杀死，10%～20%漂白粉乳剂、5%氢氧化钠液2小时也可杀灭该菌。

（二）诊断要点

1. 流行特点

任何年龄、性别的羊都可感染，幼龄羊易感性大，病羊主要见于成年绵羊，山羊的自然病例较少。该病发展特别缓慢，多为散发，或呈地方流行。病畜和隐性感染家畜是主要传染源，经消化道感染。

2. 临床症状

感染初期常无临床表现，随着病程的延长，逐渐出现精神不振，被毛粗乱，采食减少，逐渐消瘦、衰弱，间歇性或顽固性腹泻，有的呈现轻微的腹泻或粪便变软。随着消瘦而出现贫血和水肿，最后病羊卧地不起，因衰竭或继发其他疾病（如肺炎等）而死亡。

3. 病理变化

剖检病变主要在空肠、回肠、盲肠和肠系膜淋巴结，特别是回肠和直肠黏膜显著增厚，并形成脑回样的皱褶，但无结节、坏死和溃疡，肠系膜淋巴结坚硬、苍白、肿大呈索状，有的表现肠系膜淋巴管炎。

4. 实验室检查

确诊需通过细菌学试验和变态反应检查（用副结核菌素或禽分枝杆菌提纯菌素0.2毫升，颈侧或尾根皱襞皮内注射，48小时以后检查结果，凡皮肤局部有弥漫性肿胀，厚度增加1倍以上，热而疼痛者，即为阳性）。

（三）防制

1. 预防

日常应加强饲养管理，搞好环境卫生，不与牛同群饲养或放牧，防止牛将该病传给羊，定期消毒，定期检疫，淘汰病羊。

2. 治疗

【处方1】

青霉素5万～10万单位/千克体重，注射用水10毫升，肌内注射，每日2次，连用3日。

【处方2】

10%磺胺嘧啶钠注射液70～100毫克/千克体重，5%葡萄糖氯化钠注射液500毫升，静脉注射，每日1次，连用5天。

【处方3】

复方新诺明片20～25毫克/千克体重，碳酸氢钠片0.5～2克，硅碳银片2～10片，次硝酸铋片2～10片，颠茄片2～10毫克，丙二醇或甘油20～30毫升，加水内服，每日2次，连用3～5日。

九、羔羊大肠杆菌病

羔羊大肠杆菌病是由致病性大肠杆菌引起的羔羊的一种急性传染病，其特征是出现剧烈腹泻或败血症。因病羔羊常排出白色稀粪，又名羔羊白痢。多见于冬、春舍饲季节。

（一）病原

病原为大肠杆菌，为革兰阴性、两端钝圆的中等大小的杆菌，不形成芽孢，多数菌株有周身鞭毛，能运动。一般不具可见的荚膜。该菌对外界不利因素的抵抗力不强，常用消毒药可将其杀死。

（二）诊断要点

1. 流行特点

该病多发于数日龄至6周龄内的羔羊，偶有3～8月龄的羊发病。该病多发于冬、春舍饲期间，放牧季节很少发生。气候多变、初乳不足、圈舍潮湿等可促进该病发生，该病常呈地方流行性。病羊和带菌羊是该病的传染源，主要通过消化道感染。

2. 临床症状

(1) 败血型　主要发于2～6周龄的羔羊。病初体温升高至41.5～42℃，病羊精神委顿，四肢僵硬，运步失调，头常弯向一侧，视力障碍，之后卧地，磨牙，头向后仰，一肢或数肢做划水动作，口吐泡沫，鼻流黏液，呼吸加快，很少或无腹泻，最后昏迷，多于发病后4～12小时死亡。有的病羊关节肿胀、疼痛。

(2) 肠型　多见于7日龄以内的羔羊，病初表现体温升高，随之出现下痢，体温降至正常，病羔腹痛，拱背，委顿，粪便先呈粥状，黄色，后呈淡灰白色，含有乳凝块，严重时呈水样，含有气泡，有时混有黏液和血液，排粪痛苦，甚至里急后重，病羔衰弱，食欲废绝，卧地不起，脱水死亡，病死率15%～75%。偶见关节肿胀。

3. 病理变化

(1) 败血型　胸腔、腹腔和心包大量积液，混有纤维素。肘关节、腕关节等发生肿大，滑液增多而混浊，含有纤维素性脓性渗出物。脑膜充血、小点状出血，大脑沟常有脓性渗出物。

(2) 肠型　尸体严重脱水，肛门附近及后肢内侧被粪便污染。肠浆膜瘀血，暗红色。胃肠发生卡他性或出血性炎症，皱胃、小肠和大肠黏膜充血、出血、水肿，皱胃、小肠和大肠内容物呈灰黄色半液状。肠系膜淋巴结肿大，发红。有时见纤维素性化脓性关节炎。肺淤血或有轻度炎症。

4. 实验室检查

确诊需采集血液、内脏、肠黏膜等进行细菌学检查。

(三) 防制

1. 预防

加强饲养管理，改善羊舍环境条件，定期消毒，保持母羊乳头清洁，及时吮吸初乳等。有条件的可对妊娠母羊接种大肠杆菌疫苗，可使羔羊获得被动免疫。

2. 治疗

治疗原则为加强护理，抗菌消炎和对症治疗。

【处方1】

5%氟苯尼考注射液5～20毫克/千克体重，肌内注射，每日或隔日1次，连用3～5次。

【处方2】

20%长效土霉素注射液0.05～0.1毫升/千克体重，肌内注射，每日或隔日1次，连用3～5次。

【处方3】

磺胺脒片0.1～0.2克/千克体重（有败血症倾向时改为复方新诺明片20～25毫克/千克体重），碳酸氢钠片0.5～1克，硅碳银片2～5片，次硝酸铋片2～5片，颠茄片2～4毫克，加水内服，每日2次，连用3～5日。

口服补液盐饮水。

十、弯曲菌病

羊弯曲菌病，原名弧菌病，是由胎儿弯曲菌胎儿亚种引起的妊娠母羊流产的一种传染病，其临床特征为暂时性不育，发情期延长，胎儿死亡和早产。

(一) 病原

该病病原为胎儿弯曲菌胎儿亚种，为革兰染色阴性的细长弯曲杆菌，呈螺旋形、撇形、S形和O形等。该菌对干燥、紫外线和一般消毒药均敏感。58℃ 5分钟即死亡。在干草、厩肥和土壤中，20～27℃可存活10天，6℃可存活20天。

（二）诊断要点

1. 流行特点

该菌对人和动物均有易感性，可引起绵羊地方流行性流产、牛散发性流产和人的发热。成年母绵羊最易感，未成年羊稍有抵抗力，公羊也可感染，山羊很少发病。该病多呈地方性流行，在传染过程中，常具有在一个地区流行1～2年或更长一段时间后，暂时停止，1～2年后又重新发病的规律。母羊感染、流产后可迅速康复而不带菌。患病动物和带菌者为主要的传染源，可通过污染的食物、饲料、饮水等经消化道感染，不发生交配传染。

2. 临床症状

怀孕母羊多于预产期前4～6周发生流产，有时流产也可从妊娠早期开始。分娩出死羔或弱羔，胎儿通常都是新鲜而没有变化的，有时候也可能发生分解，流产率在20%～25%，严重者达70%。多数母羊流产无先兆性症状，有的羊流产前后，精神沉郁，阴户肿胀，并流出带血的分泌物，大多数病羊可迅速恢复，以后继续繁殖时不再发生流产。但有的病羊因死亡的胎儿在子宫内滞留，或继发子宫内膜炎和腹膜炎而死亡，病死率约为5%。

3. 病理变化

流产的胎儿皮下水肿，呈败血症变化，胎儿皮肤呈暗红色，浆膜上有小出血点，浆膜腔含有大量血样液体，肝脏有很多灰色坏死灶，此病灶容易破裂，使血液流入腹腔。母羊常可见有子宫炎、腹膜炎和子宫积脓。

4. 实验室检查

可采集胎膜、胎儿等进行细菌分离鉴定，或采用试管凝集试验和荧光抗体技术进行诊断。

（三）防制

1. 预防

加强饲养管理，严防引入病羊，产羔季节提高警惕，严格执行检疫、隔离和消毒制度。发现病羊迅速隔离，对排出的胎儿、胎衣和污物等进行深埋或焚烧，彻底消毒被污染的场所，防止该病扩大传染。病羊进行隔离治疗。受该病传染的羊群不应再作为育种繁殖群。

2. 治疗

治疗原则为早期诊断，抗菌消炎和对症治疗。

【处方1】

庆大霉素注射液0.5万单位/千克体重（或链霉素10～15毫克/千克体重，注射用水5～10毫升），肌内注射，每日1次，连用5日。严重时可全群注射。

【处方2】

氨苄青霉素50～100毫克/千克体重（或氧氟沙星注射液2.5～5毫克/千克体重），5%葡萄糖氯化钠注射液500毫升，静脉注射，每日1～2次，连用3～5日。

甲硝唑注射液10毫克/千克体重，静脉注射，每日1次，连用3日。

缩宫素注射液5～10单位，发生流产后皮下或肌内注射。

青霉素160万单位，链霉素100万单位，蒸馏水20毫升，发生流产后子宫灌注，每日1次，连用3日。

【处方3】

5%氟苯尼考注射液5～20毫克/千克体重，肌内注射，每日或隔日1次，连用3～5次。

【处方4】

20%长效土霉素注射液0.05～0.1毫升/千克体重，肌内注射，每日或隔日1次，连用3～5次。

十一、羊快疫

羊快疫是由腐败梭菌引起的一种急性传染病，其临诊特征为突然发病，病程极短，皱胃黏膜发生出血性炎性。该病主要见于绵羊。

（一）病原

病原为腐败梭菌，为革兰阳性的厌氧大杆菌，菌体正直，两端钝圆，大小为（0.6～0.8）微米×（2～4）微米，不形成荚膜，可产生多种毒素。该菌繁殖体常规消毒药均可将其杀死，但芽孢的抵抗力较强，在95℃下需2.5小时才可杀死，可用0.2%升汞、3%福尔马林或20%漂白粉乳剂将其杀死。

（二）诊断要点

1. 流行特点

常发生于秋、冬和早春，当气候剧变，阴雨连绵时易发。该病呈地方性流行，发病率10%～20%，病死率为90%。绵羊最易感，山羊次之，以6～18月龄多发，病羊的营养状况多在中等以上。病羊和带菌羊为该病的主要传染源，主要经消化道感染。腐败梭菌通常以芽孢形式散布于自然界，潮湿低洼的环境可促使羊发病、寒冷、饥饿和抵抗力降低时容易诱发该病。该菌如经伤口感染，则可引起各种家畜的恶性水肿。

2. 临床症状

羊突然发病，往往未表现症状即倒地死亡。有的病羊离群独居，卧地，不愿走动，强迫行走时，则表现虚弱或运动失调。腹部臌胀，有疝痛表现。有的体温升高到41.5℃，有的则体温正常。病羊最后极度衰竭、昏迷，多在发病后数小时至1天内死亡，痊愈者极少。羊尸迅速腐败，天然孔流出血样液体。可视黏膜充血、呈蓝紫色。

3. 病理变化

皮下呈出血性胶冻样浸润，心包腔、胸腔、腹腔积有大量液体，心内、外膜有较多出血点。肝脏肿大，呈熟土色，其浆膜下可见到黑红色界限明显的斑点，切面有淡黄色的病灶，胆囊多肿胀。前胃黏膜自行脱落，并附着在胃内容物上，瓣胃内容物干涸，形如薄石片，挤压不易破碎，皱胃呈出血性炎症变化，黏膜充血、肿胀，黏膜下层水肿，在胃底部及幽门部附近可见大小不等的出血斑点，有时见溃疡和坏死。肠道内充满气体，黏膜充血、出血，严重者出现坏死和溃疡，肾脏软化。

4. 实验室检查

用病羊血液或死羊肝脏的被膜抹片、染色镜检，可见到无关节的长丝状菌体。

（三）防制

1. 预防

（1）加强饲养管理　防止羊受寒冷刺激，严禁吃霜冻草料，避免在清晨、污染地区和沼泽区域放牧，保持羊舍卫生，定期消毒（可用3%氢氧化钠液、20%漂白粉乳剂、1%复合酚液或0.1%二氯异氰尿酸钠液）。

（2）*免疫接种*　每年定期注射1～2次疫苗，如羊快疫、羊猝疽二联苗，羊快疫、羊猝狙、羊肠毒血症三联苗（羊不论大小，一律皮下或肌内注射5毫升，保护期达半年以上），或羊快疫、羊猝疽、羔羊痢疾、羊肠毒血症、羊黑疫、肉毒中毒和破伤风七联苗（即厌氧菌七联干粉苗，稀释后，无论大小羊，均皮下或肌内注射1毫升，保护期半年以上）等，可根据当地情况选用，初次免疫后，应间隔2～3周加强1次。

2. 治疗

对病死羊及时焚烧，并深埋，防止病原扩散；隔离病羊，抓紧治疗，环境彻底消毒（20%漂白粉乳剂、3%氢氧化钠液）；羊群紧急接种疫苗，并迅速转移到干燥牧地放牧，减少青饲料，增加粗饲料，注意饮水卫生。治疗原则为早期诊断，早期抗菌治疗。

【处方1】

青霉素5万～10万单位/千克体重，注射用水5～10毫升，肌内注射，每日1～2次，连用3～5日。严重时全群注射。

【处方2】

20%长效土霉素注射液0.1毫升/千克体重，肌内注射，每日或隔日1次，连用3次。严重时全群注射。

【处方3】

青霉素5万～10万单位/千克体重，生理盐水100～500毫升，10%安钠咖注射液5～10毫升，地塞米松注射液4～12毫克；10%葡萄糖注射液250～500毫升，维生素C注射液0.5～1.5克，依次静脉注射，每日1～2次，连用3～5日。

甲硝唑注射液10毫克/千克体重，静脉注射，每日1次，连用3日。

【处方4】

10%磺胺嘧啶注射液70～100毫克/千克体重，10%葡萄糖注射液250～500毫升，静脉注射，每日2次，连用3日。

十二、羊　猝　狙

羊猝狙又称“C型肠毒血症”，是由C型产气荚膜梭菌的毒素引起的一种毒血症，其临诊特征为突然发病，急性死亡，溃疡性肠炎和腹膜炎。该病主要发生于成年绵羊。

（一）病原

病原为C型产气荚膜梭菌，又称C型魏氏梭菌，革兰染色阳性，其大小为（0.6～2.4）微米×（1.3～19.0）微米，菌端钝圆，单个、成双，很少呈短链状，无鞭毛，不能运动，在动物体内能形成卵圆形芽孢，位于菌体中央或一端。该菌在羊体内产生的主要毒素是β毒素，另外还产生α毒素（这些毒素均为蛋白质，具有酶的活性，不耐热，有抗原性）。该菌的繁殖体常规消毒药均可将其杀死，但芽孢的抵抗力较强，90℃ 30分钟，100℃ 5分钟可杀死。

（二）诊断要点

1. 流行特点

该病多发于冬、春季节，呈地方流行性。常见于低洼、沼泽地区。食入带雪水的牧草或寄生虫感染等可诱发该病。常与羊快疫合并发生。主要发生于成年绵羊，以1～2岁的绵羊最易感。病羊和带菌羊为该病的主要传染源，主要是食入被该菌污染的饲草、饲料及饮水等，经消化道感染。

2. 临床症状

病程短促，常未见到症状即突然死亡。有时发现病羊掉队，卧地，体温升高，腹痛不安，衰弱，倒地咬牙，眼球突出，剧烈痉挛，在数小时内死亡。

3. 病理变化

主要病变是出血性肠炎，小肠的一段或全部呈出血性肠炎变化，有的病例可见糜烂、溃疡。肠系膜淋巴结有出血性炎症。胸腔、腹腔和心包腔有大量渗出液，浆膜有出血点，肾脏肿大，但不软。死后8小时，病菌在肌肉或其他器官继续繁殖，并引起气肿疽的病变，骨骼肌间积聚血样液体，肌肉出血，有气性裂孔，似海绵状。

4. 实验室检查

从体腔渗出液、脾脏取材，做C型产气荚膜梭菌的分离和鉴定，也可用小肠内容物的离心上清液静脉接种小鼠，检测有无β毒素。

（三）防制

羊猝狙的防制同羊快疫。

十三、羊肠毒血症

羊肠毒血症又称“软肾病”或“类快疫”，是由D型产气荚膜梭菌在羊肠道内大量繁殖产生的毒素引起的一种急性毒血症，其临诊特征为急性死亡，肾脏软化，甚至如泥状。

（一）病原

病原为D型产气荚膜梭菌，又称D型魏氏梭菌，该菌为厌气性粗大杆菌，革兰染色阳性，大小为（2～8）微米×（1.0～1.5）微米，无鞭毛，不运动，在动物体内可形成荚膜，可形成芽孢，芽孢位于菌体中央。该菌在羊体内产生的主要毒素是ε原毒素（ε原毒素经胰蛋白酶致活后变为ε毒素），另外还产生α毒素。该菌的繁殖体在60℃ 15分钟即可被杀死，常规消毒药均可将其杀死。但芽孢的抵抗力较强，95℃ 2.5小时方可杀死，3%甲醛溶液30分钟可杀死芽孢。

（二）诊断要点

1. 流行病学特点

该病的发生有明显的季节性和条件性。常在春末夏初或秋末冬初饲料改变时诱发该病，多呈散发，在发病羊群内可流行1～2个月。在雨季、气候骤变、低洼地区放牧或缺乏运动等，均可促使该病发生。该病开始时来势凶猛，以后逐渐缓和或平息。绵羊和羔羊发生较多，山羊较少，常以2～12月龄、膘情较好的羊多发。病羊和带菌羊为该病的主要传染源。该菌为土壤常在菌，也存在于污水中，通常羊采食被芽孢污染的饲草或饮水，经消化道感染。

2. 临床症状

该病发生突然，很快死亡。病羊死前步态不稳，呼吸急促，心跳加快，全身肌肉震颤，磨牙，甩头，倒地抽搐，头颈后仰，左右翻滚，口鼻流出白色泡沫，可视黏膜苍白，四肢和耳尖发凉，哀鸣，昏迷死亡。体温一般不高，但有血糖、尿糖升高现象。

3. 病理变化

肾脏软化如泥样，一般认为是一种死后的变化。体腔积液，心脏扩张，心内、外膜有出血点。皱胃内有未消化的饲料，肠道特别是小肠充血、出血，严重者整个肠段肠壁呈血红色或有溃疡。肺脏出血、水肿，胸腺出血，脑膜血管努张。

4. 实验室检查

确诊的依据是在肾脏和其他实质脏器内发现D型产气荚膜梭菌，在肠道内发现大量该菌，并在小肠内检出ε毒素，尿中发现葡萄糖。

（三）防制

1. 预防

（1）加强饲养管理　夏季避免羊过食青绿多汁饲料，秋季避免采食过量结籽牧草，注意精、粗、青料的搭配，避免突然更换饲料或饲养方式，搞好圈舍卫生，提供良好环境条件，多运动。

（2）免疫接种　每年定期接种羊快疫、羊肠毒血症、羊猝狙三联苗，羊快疫、羊肠毒血症、羊猝狙、羔羊痢疾、羊黑疫五联苗（羊厌气菌五联菌苗，无论大小，均皮下或肌内注射5毫升，保护期半年以上），或羊厌氧菌七联干粉苗（稀释后，无论大小，均皮下或肌内注射1毫升，保护期半年以上）。初次免疫后，需间隔2～3周再加强1次。

2. 治疗

病死羊及时焚烧或深埋，防止病原扩散；隔离病羊，抓紧治疗，环境彻底消毒；羊群紧急接种疫苗，并迅速将羊群转移到高燥牧地放牧，减少青饲料，增加粗饲料，注意饮水卫生。治疗原则为早期诊断，早期抗菌治疗。

本书介绍的治疗羊快疫的【处方1～4】同样适用于羊肠毒血症的治疗，可参考相关章节。

另外可采取下方：苍术10克，大黄10克，贯众5克，龙胆草5克，玉片3克，甘草10克，雄黄（另包）1.5克，将前六味水煎取汁，混入雄黄，一次灌服，灌药后再加服一些食用植物油。

十四、羊　黑　疫

羊黑疫又称传染性坏死性肝炎，是由B型诺维梭菌引起的绵羊和山羊的一种急性高度致死性毒血症。该病的临诊特征为突然发病，病程短促，皮肤发黑，肝实质发生坏死病灶。

（一）病原

病原为B型诺维梭菌，是革兰阳性大杆菌，大小为(1.2～2.0)微米×(4.0～20.0)微米，严格厌氧，可形成芽孢，不产生荚膜，具周身鞭毛，能运动。该菌能产生5种（即ε、β、η、ξ、θ）外毒素。

（二）诊断要点

1. 流行特点

该病主要在春、夏发生于肝片吸虫流行的低洼潮湿地区，冬季很少发生。与肝片形吸虫的感染有密切关系。发病羊多为营养良好的羊。1岁以上的绵羊均可感染，其中2～4岁的绵羊发生最多。山羊也可感染。病羊为主要传染源，多通过食入被该菌的芽孢污染的牧草、饲料或饮水等，经消化道感染。

2. 临床症状

病羊多突然死亡，因此常常只能发现尸体。如果能看到病羊，其表现为精神不振，掉队，喜卧，1小时内死亡，死前也不挣扎。部分病例可拖延1～2天，病羊食欲废绝，精神沉郁，呼吸困难，体温41.5℃，常昏睡俯卧，并保持这种状态而毫无痛苦地突然死去。患羊一般都是营养状况好的。

3. 病理变化

病羊尸体皮下静脉显著瘀血，使羊皮呈暗黑色外观（故称羊黑疫）。胸部皮下常发生水肿，浆膜腔积液，左心室心内膜下常出血，皱胃幽门部和小肠黏膜充血、出血。肝脏充血、肿胀，肝的表面或内面有一个或数个略带圆形的坏死区，界限清楚，颜色黄白，直径为2～3厘米，周围显著充血。

4. 实验室检查

可进行细菌分离鉴定，以及卵磷脂酶试验检查毒素，或用荧光抗体技术检查诺维梭菌。

（三）防制

1. 预防

流行此病的地区应作好控制肝片吸虫的感染工作（杀虫灭螺）；在发病地区，定期接种羊厌气菌五联菌苗或羊厌氧菌七联干粉苗，或用羊黑疫、羊快疫二联苗，初次免疫后，需间隔2～3周再加强1次。

2. 治疗

发现病死羊及时焚烧，并深埋，防止病原扩散；隔离病羊，环境彻底消毒。羊群紧急接种疫苗，并迅速将羊群转移到干燥地区放牧，注意饲料和饮水卫生。治疗原则为早期诊断，抗菌消炎。

本书中所介绍的治疗羊快疫的【处方1～4】同样适用于治疗羊黑疫，可参考施行。

另外可用抗诺维氏梭菌血清50～80毫升，发病早期，静脉或肌内注射，每日1次，连用2次。

十五、羔羊痢疾

羔羊痢疾是由B型产气荚膜梭菌所引起的初生羔羊的一种急性毒血症。该病的临诊特征为剧烈腹泻，小肠发生溃疡和羔羊大批死亡。主要危害7日龄以内的羔羊，以2～3日龄羔羊发病最多。

（一）病原

通常认为其主要病原为B型产气荚膜梭菌，又称B型魏氏梭菌，该菌为革兰染色阳性厌氧性杆菌，大小为（4～8）微米×（1.0～1.5）微米，不运动，在动物体内可形成荚膜，能产生芽孢。该菌在羊体内产生的主要毒素是β毒素，另外还产生α和ε毒素。此菌的繁殖体在干燥土壤中可存活10天，在潮湿土壤可存活35天，在干燥粪便中可存活10天，在湿粪中可存活5天，常规消毒药均可将其杀死。该菌芽孢在土壤中可存活4年。

（二）诊断要点

1. 流行特点

主要为7日龄以内的羔羊，以2～3日龄的发病最多，7日龄以上很少发病。纯种细毛羊和改良羊的适应性比本地土种羊差，其羔羊的发病率和死亡率都较高。母羊营养不良，产羔季节过于寒冷或炎热等，均有利于该病的发生。病羊及带菌羊是该病的主要传染源。可通过羔羊吮乳，或食入被该菌的芽孢污染的牧草、饲料或饮水等，经消化道感染，如也可通过脐带或创伤感染。

2. 临床症状

自然病例潜伏期为1～2天，病初羔羊精神沉郁，低头拱背，不想吃奶，随后发生持续性腹泻，粪便呈黄色或带血，恶臭，甚至排粪失禁，变为血便，病羔逐渐脱水，虚弱，卧地不起，若不及时治疗，常在1～2天内死亡。有的羔羊，腹胀而不腹泻，或只排少量稀粪（也可能带血），四肢瘫软，卧地不起、呼吸急促，口吐白沫，头向后仰，体温降至常温以下，最后昏迷死亡。

3. 病理变化

患病羔羊脱水严重，皱胃内存在未消化的凝乳块，小肠（特别是回肠）发生出血性肠炎，肠黏膜充血、发红，病程稍长可见小肠或结肠黏膜出现直径在1～2毫米的溃疡，溃疡周围有一出血带环绕，有的肠内容物呈血色。肠系膜淋巴结肿胀、充血、出血。心包积液，心内膜有出血点。肺有充血区或瘀血斑。

4. 实验室检查

可进行细菌分离鉴定和毒素中和试验。

（三）防制

1. 预防

加强母羊饲养管理，供给配合饲料和优质饲草，保证羊舍舒适卫生，冬季保暖，夏季防暑，产羔前对产房进行彻底消毒（可用1%～2%的热氢氧化钠液或20%～30%石灰水），注意接产卫生，脐带严格消毒，辅助羔羊吃奶；每年秋季对母羊注射羔羊痢疾苗或羊厌氧七联干粉苗，产前2～3周再加强1次。

2. 治疗

治疗原则为早期诊断，抗菌消炎和对症治疗。

【处方1】

5%氟苯尼考注射液20毫克/千克体重，肌内注射，每日1次，连用3次。严重时易感羔羊全部注射。

【处方2】

20%长效土霉素注射液0.1毫升/千克体重，肌内注射，每日1次，连用3次。严重时易感羔羊全部注射。

【处方3】

磺胺脒片0.1～0.2克/千克体重（或复方新诺明片20～25毫克/千克体重），碳酸氢钠片0.5～1克，硅碳银片2～4片，次硝酸铋片2～4片，颠茄片2～3毫克，加水内服，每日2次，连用3～5日。

口服补液盐饮水。

【处方4】

氧氟沙星注射液2.5～5毫克/千克体重，5%葡萄糖氯化钠注射液20～40毫升/千克体重，地塞米松注射液 2～5 毫克，盐酸山莨菪碱注射液（654-2 注射液）3 毫克，静脉注射，每日 1～2 次，连用 3 日。

甲硝唑注射液 10～15 毫克/千克体重，静脉注射，每日 1 次，连用 3 日。

第三节 其他传染病

一、羊支原体性肺炎

羊支原体性肺炎又称羊传染性胸膜肺炎，是由许多支原体所引起的一种高度接触性传染病。其临床特征为高热、咳嗽、肺和胸膜发生浆液性或纤维素性炎症，呈急性或慢性经过，病死率很高。

（一）病原

该病的病原包括丝状支原体山羊亚种、丝状支原体丝状亚种（能自然感染山羊、绵羊）、山羊支原体山羊肺炎亚种（只感染山羊）和绵羊肺炎支原体（可感染绵羊和山羊）。该病病原体对理化作用的抵抗力较弱，50～60℃40 分钟可被灭活，1%的克辽林溶液可于 5 分钟内将其灭活，对红霉素（绵羊肺炎支原体有抵抗力）和四环素敏感，对青霉素和链霉素不敏感。

（二）诊断要点

1. 流行特点

该病常呈地方流行性，一年四季均可发生，在冬春枯草季节，以及遭受寒冷、阴雨、拥挤等不良环境因素作用时发病率较高。病羊是主要的传染源，耐过病羊也有传染的危险性，主要通过空气或飞沫经呼吸道传播。

2. 临床症状

潜伏期平均为 18～20 天。最急性和急性者体温升高到 41℃，精神不振，拒食，呆立，发抖、咳嗽、呼吸困难，鼻液为黏液性或脓性，并呈铁锈色，粘于鼻孔及上唇。按压胸部敏感疼痛，听诊有水泡音和摩擦音，叩诊肺部有浊音。最急性者 4～5 天病情恶化，拱背伸颈，衰弱倒地而亡，死亡前体温降至正常或正常以下。急性者病程多为 7～15 天，有的转为慢性病例。慢性多见于夏季，病情逐渐好转，全身症状轻微，食欲和精神恢复正常，间有咳嗽、流涕、腹泻、消瘦等症状，如遇饲养管理不善或天气突变，病情可能急剧恶化导致死亡，病程长达数月。

3. 病理变化

病变多局限于胸部。胸腔积液呈淡黄色，最多可达 500～2000 毫升，暴露于空气中迅速凝固。病肺隆膨，出现不同时期的肝变，质硬，切面平整，结构致密，呈大理石样，胸膜变厚，表面粗糙，被覆纤维素薄膜，肺胸膜常与肋膜或心包膜粘连，肺淋巴结肿大，切面多汁，有出血点。

4. 实验室检查

采集肺组织或胸水涂片，进行染色镜检，该菌革兰染色呈阴性，瑞氏染色可见球状、短杆状、丝状等极细小紫色点。在含 10%血清琼脂培养基上 37℃培养 5～6 天，出现细小草帽状湿润透明菌落。取菌涂片检查，见有革兰染色呈阴性，瑞氏染色呈紫色的丝状、球状支原体。

（三）防制

1. 预防

（1）加强饲养管理　提供良好的营养和环境条件，做好卫生、消毒工作，新引进的羊只必须隔离检疫防患于未然，这是最根本的措施。隔离1个月以上，确认健康无病方可混入大群。

（2）免疫接种　该病流行地区，应根据当地病原体的分离结果，选择使用疫苗。如山羊传染性胸膜肺炎氢氧化铝苗注射预防，半岁以下山羊皮下或肌内注射3毫升，半岁以上山羊注射5毫升，免疫期为1年。也可用绵羊肺炎支原体灭活苗免疫。

2. 治疗

发生该病时，应对疫点及时封锁，对全群逐头检查，对病羊、可疑羊、假定健康羊分群隔离和治疗，对可疑羊和假定健康羊紧急免疫接种，对被污染的羊舍、场地、饲管用具、粪便、尸体等，进行彻底消毒和无害化处理。治疗原则是早期杀菌消炎和对症治疗。

【处方1】【处方2】

本书中介绍的治疗沙门菌病的【处方1】、【处方2】同样适用于治疗羊支原体性肺炎，可参考前文内容进行治疗。

【处方3】

酒石酸泰乐菌素注射液2～10毫克/千克体重，皮下或肌内注射，每日2次，连用3日。

【处方4】

左氧氟沙星注射液2.5～5毫克/千克体重，5%～10%葡萄糖注射液500毫升，地塞米松注射液4～12毫克，盐酸山莨菪碱注射液（654-2注射液）5～10毫克，静脉注射，每日1～2次，连用3日。

复方氨基比林注射液5～10毫升，皮下或肌内注射，每日1次，连用2～3日。

二、钩端螺旋体病

钩端螺旋体病又称黄疸血红蛋白尿，简称钩体病，是由钩端螺旋体（简称钩体）引起的一种重要而复杂的人兽共患病和自然疫源性疾病。该病的临床特征为发热，黄疸，血红蛋白尿，流产，皮肤和黏膜出血与坏死。全年均可发病，以夏、秋放牧期间更为多见。

（一）病原

病原为钩端螺旋体科钩端螺旋体属的似问号钩端螺旋体。革兰染色阴性，常不易着色，用镀银染色和姬姆萨染色较好。钩端螺旋体对外界抵抗力较强，在水田、池塘、沼泽中可以存活数月或更长时间，适宜的酸碱度为pH7.0～7.6。对热、日光、干燥和一般消毒剂均敏感。

（二）诊断要点

1. 流行特点

该病在夏、秋季多见（每年7～9月为流行的高峰期），一般呈散发。各种家畜均可发病，幼畜发病较多，绵羊和山羊均易感。传染源主要是病畜和鼠类，病畜和鼠类从尿中排菌，污染饲料和水源，可以通过皮肤、黏膜和消化道传给健康羊，有时也可通过交配和菌血症期间吸血昆虫叮咬等传播。

2. 临床症状

潜伏期为4～5天，通常表现为隐性感染，有些羊仅出现短暂的体温升高。少数病例表现为体温升高，呼吸和心跳加速，食欲减退，反刍停止，可视黏膜黄染，口、鼻黏膜坏死，消瘦，血红蛋白尿，腹泻，粪便带血，衰竭死亡。孕羊多发生流产。

3. 病理变化

尸体消瘦，口腔黏膜有溃疡，黏膜及皮下组织黄染，有时可见浮肿，浆膜和肠黏膜有大量出血，淋巴结肿大，胸、腹腔内有黄色液体。肺脏、心脏、肾脏、脾脏等实质器官有出血斑点。肝脏肿大，质地松软，发黄，肾脏稍肿大，皮质部散在有灰白色病灶。膀胱黏膜出血，内有红色或黄褐色尿液。

4. 实验室检查

在病羊发热初期，采取血液，在无热期采取尿液，死后立即取肾脏和肝脏，直接离心或制成匀浆后离心，取沉渣，在暗视野显微镜下检查，或进行镀银染色和姬姆萨染色，查找钩端螺旋体。

（三）防制

1. 预防

（1）饲养管理　严格检疫隔离，严禁从疫区引进羊只，必要时引进的羊应隔离观察1个月确认无病后才能混群。避免去低湿草地、死水塘、水田、淤泥沼等有水（如呈中性或微碱性则危险性大）的地方和被带菌的鼠类、家畜的尿污染的草地放牧。发现病羊立即隔离，严防其尿液污染周围环境，并用2%氢氧化钠液，10%～20%生石灰水，1%石炭酸，0.5%甲醛液等消毒。定期灭鼠。

（2）人员管理　从事动物饲养、动物产品加工和兽医工作等的人员做好卫生防护工作，必要时接种人用钩端螺旋体多价疫苗。

（3）免疫　有条件的可接种钩端螺旋体菌苗或多价苗。

2. 治疗

治疗原则为早期诊断，抗菌消炎和对症治疗。

【处方1】

青霉素5万～10万单位/千克体重，链霉素15～25毫克/千克体重，注射用水5～10毫升，每日2次，连用3～5日。严重时全群注射。

【处方2】

20%长效土霉素注射液0.05～0.1毫升/千克体重，肌内注射，每日或隔日1次，连用3～5次。严重时全群注射。

【处方3】

庆大霉素注射液0.5万单位/千克体重（或氨苄青霉素50～100毫克/千克体重），5%葡萄糖氯化钠注射液500毫升，10%安钠咖注射液5～20毫升；10%葡萄糖注射液500毫升，维生素C注射液0.5～1.5克，依次静脉注射，每日1次，连用3～5日。

30%安乃近注射液3～10毫升，肌内注射，或复方氨基比林注射液5～10毫升，皮下或肌内注射。

三、衣原体病

衣原体病是一种由衣原体引起的传染病，可使多种动物发病，人也有易感性。羊衣原体病的临床表现为发热，流产，结膜炎和多发性关节炎等。

（一）病原

羊衣原体病的主要病原为衣原体科衣原体属的鹦鹉热衣原体。鹦鹉热衣原体抵抗力不强，对热敏感，感染胚卵黄囊中的衣原体在－20℃可保存数年。0.1％福尔马林、0.5％石炭酸、70％酒精、3％氢氧化钠液均能将其灭活。其对四环素、红霉素等抗生素敏感，而对链霉素、磺胺类药物有抵抗力。

（二）诊断要点

1. 流行特点

羊衣原体性流产多呈地方性流行。密集饲养、营养缺乏、长途运输、寄生虫侵袭等可促进该病的发生和流行。患病动物和带菌者是该病的主要传染源。动物感染后可通过粪便、尿液、乳汁、泪液、鼻分泌物以及流产的胎儿、胎衣、羊水排出病原体，进而污染水源及环境，经消化道、呼吸道及眼结膜感染，也可通过生殖道感染，有人认为厩蝇、蜱等可传播该病。

2. 临床症状

（1）流产型（地方流行性流产） 主要发生于牛、羊、猪。感染羊时，潜伏期50～90天，流产通常发生于妊娠的最后1个月，一般观察不到征兆，临诊表现主要为流产、死产或产弱羔。流产后往往胎衣滞留，流产羊阴道排出分泌物可达数日。有些病羊可因继发感染细菌性子宫内膜炎而死亡。羊群首次发生流产，流产率可达20％～30％，以后则流产率下降。流产过的母羊，一般不再发生流产。在该病流行的羊群中，可见公羊患有睾丸炎、附睾炎等疾病。

（2）结膜炎型（滤泡性结膜炎） 主要发生于绵羊，特别是肥育羔和哺乳羔。病羊一眼或双眼均可患病，眼结膜充血、水肿，大量流泪。病后2～3天，角膜发生不同程度的混浊，出现血管翳、糜烂、溃疡或穿孔。混浊和血管形成最先从角膜上缘开始，其后在其下缘也有发生，最后可扩展到角膜中心。数天后，在瞬膜、眼结膜上形成直径1～10毫米的淋巴样滤泡（滤泡性结膜炎）。病程6～10天，角膜溃疡者，病期可达数周。某些病羊可伴发关节炎，发生跛行。此型发病率高，一般不引起死亡。

（3）关节炎型（多发性关节炎） 主要发生于羔羊。羔羊病初体温升高，达41～42℃，食欲废绝，掉群离群，肌肉僵硬，四肢关节（尤其腕关节、跗关节）肿胀、疼痛，一肢或四肢跛行，之后病羔拱背站立，或长期卧地，体重减轻，生长发育受阻。绝大多数羔羊同时发生滤泡性结膜炎。发病率高，病死率低，病程2～4周。

3. 病理变化

（1）流产型 流产母羊胎膜水肿、增厚，子叶呈黑红色或土黄色，胎膜周围的渗出物呈棕色。流产胎儿水肿，腹腔积液，血管充血，皮肤、皮下组织、胸腺及淋巴结等处有点状出血，肝脏充血、肿胀，表面可能有针尖大小的灰白色病灶。

（2）结膜炎型 结膜充血、水肿。角膜发生水肿、糜烂和溃疡。瞬膜、眼结膜上可见大小不等的淋巴样滤泡。

(3) 关节炎型　关节囊扩张，发生纤维素性滑膜炎。关节囊内积聚有炎性渗出物，滑膜附有疏松的纤维素性絮片，从纤维层到邻近的肌肉发生水肿、充血和小点状出血，关节软骨一般正常。患病数周的关节滑膜层由于绒毛样增生而变粗糙。两眼呈滤泡性结膜炎。肺脏有粉红色萎陷区和轻度的实变区。

4. 实验室检查

采集血液、脾脏、肺脏、关节液、流产胎儿及流产分泌物等病料，涂片染色镜检，查找病原，也可接种于5～7天的鸡胚卵黄囊或无特定病原的小鼠等，进行衣原体的分离鉴定。

（三）防制

1. 预防

禁止羊群与其他易感动物接触，严格检疫、隔离和消毒，消除各种诱发因素，防止寄生虫侵袭，增强羊群体质；流行该病的地区，每年定期用羊流产衣原体灭活疫苗对母羊和种公羊进行免疫接种，皮下注射3毫升，保护期在半年以上。

2. 治疗

发生该病时，流产母羊及其所产弱羔应及时隔离，排出的胎衣、死羔和污物等应予以销毁。污染的环境用2%氢氧化钠液、2%来苏尔溶液等进行彻底消毒。治疗原则为早期诊断，抗菌消炎和对症治疗。

【处方1】

硫氰酸红霉素注射液2毫克/千克体重，肌内注射，每日2次，连用3日。

【处方2】

盐酸多西环素注射液1～3毫克/千克体重，每日或隔日1次，连用3次。

【处方3】

20%长效土霉素注射液0.05～0.1毫升/千克体重，肌内注射，每日或隔日1次，连用3～5次。严重时全群注射。

【处方4】

5%氟苯尼考注射液5～20毫克/千克体重，肌内注射，每日或隔日1次，连用3次。

【处方5】

红霉素眼膏，涂于眼睑，每日2～3次。可配合【处方1～4】应用。

【处方6】

流产型适用。

缩宫素注射液5～10单位，流产后皮下或肌内注射。

土霉素0.5～1.0克，生理盐水5～10毫升，子宫灌注，每日1次，连用3日。

氧氟沙星注射液2.5～5毫克/千克体重，5%葡萄糖氯化钠注射液500毫升，静脉注射，每日1～2次，连用3日。

甲硝唑注射液10～15毫克/千克体重，静脉注射，每日1次，连用3日。

四、传染性角膜结膜炎

传染性角膜结膜炎又称红眼病，是由多种微生物引起的危害牛、羊的一种急性传染病。该病的临床特征为患病动物眼结膜和角膜发生明显的炎症变化，眼睛流出大量的分泌物，其后角膜混浊或呈乳白色、溃疡，甚至失明。

（一）病原

羊传染性角膜结膜炎是一种多病原的疾病，目前认为其病原体主要是鹦鹉热衣原体和结膜支原体，立克次体、奈氏球菌、李氏杆菌等也可能参与感染。

（二）诊断要点

1. 流行特点

该病多发生在蚊蝇较多的炎热季节，一般是在5～10月（夏秋季）以放牧期发病率最高，进入舍饲期也有少数发病的，多为地方性流行。该病主要侵害反刍动物，特别是山羊。病羊和隐性感染羊是主要传染源，病羊的分泌物，如鼻涕、泪、奶及尿的污染物，均能散播该病，羊通过直接接触或者间接接触而感染，蝇类或某些飞蛾可机械传递此病。

2. 临床症状

潜伏期一般为3～7天，主要表现为结膜炎和角膜炎。多数病羊先一眼患病，然后波及另一眼，有时一侧发病较重，另一侧较轻。发病初期呈结膜炎症状，流泪，羞明，眼睑半闭，眼内角流出浆液或黏液性分泌物，不久则变成脓性，使睫毛粘连，眼睑闭合。上、下眼睑肿胀、疼痛，结膜潮红，并有树枝状充血，个别病例的结膜上出现出血斑，其后发生角膜炎，结膜上的血管伸向角膜，在角膜边缘形成红色充血带，或在角膜上出现白色或灰色小点。由于炎症的蔓延，可继发虹膜炎。1～2天后，角膜出现混浊，甚至发生溃疡，形成角膜瘢痕。有时可波及到全眼球组织，导致眼前房积脓或角膜破裂，晶状体可能脱落，造成永久性失明。病羊食欲减退，生长发育受阻，母羊拒绝哺乳。由衣原体致病的羊，还可见到角膜和结膜上的淋巴样滤泡、关节炎等。

（三）防制

1. 预防

加强饲养管理，供给充足的营养，圈养时创造良好的环境条件，减少饲养密度，夏季注意灭虫和遮阴，实行严格的检疫、隔离和消毒制度，有条件的种羊场，应建立健康群，引入的羊只，至少需隔离60天，方能允许与健康者合群。发现病羊立即隔离，环境彻底消毒，防止疫情扩大。一般病羊若无全身症状，在半个月内可以自愈。

2. 治疗

治疗原则为早发现，早隔离，及早抗菌消炎。

【处方1】

1%～2%硼酸液洗眼，拭干后再用3%～5%弱蛋白银溶液滴入结膜囊中，每日2～3次。

【处方2】

在地塞米松眼药水中加入青霉素（0.5万单位/毫升），点眼，每日2～3次。

【处方3】

1%～2%黄降汞软膏，角膜混浊或角膜翳时眼内涂抹，每日1～2次。

【处方4】

红霉素眼膏，涂于眼睑，每日2～3次。

第五章　羊寄生虫病的诊疗与处方

第一节　线　虫　病

一、捻转血矛线虫病

捻转血矛线虫病又称捻转胃虫病，是由毛圆科血矛线虫属的捻转血矛线虫寄生于反刍兽皱胃和小肠引起的疾病。该病的临床特征为放牧掉队，食欲减退，异嗜，贫血，衰弱，消瘦，下颌或颜面水肿，便秘或腹泻，肥壮羔羊常因极度贫血而突然死亡。多发生于放牧羊群，超载牧地和炎热多雨季节。该病常导致羊群发生持续性感染，给养羊业带来致命打击。

（一）病原

病原为毛圆科血矛线虫属的捻转血矛线虫，虫体呈毛发状，因吸血使虫体显现淡红色。雄虫长15～19毫米，淡红色，交合伞发达，背肋呈“人”字形。雌虫长27～30毫米，因白色的生殖器官环绕于红色含血的肠道周围，形成红白线条相间外观，故称捻转血矛线虫，阴门位于虫体后半部，有一个显著的瓣状阴门盖。虫卵大小为（75～95）微米×（40～50）微米，呈灰白色，椭圆形，卵壳壁薄而光滑，新鲜虫卵内含胚细胞16～32个。

（二）生活史

成虫寄生于皱胃，偶见于小肠。雌虫每日可排卵5000～10000个，虫卵随粪便排出体外，在适宜的环境下（一定湿度，温度如21.7℃，需5～8天，37℃，需3～4天）发育为感染性幼虫（即第三期幼虫，外被囊鞘，长0.65～0.75毫米，口囊呈球形，畏惧强烈阳光，有趋弱光性），常在清晨、傍晚或阴天爬上草叶、草茎或附着于露水中，其被羊摄食后，在瘤胃中脱掉囊鞘，到达皱胃钻入黏膜，开始摄食，感染后36小时，蜕皮形成第四期幼虫，并返回黏膜表面，之后出现口囊，并吸附于皱胃黏膜上，感染后18天，发育为成虫，游离在皱胃腔中，通过吸血引起患畜贫血和胃肠黏膜炎症病变，感染后18～21天，宿主粪便中出现虫卵，感染后25～35天，达到产卵高峰。成虫寿命不超过1年。

（三）诊断要点

1. 流行特点

多发生于炎热多雨季节，超载牧地，未驱虫或驱虫程序不科学的放牧羊群多发。

2. 临床症状

急性是以肥壮羔羊短时间内发生高度贫血，突然大批死亡为特征；亚急性多发生于羔羊，妊娠和哺乳母羊，病羊放牧掉队，食欲减退或废绝，异嗜，皮肤、黏膜和结膜苍白，衰弱，逐渐消瘦，绵羊尾巴缩小，被毛粗乱无光，下颌或颜面水肿，甚至卧地不起，先便秘，粪便粗糙，硬度增加，有时被覆黏液或带有血丝，之后发生腹泻，脱水，甚至死亡；慢性型病羊症状不明显，主要表现为精神不振，食欲下降，异嗜，消瘦，贫血，被毛粗乱，体温一般正常，便秘和腹泻交替发生。

3. 病理变化

剖检病羊尸体营养良好（急性型）或消瘦（亚急性或慢性），皮肤、皮下及肌肉苍白，血液稀薄，颜色为淡红色，不易凝固。心包积水，腹腔内有腹水，胃肠道内容物很少。皱胃内有大量淡红色或红白相间的毛发状线虫，长度为15～30毫米，吸着在胃黏膜上或游离于胃内容物中，还会慢慢蠕动。皱胃黏膜水肿，有严重的大面积出血症状（多为出血点）。

4. 虫卵检查

用粪便直接涂片法或饱和食盐水漂浮法检查粪便中的虫卵。如发现多量灰白色，椭圆形，卵壳壁薄而光滑，内含16～32个胚细胞的虫卵，即可作出初步诊断。

（1）粪便直接涂片法　在载玻片上滴少量蒸馏水或50%甘油水，用镊子取少量粪便搅碎与其混合，并除粗粪渣，薄薄摊匀，加上盖玻片在显微镜下检查虫卵。每个粪样抹3～5个片观察。此法操作简便，但检出率较低，用于临床诊断。

（2）饱和食盐水漂浮法　取5克左右粪便置于100毫升烧杯中，加入少量饱和盐水搅拌混匀后，继续加入10倍的饱和盐水，用玻棒搅拌均匀后，用粪网筛过滤，除去粪渣，将滤出的粪液倒入青霉素瓶中，并使液面稍突出瓶口，用载玻片盖在瓶口上，并与液面接触，静置30分钟，迅速取下载玻片，加盖玻片，镜检观察。该法检出率高，可用来计算寄生虫的感染率。

（四）防制

1. 预防

（1）坚持定期驱虫　选择低毒、高效、广谱的药物给羊群进行预防性驱虫。建议进行“虫体成熟期前驱虫”或“秋冬季驱虫”，驱虫前要做小群试验，再进行全群驱虫。科学选择和轮换使用抗寄生虫药物，尽量推迟或消除寄生虫抗药性的产生。

目前多采用春秋两次或每年三次驱虫（多数地区效果不佳），也可依据化验结果确定驱虫时机。对外地引进的羊必须驱虫后再合群。放牧羊群在秋季或入冬、开春和春季放牧后4～5周各驱虫一次，炎热多雨季节，可适当增加驱虫次数，一般2个月一次，如牧地过度放牧，超载严重，捻转血矛线虫发生持续感染，建议1个月驱虫一次，或投服抗寄生虫缓释药弹（丸）进行控制。羔羊在2月龄进行首次驱虫，母羊在接近分娩时进行产前驱虫，寄生虫污染严重地区在母羊产后3～4周再驱虫一次。

（2）加强饲养管理　备足全年草料，合理补充精料，实行圈养，增强抗病力，注意放牧和饮水卫生，应尽量不在潮湿低凹地点放牧，也不要在清晨、傍晚或雨后放牧，避免吃露水草，尽量避开幼虫活动的时间，减少感染机会。

（3）加强粪便管理　驱虫应在有隔离条件的场所进行，驱虫后排出的粪便应统一集中，用“生物热发酵法”进行无害化处理。日常的粪便也应进行生物热处理，消灭虫卵和幼虫。

2. 治疗

治疗原则为积极驱虫，对症治疗。

【处方 1】

盐酸左旋咪唑注射液 5～6 毫克/千克体重，全群皮下注射，或盐酸左旋咪唑片 8 毫克/千克体重，双羟萘酸噻吩嘧啶片 25～40 毫克/千克体重，全群内服。

【处方 2】

伊维菌素注射液 0.2 毫克/千克体重，全群皮下注射，或伊维菌素预混剂 0.2 毫克/千克体重，全群内服，泌乳母羊慎用。

【处方 3】

丙硫苯咪唑片（即阿苯达唑、抗蠕敏），5～15 毫克/千克体重，全群内服，母羊妊娠前期禁用，或丙氧苯咪唑片 10 毫克/千克体重，芬苯达唑片（苯硫苯咪唑）20 毫克/千克体重，全群内服。

10%葡萄糖注射液 100～500 毫升，维生素 C 注射液 0.5～1.5 克，10%安钠咖注射液 10 毫升，静脉注射，每日 1～2 次，连用 3～5 日。

丙二醇或甘油 20～30 毫升，维 D_2 磷酸氢钙片 30～60 片，干酵母片 30～60 克，西咪替丁片 5～10 毫克/千克体重，加水灌服，每日 2 次，连用 3～5 日。

维生素 B_{12} 注射液 0.3～0.4 毫克，肌内注射，每日 1 次，连用 3～5 日（实践检验效果良好）。

【处方 4】

驱虫散：鹤虱 30 克，使君子 30 克，槟榔 30 克，芜荑 30 克，雷丸 30 克，绵马贯众 60 克，干姜（炒）15 克，附子（制）15 克，乌梅 30 克，诃子 30 克，大黄 30 克，百部 30 克，木香 15 克，榧子 30 克，共为末，每次 30～60 克，开水冲候温灌服。

二、食道口线虫病

食道口线虫病是由毛线科食道口属多种线虫的幼虫和成虫寄生于肠壁和肠腔引起的疾病。有些食道口线虫的幼虫阶段可使肠壁发生结节，故又称结节虫病。其临床特征为持续性腹泻，粪便呈暗绿色，含有黏液或血液，不同程度消瘦和下颌水肿。此病在我国各地的羊、牛中普遍存在，并常引起发病。

（一）病原

病原为毛线科食道口属的哥伦比亚食道口线虫、微管食道口线虫、粗纹食道口线虫和甘肃食道口线虫。

（二）生活史

成虫寄生于结肠。虫卵随粪便排出体外，在适宜条件下（25～27℃），经 10～17 小时孵出第一期幼虫，经 7～8 天蜕化 2 次变为第三期幼虫（即感染性幼虫）。羊摄入被感染性幼虫污染的青草和饮水而感染，感染后 12 小时，可在皱胃、十二指肠和大结肠的内腔中见到很多幼虫，并已脱壳。感染后 36 小时，大部分幼虫已钻入结肠和大肠固有膜的深处，到第 3 天、第 4 天，大部分幼虫导致肠壁形成包囊，囊为卵圆形，大小为 0.3 毫米×0.2 毫米，幼虫在囊内进行第 3 次蜕化，此时，囊的外形为一种肉眼可见的白色颗粒状结节，第 6～8 天，大部分幼虫从结节内返回肠腔，并在肠腔发育，之后依次发育为第四期幼虫、第五期幼虫和成虫，到第 41 天雌虫产卵。有些幼虫可能移行到腹腔，并生活数日，但不能继续发育。

（三）诊断要点

1. 流行特点

该病主要侵害羔羊，多发于春、秋季节（气温低于9℃时虫卵不发育，35℃以上时所有幼虫迅速死亡）和没有进行驱虫的放牧羊群。

2. 临床症状

轻度感染不显症状；重度感染，特别是羔羊，可引起典型的顽固性下痢（在感染后第6天开始腹泻），粪便呈暗绿色，含有许多黏液，有时带血，病羊拱腰，后肢僵直有腹痛感。严重时可因机体脱水、消瘦、衰竭死亡；慢性病例时便秘与腹泻交替发生，进行性消瘦，下颌水肿，最后虚脱死亡。

3. 病理变化

主要变现为结肠的结节性病变和炎症。幼虫阶段在肠壁上形成结节（微管食道口线虫的幼虫不在肠壁上产生结节），结节在浆膜面破溃时引起腹膜炎，结节在黏膜面破溃时引起溃疡性和化脓性结肠炎，某些结节可发生钙化变硬。成虫吸附在黏膜上虽不吸血，但分泌有毒物质加剧结节性肠炎的发生，毒素还可以引起造血组织某种程度的萎缩，因而导致红细胞减少、血红蛋白下降和贫血。

4. 实验室检验

通过虫卵检查法（如粪便直接涂片法、饱和食盐水漂浮法和改良斯陶耳氏虫卵计数法）可以进行初步了解消化道线虫感染的情况，但不能确诊。

（四）防制

1. 预防

(1) *定期驱虫*　实行春、秋两季各进行1次，采用广谱、高效、低毒的驱虫药，如丙硫苯咪唑、阿维菌素等，可取得良好效果。

(2) *加强饲养管理*　合理补充精料，实行圈养，保持饮水清洁，增强抗病力，应尽量不在潮湿低凹地点放牧，也不要在清晨、傍晚或雨后放牧，尽量避开幼虫活动的时间，减少感染机会。

(3) *加强粪便管理*　将粪便集中堆放进行生物热处理，消灭虫卵和幼虫。

2. 治疗

治疗原则为积极驱虫，抗菌消炎，对症治疗。

【处方1】【处方2】

本书中介绍的治疗捻转血矛线虫病的【处方1】、【处方2】同样适用于食道口线虫病的治疗，可参考相关章节方法进行治疗。

【处方3】

丙硫苯咪唑片（即阿苯达唑、抗蠕敏）5～15毫克/千克体重，全群内服，母羊妊娠前期禁用，或丙氧苯咪唑片10毫克/千克体重，芬苯达唑片（苯硫苯咪唑）20毫克/千克体重，全群内服。

生理盐水500～1000毫升，氨苄青霉素50～100毫克/千克体重，10%安钠咖注射液10毫升；10%葡萄糖注射液500毫升，10%葡萄糖酸钙注射液10～50毫升，维生素C注射液0.5～1.5克，静脉注射，每日1～2次，连用2～3日。

甲硝唑注射液，每千克体重10毫克，静脉注射，每日1次，连用2～3日。

12.5%止血敏注射液0.25～0.5克，肌内或静脉注射，每日2～3次，连用1～

3日。

1%福尔马林液1000～1500毫升，深部灌肠。

三、仰口线虫病

仰口线虫病又称钩虫病，羊仰口线虫病是由钩口科仰口属的羊仰口线虫寄生于羊的小肠引起的以贫血为主要症状的寄生虫病。

（一）病原

病原是钩口科仰口属的羊仰口线虫。虫体乳白色或淡红色，它是中等大小的线虫，头端向背面弯曲，故称仰口线虫。口囊大，口囊底部的背侧有一个大背齿，背沟由此穿出，底部腹侧有一对小的亚腹侧齿。雄虫长12.5～17.0毫米，交合伞发达，外背肋不对称，交合刺等长，褐色，无引器。雌虫长15.5～21.0毫米，尾端钝圆，阴门在虫体中部之前。虫卵大小为（79～97）微米×（47～50）微米，无色，壳厚，两端钝圆，内含8～16个胚细胞。

（二）生活史

成虫寄生于小肠。虫卵随宿主粪便排出体外，在适宜温度和湿度条件下，经4～8天形成幼虫，幼虫从卵内逸出，经2次蜕化，变为第三期幼虫（感染性幼虫）。感染性幼虫可经两种途径进入羊体内，一是感染性幼虫经皮肤钻入感染，进入血液循环，随血流到达肺脏，再由肺毛细血管进入肺泡，在此进行第3次蜕化发育为第四期幼虫，然后幼虫上行到支气管、气管、咽，返回小肠，进行第4次蜕化，发育为第五期幼虫，再发育为成虫，此过程需要50～60天，经皮肤感染时可以有85%的幼虫得到发育。二是感染性幼虫污染的饲草、饮水等经羊的消化道感染（或经口感染），在小肠内直接发于为成虫，此过程约需25天，但经消化道感染时只有10%～14%的幼虫得到发育。

（三）诊断要点

1. 流行特点

多发于炎热的夏、秋季节，未驱虫或驱虫程序不科学的放牧羊群多发。

2. 症状

病羊精神沉郁，进行性贫血，消化紊乱，顽固性腹泻，粪便显黑色，严重消瘦，有时下颌及颈下水肿。羔羊发育不良，生长缓慢，还有神经症状（如后驱软弱无力和进行性麻痹等），死亡率很高。死亡时红细胞数下降，血红蛋白降至30%～40%。轻症者放牧后症状逐渐减轻，甚至消失。

3. 病理变化

尸体消瘦、贫血、水肿，皮下有胶冻样浸润，浆膜腔积液。血液色淡，清水样，凝固不全。肺脏有瘀血性出血和小点出血。心肌松软，冠状沟水肿。十二指肠和空肠有大量乳白色或淡红色虫体，虫体游离于肠内容物中或附着在黏膜上，肠黏膜发炎，有出血点和小齿痕，肠内容物呈褐色或血红色。

4. 实验室检查

用粪便直接涂片法或饱和食盐水漂浮法检查粪便中的虫卵，虫卵大小为（79～97）微米×（47～50）微米，无色，壳厚，两端钝圆，内含8～16个卵细胞。镜检虫卵或剖检发现虫体时，即可确诊。

（四）防制

1. 预防

定期驱虫，保持圈舍干燥清洁，饲料和饮水应不受粪便污染，改善牧场环境，注意排水，不在湿地放牧。

2. 治疗

治疗原则是积极驱虫，抗菌消炎，对症治疗。

【处方 1】【处方 2】

本书中介绍的治疗捻转血矛线虫病的【处方 1】【处方 2】适用于治疗仰口线虫病，请参考相关章节内容。

【处方 3】

丙硫苯咪唑片（即阿苯达唑、抗蠕敏）5～15 毫克/千克体重，全群内服，母羊妊娠前期禁用，或丙氧苯咪唑片 10 毫克/千克体重，芬苯达唑片（苯硫苯咪唑）20 毫克/千克体重，全群内服。

生理盐水 500～1000 毫升，氨苄青霉素 50～100 毫克/千克体重，10%安钠咖注射液 10 毫升；10%葡萄糖注射液 500 毫升，10%葡萄糖酸钙注射液 10～50 毫升，维生素 C 注射液 0.5～1.5 克，静脉注射，每日 1～2 次，连用 2～3 日。

甲硝唑注射液，每千克体重 10～20 毫克，静脉注射，每日 1 次，连用 2～3 日。

12.5%止血敏注射液 0.25～0.5 克，肌内或静脉注射，每日 2～3 次，连用1～3 日。

维生素 B_{12} 注射液 0.3～0.4 毫克，肌内注射，每日 1 次，连用 3～5 日。

磺胺脒 0.1～0.2 克/千克体重，小苏打片 5～10 克，安络血片 5～10 毫克，次硝酸铋片 2～4 克，丙二醇或甘油 20～30 毫升，维 D_2 磷酸氢钙片 30～60 片，加水灌服，每日 2 次，连用 3～5 日（实践检验效果良好）。

四、夏伯特线虫病

夏伯特线虫病是由圆线科夏伯特属线虫寄生于羊、牛、骆驼、鹿以及其他反刍兽的大肠内引起的寄生虫病。该病的临床特征为冬春季节发病率升高，病羊消瘦，贫血，粪便中带有黏液和血液，有时下痢，羔羊生长发育迟缓，下颌水肿。该病我国各地均有发生，有些地区羊的感染率高达 90%以上。

（一）病原

病原为绵羊夏伯特线虫和叶氏夏伯特线虫。绵羊夏伯特线虫是一种较大的乳白色线虫，虫体前端稍向腹面弯曲，有一近似球形的大口囊，其前缘有两圈有小三角叶片组成的叶冠，腹面有浅的颈沟，颈沟前有稍膨大的头泡。雄虫长 16.5～21.5 毫米，有发达的交合伞，交合刺褐色，引器呈淡褐色。雌虫长 22.5～26.0 毫米，尾端尖，阴门距尾端 0.3～0.4 毫米。虫卵椭圆形，无色，大小为（100～120）微米×（40～50）微米。叶氏夏伯特线虫无颈沟和头泡，外叶冠的小叶呈圆锥形，尖端骤变尖细，内叶冠狭长，尖端突出于外叶冠基部下方。雄虫长 14.2～17.5 毫米，雌虫长 17.0～25.0 毫米。

（二）生活史

成虫寄生于大肠，虫卵随宿主粪便排到外界，在 20℃的温度下，经 38～40 小时孵出幼虫，再经 5～6 天，蜕化 2 次，变为第三期幼虫（感染性幼虫）。宿主经口感染，感染后 72 小时，可在盲肠和结肠见到脱鞘的幼虫。感染后 90 小时，可见到幼虫附着在肠壁上或已钻入肌层。感染后 6～25 天，第 4 期幼虫在肠腔内蜕化为第五期幼虫。至感染后 48～54 天，虫体发育成熟，吸附在肠黏膜上生活并产卵。成虫寿命 9 个月左右。

（三）诊断要点

1. 流行特点

冬春季节发病率升高（虫卵和幼虫在－3～－12℃的低温下能长期生存）。一岁以内羔羊最易感，发病较重，成年羊抵抗力强，发病较轻。

2. 临床症状

病羊体温升高，可视黏膜苍白，严重腹泻，粪便呈淡绿色至黑褐色，稀软或呈稀糊状，肛门周围和尾根部沾有稀粪，食欲减退，饮欲增加，被毛粗乱，下颌水肿，严重时四肢无力，卧地不起。羔羊生长发育迟缓，消瘦，发病和死亡严重。最急性者多为突然发病，无明显症状即死亡。

3. 病理变化

尸体贫血，消瘦，在大肠中有大量虫体，距肛门 30 厘米左右即可发现，甚至成团存在，肠黏膜水肿、溃疡，血管破裂出血。

4. 实验室检查

用粪便直接涂片法或饱和食盐水漂浮法检查粪便中的虫卵；用 1%福尔马林液灌肠或剖解病羊，在粪便或肠内容物中查找成虫进行鉴定；采集粪便，收集虫卵，培养后根据其第三期幼虫的形态特征进行虫种鉴定。

（四）防制

1. 预防

（1）引种混群　对刚引进的羊必须隔离饲养观察 1～2 周，并对羊进行预防性驱虫，确认健康无虫后，方可与原饲养的羊合群。

（2）科学放牧　严禁超载放牧，每隔 5 天分区轮牧一次。夏、秋季避免吃露水草，以及避免在低洼、潮湿牧地放牧，同时于春、秋季各进行一次全面驱虫。

（3）加强饲养管理　充分利用秸秆实行圈养，做好栏舍卫生消毒工作，经常清扫羊圈，保持圈舍清洁、干燥，将粪便堆积发酵，杀死虫卵，以减少感染传播的机会。

2. 治疗

治疗原则是积极驱虫，抗菌消炎，对症治疗。

【处方 1】【处方 2】

本书中介绍的治疗捻转血矛线虫病的【处方 1】、【处方 2】可用于治疗夏伯特线虫病，参见相关章节。

【处方 3】

丙硫苯咪唑片（即阿苯达唑、抗蠕敏）5～15 毫克/千克体重，全群内服，母羊妊娠前期禁用，或丙氧苯咪唑片 10 毫克/千克体重，芬苯达唑片（苯硫苯咪唑）20 毫克/千克体重，全群内服。

1%福尔马林液 1000～1500 毫升，深部灌肠。

维生素 B_{12} 注射液 0.3～0.4 毫克，肌内注射，每日 1 次，连用 3～5 日。

磺胺脒 0.1～0.2 克/千克体重，小苏打片 5～10 克，安络血片 5～10 毫克，次硝酸铋片 2～4 克，丙二醇或甘油 20～30 毫升，维 D_2 磷酸氢钙片 30～60 片，加水灌服，每日 2 次，连用 3～5 日。

【处方 4】

配合处方 1、2 或 3 应用。

生理盐水 500～1000 毫升，氨苄青霉素钠 50～100 毫克/千克体重（或硫酸庆大霉素注射液 20 万单位，或氧氟沙星 2.5～5 毫克/千克体重），10%安钠咖注射液 10 毫升；10%葡萄糖注射液 500 毫升，10%葡萄糖酸钙注射液 10～50 毫升，维生素 C 注射液 0.5～1.5 克，10%氯化钾注射液 10 毫升，静脉注射，每日 1～2 次，连用 2～3 日。

甲硝唑注射液，每千克体重 10 毫克，静脉注射，每日 1 次，连用 2～3 日。

5%碳酸氢钠注射液 50～100 毫升，静脉注射，每日 1 次，连用 3～5 次。

呋塞米注射液（速尿针）0.5～1 毫克/千克体重，水肿时肌内注射，每日 1～2 次，连用 3 日。

五、肺线虫病

肺线虫病又叫网尾线虫病，羊网尾线虫病是由网尾属丝状网尾线虫寄生于绵羊和山羊的气管和支气管内引起的寄生虫病，所以也叫羊肺丝虫病。该病多见于潮湿地区，常呈地方性流行，主要危害羔羊。

（一）病原

病原为丝状网尾线虫，虫体呈细线状，乳白色，肠管很像一条黑线穿行于体内，口囊小而浅，口缘有 4 个小唇片。雄虫长 30 毫米，交合伞发达。交合刺稍短，呈靴形，黄褐色，为多孔状结构。雌虫长 35～44.5 毫米，阴门位于虫体中部附近。虫卵呈椭圆形，大小为（120～130）微米×（80～90）微米，卵内含有已发育的第一期幼虫（卵胎生）。

（二）生活史

成虫寄生于羊的支气管（也可以寄生在鹿和骆驼等反刍兽的支气管）。雌虫在羊的支气管中产卵，当羊咳嗽时，虫卵随黏液一起进入口腔，大多数被咽入消化道，部分随痰或鼻腔分泌物排至外界（也可以发育为幼虫）。虫卵在通过消化道过程中孵化为第一期幼虫（第一期幼虫头端较圆，头部有一小的扣状结节，尾端细钝，体长 550～585 微米），又随粪便排出体外，在适当的温度（25℃）和湿度下，经两次蜕化变为第三期幼虫（感染性幼虫）。此时它们被有两层皮鞘，之后幼虫蜕去第一次蜕化的皮鞘，仍保留第二次蜕化的皮鞘，变得活跃。当羊吃草或饮水时，摄入感染性幼虫，幼虫便在小肠内脱鞘，进入肠系膜淋巴结蜕化变为第四期幼虫。继而幼虫随淋巴液和血液流经心脏到肺脏，最后行至肺泡，到细支气管、支气管，感染后 8 天，可在支气管内见到第四期幼虫，并在该处完成最后一次蜕化。

羊感染后经过 18 天，网尾线虫到达成虫阶段，至第 26 天开始产卵。成虫在羊体内的寄生期限随着羊的营养状况而改变，营养良好的羊抵抗力强，幼虫的发育受阻。当宿主的抵抗下降时，幼虫可以恢复发育。

丝状网尾线虫幼虫发育时要求的温度比羊其他圆线虫幼虫所要求的温度偏低，

冰冻24小时，有些感染性幼虫还可以存活19天，在4～5℃时，幼虫就可正常发育，并且保持活力达100天之久。外界气温达21.1℃以上时，虫体的活力受到严重影响，许多幼虫发育到感染期之前就发生变性。

（三）诊断要点

1. 流行特点

该病多发生于冬季和潮湿牧地，成年羊和没有进行驱虫的放牧羊群感染率高。

2. 临床症状

病羊的典型症状是咳嗽，一般发生在感染后的16～32天，咳嗽先在个别羊身上发生，相继整群发作。中度感染时，咳嗽剧烈而粗粝。严重感染时，呼吸浅表、迫促痛苦，伸颈摆头，尤其在驱赶或夜间休息时，咳嗽最为明显，常在距离羊群近处可以听到明显的咳嗽声和拉风箱似的呼吸声，患羊鼻孔常流出黏液性或黏脓性分泌物，分泌物干后在鼻孔周围形成痂皮。随病程的发展羊逐渐消瘦，被毛枯干，贫血，头、胸部和四肢水肿，体温无变化，呼吸加快且困难。

当患羊打喷嚏或阵发性咳嗽时，常咳出黏液团块，显微镜涂片检查可见有虫卵和幼虫。感染轻微的羊和成年羊常为慢性经过，临床症状不明显。

3. 病理变化

尸体消瘦，贫血。支气管中有黏液性、黏液脓性、混有血丝的分泌物团块，团块中有成虫、虫卵和幼虫。支气管黏膜肿胀、充血，并有小出血点，支气管周围发炎。有不同程度的肺脏膨胀不全和肺气肿。有虫体寄生的部位，肺脏表面稍隆起，呈灰白色，触诊时有坚硬感，切开时常可见到虫体。

4. 实验室检查

漏斗幼虫检查法。取新鲜羊粪15～20克，置于直径10～15厘米的衬有金属筛的漏斗上，漏斗下端套以10～15厘米的橡皮管，末端接1根小试管，然后固定于漏斗架上，装置完毕后沿漏斗壁徐徐加入40℃温水，直至淹没粪球为止，静置1～3小时，幼虫即由粪中游出沉入到小试管底部，然后吸取底部沉淀物镜检。如看到大量体长550～585微米，运动极为活跃，头端较圆，头部有一扣状结节的幼虫，即为丝状网尾线虫的第一期幼虫。欲详细观察，可滴加1滴碘液，待幼虫死后进行。

（四）防制

1. 预防

在放牧前后各进行1～2次驱虫，放牧季节根据情况再适当进行普遍驱虫，驱虫治疗后，应将粪便堆积，进行生物发酵处理；成年羊与羔羊分群放牧，有条件的地方可实行轮牧，避免在低湿的沼泽地放牧。保持圈舍和饮水卫生，喂足草料，增强体质。有条件的可用虫苗预防。

2. 治疗

治疗原则是正确诊断，积极驱虫，抗菌消炎。

【处方1】【处方2】

本书中介绍的治疗捻转血矛线虫病的【处方1】、【处方2】可用于治疗肺线虫病，具体内容请参见相关章节。

【处方3】

丙硫苯咪唑片（即阿苯达唑、抗蠕敏）5～15毫克/千克体重，全群内服，母羊妊娠前期禁用，或丙氧苯咪唑片 10 毫克/千克体重，芬苯达唑片（苯硫苯咪唑）20 毫克/千克体重，全群内服。

青霉素 5 万单位/千克体重，地塞米松注射液 4～12 毫克，注射用水 5 毫升，或 5%氟苯尼考注射液 5～20 毫克/千克体重，肌内注射，每日 1 次，连用 3 日。

六、鞭 虫 病

鞭虫病是由毛首科毛首线虫属的线虫寄生于猪、牛、羊的大肠（主要是盲肠）所引起的寄生虫病。鞭虫虫体前部呈毛发状，故称呈毛首线虫，整个外形像鞭子，故又称鞭虫。该病的临床特征为间歇性下痢，粪中带黏液和血液，贫血，消瘦，食欲减退，发育障碍。我国各地的猪、羊多有寄生。主要危害幼畜，严重时可引起死亡。

（一）病原

羊鞭虫病的病原有绵羊毛首线虫和球鞘毛首线虫。绵羊毛首线虫寄生于绵羊、牛、长颈鹿和骆驼等反刍兽的大肠（盲肠）。虫体呈乳白色，前部细长、呈毛状，为食道部，由一串单细胞排列构成，后为体部，短粗，内有肠管和生殖器官。雄虫长 50～80 毫米，食道部占虫体全长的 3/4，交合刺鞘较短，末端有一卵圆形的膨大部。雌虫长 35～70 毫米，食道部占虫体全长的 2/3～4/5。虫卵大小为（70～80）微米×（30～40）微米，为腰鼓状，棕黄色，两端有塞状构造，壳厚（对外界不良环境抵抗力强），光滑，内含有未发育的卵胚。球鞘毛首线虫的寄生部位、虫体大小基本同绵羊毛首线虫，其基本特征是雄虫的交合刺鞘较长，末端向外翻转呈扁圆形的膨大部。

（二）生活史

成虫寄生于盲肠。虫卵随粪便排出体外，在适宜条件下经两周或数月发育为感染性虫卵（内含第一期幼虫，既不蜕皮，也不孵化），羊吞食感染性虫卵后，第一期幼虫在小肠内孵出，钻入肠绒毛间发育，之后移行至盲肠内，以前端埋入盲肠黏膜，依次蜕化形成第二期、第三期、第四期幼虫，在盲肠内约经 12 周发育为成虫。

（三）诊断要点

1. 流行特点

虫卵在外界和体内发育的时间较长，主要寄生于羔羊，多为夏季放牧感染，秋、冬季出现临床症状。

2. 临床症状

轻度感染时，有间歇性腹泻，轻度贫血，因而影响生长发育。严重感染时，食欲减退，消瘦，贫血，腹泻，死前数日排水样血色便，并有黏液，用抗菌药治疗不能根治。

3. 病理变化

盲肠发生慢性卡他性肠炎。严重感染时，盲肠黏膜有出血性坏死、水肿和溃疡。还有和结节虫相似的结节。结节有两种：一种质地软，有脓，虫体前部埋入其中；另一种在黏膜下，呈圆形包囊物。

4. 虫卵检查

用粪便直接涂片法或饱和食盐水漂浮法检查粪便中的虫卵，虫卵形态有特征性，容易识别，或剖检时发现虫体即可作出诊断。

（四）防制

1. 预防

在春、秋季全群各进行一次驱虫，药物选用左旋咪唑、丙硫苯咪唑、伊维菌素内服或肌注。将粪便进行生物热发酵处理；注意放牧和饮水卫生，避免在污染严重的超载牧地放牧，定期打扫、冲洗、消毒圈舍，注意水槽和料槽卫生，不饮脏水和污水。

2. 治疗

治疗原则是正确诊断，积极驱虫，抗菌消炎，对症治疗。

【处方 1】【处方 2】

本书中介绍的治疗捻转血矛线虫病的【处方 1】、【处方 2】可用于治疗羊鞭虫病，详见相关章节。

【处方 3】

丙硫苯咪唑片（即阿苯达唑、抗蠕敏）5～15 毫克/千克体重，全群内服，母羊妊娠前期禁用，或丙氧苯咪唑片 10 毫克/千克体重，芬苯达唑片（苯硫苯咪唑）20 毫克/千克体重，全群内服。

磺胺脒 0.1～0.2 克/千克体重，小苏打片 5～10 克，安络血片 5～10 毫克，次硝酸铋片 2～4 克，丙二醇或甘油 20～30 毫升，维 D_2 磷酸氢钙片 30～60 片，加水灌服，每日 2 次，连用 3～5 日。

生理盐水 500～1000 毫升，氨苄青霉素钠 50～100 毫克/千克体重（或硫酸庆大霉素注射液 20 万单位，或氧氟沙星 2.5～5 毫克/千克体重），10%安钠咖注射液 10 毫升，静脉注射，每日 1～2 次，连用 2～3 日。

甲硝唑注射液，每千克体重 10 毫克，静脉注射，每日 1 次，连用 2～3 日。

5%碳酸氢钠注射液 50～100 毫升，静脉注射，每日 1 次，连用 3～5 次。

七、脑脊髓丝虫病

脑脊髓丝虫病又称为腰痿病，是由丝状科丝状属的指形丝状线虫和唇乳突丝状线虫的晚期幼虫迷路侵入马、羊的脑或脊髓的硬膜下或实质中而引起的疾病。此病以脑脊髓炎和脑脊髓实质破坏为病理特征。羊患病后往往遗留后躯歪斜，行走困难，甚至卧地不起，最后因褥疮、食欲下降、消瘦和贫血死亡。在我国长江流域和华东沿海地区发生较多，东北、华北等地区也有发生。

（一）病原

病原是寄生于牛腹腔的指形丝状线虫和唇乳突丝状线虫的晚期幼虫（童虫）。多寄生于脑底部、颈椎和腰椎膨大部的硬膜下腔、蛛网膜下腔或蛛网膜与硬膜下腔之间。虫体为乳白色小线虫，长 1.6～5.8 厘米，宽 0.078～0.108 毫米，外有囊鞘，虫体能在鞘膜内活动，其形态已接近成虫，体态弯曲自然，多呈 S 形、C 形或其他形状的弯曲，也有扭成一个结或两个结的，具有头隙，一般长大于宽，体内有圆形或椭圆形体核，排列不整齐，G 细胞 4 个，位于虫体中部后方，呈纵形排列，间距大致相等。

（二）生活史

寄生于牛腹腔内的指形丝状线虫产出初期幼虫（微丝蚴），初期幼虫在牛（终末宿主）外周血液中，当蚊子（为中间宿主）吸血时，将幼虫吸入体内经15天左右发育为感染性幼虫，集中到蚊子的胸肌和口器内，当带有该虫的蚊子到马、羊（非固有宿主）体吸血时，将感染性幼虫注入马、羊体内，经淋巴循环侵入脑脊髓表面或实质内，发育为童虫，童虫长1.5～5.8米，该童虫在其发育过程中引起马、羊的脑脊髓丝虫病，童虫形态结构类似成虫，但不发育至成虫。

（三）诊断要点

1. 流行特点

该病多发生于夏末秋初季节，特别是蚊子大量滋生时，容易感染。

2. 临床症状

（1）急性型　病羊突然卧倒，不能起立。眼球上旋，颈部肌肉强直或痉挛，或歪斜。呈现兴奋、骚乱及叫鸣等神经症状。倒地抽搐，致使眼球受到摩擦而充血，眼眶周围的皮肤被磨破，呈现显著的结膜炎，甚至发生外伤性角膜炎。急性兴奋过后，如果将羊扶起，可见四肢张直，向两侧叉开，步态不稳，如醉酒状。当颈部痉挛严重时，病羊向一侧转圈。

（2）慢性型　此型多见，病初患羊腰部无力、步态踉跄，多发生于一侧后肢，也有的两后肢同时发生。此时病羊体温、呼吸和脉搏均无变化，但多遗留臀部歪斜及斜尾等症状。容易跌倒，但可自行起立，故病羊仍可随群放牧。母羊产奶量仍不降低。病情严重时两后肢完全麻痹，呈犬坐姿势，或横卧地上不能起立，但食欲及精神正常。时间长久，发生褥疮，食欲下降，逐渐消瘦，衰竭死亡。

3. 病理变化

脑脊髓的硬膜、蛛网膜有浆液性、纤维素性炎症和胶冻样浸润灶，以及大小不等的呈红褐色、暗红色出血灶，在其附近可发现虫体。脑脊髓实质病变明显，大小不等的斑点状、条纹状的褐色坏死性病灶，以及形成大小不同的空洞和液化灶。

4. 实验室诊断

国内用牛腹腔丝虫提纯抗原进行皮内注射，成功用于马脑脊髓丝虫病的早期诊断。可以试用。

（四）防制

1. 预防

（1）控制传染源　羊舍要设置在干燥、通风、远离牛舍1～1.5千米处，在蚊虫出现的季节尽量避免与牛接触。普查病牛并治疗（海群生注射液，10毫克/千克体重，皮下注射，每日3次，连用2日）。

（2）切断传播途径　搞好羊舍及周围环境卫生，铲除蚊虫滋生地，用药物或灭蚊灯驱蚊、灭蚊、杀虫，防止蚊虫叮咬。

（3）药物预防　在该病流行季节对羊群定期驱虫，每月1次，连用4次。

2. 治疗

治疗原则是早诊断，早治疗。

【处方】

海群生片（乙胺嗪）100毫克/千克体重，内服，连用2～5日，对轻症病羊有良好效果。必要时配合乙酰水杨酸片和抗过敏药物，以减轻虫体死亡带来的不良反应。

或用盐酸左旋咪唑注射液，10毫克/千克体重，肌内注射，每日1次，连用7日。

或用丙硫苯咪唑片，20～30毫克/千克体重，内服，每日1次，连用3～5日，对轻症病羊有良好效果。

第二节 吸 虫 病

一、片形吸虫病

片形吸虫病又称肝蛭病，是由片形科片形属的肝片吸虫和大片吸虫寄生于反刍兽的肝脏和胆管中所引起的一种寄生虫病。该病的临床特征为急性死亡，以及贫血、消瘦和水肿。该病呈世界性分布，是羊最主要的寄生虫病之一，主要危害绵羊，特别是羔羊，山羊也有发生。

（一）病原

病原为肝片吸虫和大片形吸虫。肝片吸虫呈背腹扁平的柳叶状，体表有许多小刺，新鲜虫体为红褐色，固定以后呈灰白色。虫体长20～35毫米，宽5～13毫米，有头锥和明显的肩部，口吸盘位于头锥的前端，腹吸盘位于虫体腹面肩部水平线的中央。虫卵呈椭圆形，黄褐色，大小为（120～150）微米×（70～80）微米，前端较窄，有一不明显的卵盖，后端较钝，在较薄而透明的卵内，充满卵黄细胞和1个胚细胞；大片形吸虫呈长叶状，没有明显的肩部，虫体长33～76毫米，宽5～12毫米，虫卵金黄色，呈椭圆形，大小为（150～190）微米×（75～90）微米，一端有卵盖。

（二）生活史

肝片吸虫的成虫寄生在动物的胆管内，不断排出大量虫卵，虫卵随胆汁进入消化道与粪便混合，然后同粪便一起排出体外。卵在水中孵出毛蚴（如15～30℃，适宜的氧气和光线，pH5.0～7.5的水中，经10～25天），之后钻入椎实螺（中间宿主）体内，经10～30天，最后发育成尾蚴，尾蚴离开螺体，随处游动，附着在水草上，变成囊蚴，羊吞食了含有囊蚴的水草后，就会被感染，囊蚴进入动物的消化道，在十二指肠内幼虫脱囊而出，穿过肠壁，进入腹腔，经肝包膜进入肝脏，再进入胆管，发育为成虫。或钻入肠壁静脉，经门静脉入肝脏，穿过血管进入肝组织移行，经数周后到达胆管发育为成虫。自囊蚴进入动物体到发育为成虫，约需3～4个月，成虫在动物体内可生存3～5年。

（三）诊断要点

1. 流行特点

该病呈地方性流行，多发生于温暖多雨的夏、秋季，特别是在低洼潮湿和椎实螺滋生的牧地多发。

2. 临床症状

（1）急性型　多在秋季发病，病羊精神沉郁，体温升高，食欲减退或废绝，腹胀、虚弱和容易疲倦，有时出现腹泻、迅速贫血，黏膜苍白，触诊肝区有压痛，数天死亡。

（2）慢性型　较常见，病羊食欲减退后废绝，逐渐消瘦，渐进性贫血，黏膜苍白，被毛粗乱，便秘与腹泻交替发生，在下颌、眼睑和胸腹下发生水肿。母羊乳汁稀薄，孕羊发生流产，一般经1～2月后发生恶病质死亡。

3. 病理变化

肝脏肿大和出血，胆管像绳索样凸出于肝脏表面，胆管内壁有盐类沉积，胆管内膜粗糙，刀切时有沙沙声。在胆管中可发现虫体，常引发慢性胆管炎、慢性肝炎，贫血和黄疸。肺脏有时出现局限性的硬固结节。

4. 实验室检查

用反复水洗沉淀法、尼龙筛淘洗法检查虫卵，如发现大量虫卵，结合症状，即可作出诊断。急性病例通常查不到虫卵，可进行剖检，在肝脏或其他器官内找到幼虫进行诊断。

（四）防制

1. 预防

（1）加强饲养管理　注意饮水和饲草卫生，增强羊抗病能力，搞好环境卫生，消灭中间宿主椎实螺（1∶50000硫酸铜溶液喷洒灭螺），放牧应选坡地，避免在低湿牧地放牧，防止羊群被感染。

（2）定期驱虫　一般每年要进行三次。在春季螺活动以前，用杀成虫的药物进行第一次驱虫，驱虫后粪便要进行生物热发酵处理，在7～9月份用杀幼虫的药物进行第二次驱虫，以杀死侵入体内的多数幼虫，减少或阻止其发育为成虫，在11～12月份，用杀成虫和幼虫都有效的药物进行第三次驱虫，以保护羊群安全过冬。

2. 治疗

治疗原则为正确诊断，积极驱虫，对症治疗。

【处方1】

三氯苯唑（肝蛭净）片5～10毫克/千克体重，内服，对成虫和童虫有效，急性病例5周后应重复给药一次，泌乳羊禁用。

【处方2】

丙硫苯咪唑片（即阿苯达唑、抗蠕敏）5～15毫克/千克体重，内服。母羊妊娠期禁用。

【处方3】

氯氰碘柳胺片，10毫克/千克体重，内服，或氯氰碘柳胺注射液5～10毫克/千克体重，深部肌内注射。

【处方4】

溴酚磷（蛭得净）片，12～16毫克/千克体重，内服，对成虫和童虫有效。

【处方5】

硝碘酚腈（虫克清）片，30毫克/千克体重，内服，或硝碘酚腈注射液10～15毫克/千克体重，皮下注射，对幼虫作用不佳，内服不如注射有效。

【处方6】

必要时用此处方，并配合【处方1～5】。

甘油20～30毫升，维生素D_2磷酸氢钙片30～60片，干酵母片30～60克，安络血片5～10毫克，健胃散30～60克，加水灌服，每日2次，连用3～5日。

生理盐水500毫升，氨苄青霉素10～20毫克/千克体重；10%葡萄糖注射液100～500毫升，10%葡萄糖酸钙注射液10～50毫升，维生素C注射液0.5～1.5克，10%安钠咖注射液10毫升，静脉注射，每日1～2次，连用3～5日。

维生素 B_{12} 注射液 0.3～0.4 毫克，肌内注射，每日 1 次，连用 3～5 日。

呋塞米注射液（速尿针）0.5～1 毫克/千克体重，水肿时肌内注射，每日 1～2 次，连用 3 日。

二、双腔吸虫病

双腔吸虫病又称复腔吸虫病，是由双腔属的矛形双腔吸虫寄生于动物（牛、羊、猪、骆驼、马属动物和兔）的胆管和胆囊中引起的寄生虫病。该病主要危害反刍动物，严重感染时会造成牛、羊死亡。

（一）病原

病原是矛形双腔吸虫。新鲜成虫呈红褐色，扁平，半透明，似柳叶状，固定后呈灰褐色，雌雄同体，前端较尖，长 5～15 毫米，宽 1.5～2.5 毫米。口吸盘位于虫体顶端的腹面，圆形，直径 0.27 微米。腹吸盘略大于口吸盘，位于睾丸前方和肠管分支之后，直径 0.274 微米。虫卵为不对称的椭圆形，暗褐色，一端有卵盖，内含毛蚴，虫卵大小为（38～45）微米×（22～30）微米。

（二）生活史

双腔吸虫在发育过程中需要有两个中间宿主，第一中间宿主是陆地蜗牛，第二中间宿主是蚂蚁。虫卵随终末宿主的粪便排出，含有毛蚴的虫卵被陆地蜗牛吞食，毛蚴即在肠内从卵中孵出，穿过肠壁移行至肝脏发育，经母胞蚴和子胞蚴发育成许多尾蚴。尾蚴聚集成团，外包有黏性物质，称为黏性球，在雨后，经陆地蜗牛的呼吸孔排出（在陆地蜗牛体内 3～5 个月），黏附在植物或其他物体上（存活时间一般为 2～3 天，最多 14～20 天），第二中间宿主蚂蚁吞食尾蚴黏性球后，经 1～2 个月在蚂蚁体内发育成囊蚴。当终末宿主吞食含有囊蚴的蚂蚁时，即被感染。幼虫在肠道内脱囊而出，经十二指肠到达胆管寄生。资料报道，在绵羊体内经 72～85 天可发育为成虫。

（三）诊断要点

1. 流行特点

多见于未驱虫的放牧羊群，常有在低洼潮湿牧地放牧的病史。

2. 临床症状

轻度感染时，通常无明显症状。严重感染的病羊可见到黏膜黄染，逐渐消瘦，下颌水肿，消化紊乱，腹泻与便秘交替出现，最后因极度衰竭引起死亡。

3. 病理变化

虫体寄生在胆管，引起胆管炎和管壁增厚，肝脏肿大，肝被膜肥厚。

4. 实验室检查

采集粪便，用反复水洗沉淀法进行粪便检查，发现虫卵。或者剖检病羊，用手将肝脏撕成小块，置入水中搅拌，沉淀，细心倾去上清液，反复数次，直至上清液清朗为止，然后在沉淀物中找出双腔吸虫虫体。

（四）防制

1. 预防

每年秋末和冬季进行全群驱虫。本区羊群如果能坚持数年，可达到净化草场的目的；采取措施，改良牧地，除去杂草、灌木丛等，以消灭其中间宿主——陆地蜗牛，也可人工捕捉或在草地养鸡进行控制。

2. 治疗

治疗原则为正确诊断，积极驱虫，对症治疗。

【处方 1】

硝氯酚片，5 毫克/千克体重，内服。

【处方 2】

丙硫苯咪唑片（即阿苯达唑、抗蠕敏），5～15 毫克/千克体重，内服。母羊妊娠期禁用。

【处方 3】

吡喹酮片，60～70 毫克/千克体重，全群一次内服。

【处方 4】

本处方应配合【处方 1～3】应用。

甘油 20～30 毫升，维 D_2 磷酸氢钙片 30～60 片，干酵母片 30～60 克，健胃散 30～60 克，加水灌服，每日 2 次，连用 3～5 日。

10%葡萄糖注射液 100～500 毫升，10%葡萄糖酸钙注射液 10～50 毫升，维生素 C 注射液 0.5～1.5 克，10%安钠咖注射液 10 毫升，静脉注射，每日 1～2 次，连用 3～5 日。

维生素 B_{12} 注射液 0.3～0.4 毫克，肌内注射，每日 1 次，连用 3～5 日。

呋塞米注射液（速尿针）0.5～1 毫克/千克体重，水肿时肌内注射，每日 1～2 次，连用 3 日。

三、日本血吸虫病

日本血吸虫病又叫日本分体吸虫病，是由分体科分体属的日本血吸虫寄生于人和牛、羊、猪、犬等几乎所有哺乳动物的门静脉和肠系膜静脉内所致的一种严重地方性寄生虫病。该病的临床特征为急性或慢性肠炎、肝硬化、严重腹泻、贫血、消瘦。此病主要在我国长江流域及长江以南广为流行，严重危害人畜健康。

（一）病原

病原为日本分体吸虫，口吸盘位于虫体的前端，腹吸盘位于口吸盘的后方，有短粗的柄。雄虫呈乳白色，向腹面弯曲呈镰刀状，长 10～20 毫米，宽 0.5～0.55 毫米，雌虫呈暗褐色，长 15～26 毫米，宽 0.3～0.5 毫米。雄虫粗短，雌虫细长呈线形，雌雄常呈合抱状态。虫卵椭圆形或接近圆形，大小为（70～100）微米×（50～65）微米，淡黄色，卵壳较薄，无盖，在卵壳的上侧方有一个小刺，卵内含有一个活的毛蚴。

（二）生活史

日本分体吸虫发育过程中需要中间宿主，在我国为湖北钉螺。成虫寄生于终末宿主人和动物的门静脉和肠系膜静脉内，虫卵产于小静脉中，一条雌虫每天可产卵 1000 个左右。产出的虫卵一部分随血流进入其他脏器中，不能排出体外，沉积在局部组织中，特别是肝脏中，另一部分沉积在肠壁小静脉中并形成结节。沉积在肠壁的虫卵分泌溶细胞物质，导致肠黏膜坏死、溃疡，虫卵随破溃组织进入肠腔，随终末宿主的粪便排出体外。

虫卵落入水中，在适宜条件下孵出毛蚴。如温度在 25～30℃，pH 在 7.4～

7.8时，数小时即可孵出毛蚴。毛蚴呈梨形，周身披有纤毛，借以在水中游动，遇到中间宿主钉螺，即脱去纤毛和皮层，钻入螺体内。毛蚴侵入螺体后进行无性生殖，先形成母胞蚴，一个母胞蚴体内可产生50个以上子胞蚴，子胞蚴继续发育，体内分批形成众多尾蚴。一个毛蚴在钉螺体内经无性繁殖后，可产生数万条尾蚴。尾蚴常生活在水的表层，如果遇不到终末宿主，数天内就会死亡。尾蚴接触宿主皮肤，脱掉尾部和皮层，钻入体内后形成童虫，经小血管或淋巴管随血流经右心、肺循环、体循环到达肠系膜静脉和门静脉内，发育为成虫。尾蚴感染宿主的途径主要是皮肤，也可以通过喂带尾蚴的饲草或饮水时，经口黏膜感染。成虫在动物体内的寿命一般是3～4年，也可能在10年以上。

（三）诊断要点

1. 流行特点

主要发生在钉螺滋生和钉螺阳性率高的地区，多在夏、秋季节发生，通过接触含有尾蚴的疫水感染。

2. 临床症状

急性型。体温升高至40℃上，间歇热，食欲减退，精神沉郁。急性感染20天后发生腹泻，粪便中含有黏液和血液，消瘦，贫血，衰弱无力。严重者站立困难，全身虚脱，最终死亡；慢性型。食欲时好时差，精神较差，有的病羊腹泻，粪便带血，极度消瘦，贫血。感染的母羊不孕或流产，羔羊生长发育受阻。轻度感染时无明显症状。

3. 病理变化

基本病变是虫卵沉积在组织中所引起的虫卵结节。虫卵结节常发生于肝脏和直肠。在肝脏表面可见粟粒大到高粱米大、灰白色或灰黄色的结节，肝脏初期可能肿大，后期发生萎缩、硬化。严重感染时，肠道各段均可找到虫卵的沉积，特别是直肠病变更为严重，常出现小溃疡、瘢痕及肠黏膜肥厚，在肠系膜、大网膜、胃、心脏、肾脏、胰脏等处也可找到虫卵结节。

4. 实验室检查

（1）虫卵检查　清晨从直肠采取粪便，经直接涂片法、集卵法和孵化法检出虫卵即可确诊。粪便沉淀孵化法最有利于诊断，取粪30克，沉淀后将粪渣置于500毫升三角瓶内，加清水至瓶口，置室温孵化，在4、12和24小时后用放大镜或肉眼观察，见有毛蚴即可确诊。

（2）虫体鉴定　剖检病羊，从肠系膜静脉收集虫体进行鉴定，可以确诊，日本分体吸虫雌雄异体，在肠系膜小血管中寄生时呈雌雄合抱状态。

另外，也可以利用间接血凝试验和变态反应确诊。

（四）防制

1. 预防

消灭中间宿主钉螺。饲养食螺鸭子，改造低洼地，化学灭螺等；粪便进行堆积发酵，不使用新鲜粪便作肥料，管好水源，严防人、畜粪便污染水源；避免家畜接触尾蚴，搞好饮水卫生，专塘用水或用井水，在没有钉螺的地方放牧。

2. 治疗

【处方】

吡喹酮片20毫克/千克体重，一次内服，可达99.3%～100%的治疗效果。

生理盐水 500 毫升，氨苄青霉素 10～20 毫克/千克体重；10%葡萄糖注射液 100～500 毫升，维生素 C 注射液 0.5～1.5 克，10%安钠咖注射液 10 毫升，静脉注射，每日 1～2 次，连用 3～5 日。

甘油 20～30 毫升，维生素 D_2 磷酸氢钙片 30～60 片，干酵母片 30～60 克，健胃散 30～60 克，加水灌服，每日 2 次，连用 3～5 日。

第三节　绦　虫　病

一、反刍兽绦虫病

反刍兽绦虫病是由裸头科莫尼茨属、曲子宫属和无卵黄腺属的各种绦虫寄生于绵羊、山羊和牛的小肠中引起的寄生虫病。绦虫常危害 1.5～7 个月大的羔羊和犊牛，使其生长发育受阻，甚至大批死亡。

（一）病原

反刍兽绦虫病由多种绦虫引起，寄生在绵羊及山羊的小肠中的绦虫共有四种，即扩展莫尼茨绦虫、贝氏莫尼茨绦虫、盖氏曲子宫绦虫和无卵黄腺绦虫，比较常见的是前两种。

扩展莫尼茨绦虫为大型带状绦虫，乳白色，头节近似球形，上有 4 个椭圆形吸盘，无顶突和钩。体长 1～5 米，最宽处约 16 毫米，节片宽度大于长度，每个成熟节片有两组生殖器官，在两侧对称分布，从成节向后，每个节片后缘有 3～16 个节间腺，呈泡状，排成一行。虫卵为近三角形、近圆形或近方形，直径 53～67 微米，卵内有一个含有梨形器的六钩蚴（裸头科绦虫的特征）。

贝氏莫尼茨绦虫与扩展莫尼茨绦虫外观不易区别，也为大型绦虫，体节长度可达 6 米，最宽处 26 毫米，睾丸较多（约 600 个），节片后缘的节间腺为密集的小点，呈横带状，其分布长度约为扩展莫尼茨绦虫节间腺的 1/3。虫卵形态结构与扩展莫尼茨绦虫虫卵相似，但以近方形虫卵为多。

（二）生活史

莫尼茨绦虫发育需要中间宿主地螨参与，曲子宫绦虫和无卵黄腺绦虫的发育史尚不清楚。成虫寄生于反刍兽小肠。成虫脱卸的孕节或虫卵随终末宿主的粪便排出体外，虫卵散播，被地螨（中间寄主）吞食，六钩蚴在其消化道内孵出，穿出肠壁，入血腔发展为似囊尾蚴，成熟的似囊尾蚴开始有感染性。终末宿主采食时将含有似囊尾蚴的地螨吞入，地螨即被消化而释放出似囊尾蚴，似囊尾蚴吸附于肠壁上，在小肠内发育为成虫，此过程所需时间为 45～60 天。成虫在羊体内的生活时间一般为 3 个月。

（三）诊断要点

1. 流行特点

该病多见于 1.5～7 月龄的羔羊，感染高峰在 5～8 月份，多雨的季节，并有不科学驱虫和放牧的病史。

2. 临床症状

食欲减退，饮欲增加，精神沉郁，营养不良，发育受阻，消瘦，贫血，颌下、胸前水肿，腹泻，或便秘与腹泻交替发生，有时随粪便排出孕节片或链体，重者虫体寄生过多或成团，可导致肠狭窄、肠阻塞，腹围增大，腹痛，甚至发生肠破裂或恶病质而死亡。虫体分泌物、代谢产物可致神经中毒，后期有神经症状。

3. 病理变化

可在小肠中发现虫体，数量不等，其寄生处有卡他性炎症。有时可见肠壁扩张、肠套叠乃至肠破裂，肠管、淋巴结、肠系膜和肾脏发生增生和变性，体腔积液。

4. 实验室检查

(1) 虫卵检查　绦虫并不由节片排卵，除非含卵体节在肠中破裂，才能排出虫卵。因此一般不容易从粪便中检查出来。扩展莫尼茨绦虫的虫卵近乎三角形，贝氏莫尼茨绦虫的虫卵近乎正方形。卵内都含有一个梨形构造的六钩蚴。

(2) 体节检查　成熟的含卵体节经常会脱离下来，随着粪便排出体外。清晨在羊圈里新排出的羊粪中看到的混有黄白色扁圆柱状的东西，即为绦虫节片，长约1厘米，两端弯曲，很像蛆，开始还会蠕动。有时可排出长短不等、呈链条状的数个节片。压破孕卵节片镜检可发现多量虫卵。

（四）防制

1. 预防

定期驱虫，管理好粪便。成年羊定期驱虫。羔羊在开始放牧的第30～35天进行绦虫成熟期前驱虫，10～15天后，再驱虫一次，第二次驱虫后1个月再进行第三次驱虫，粪便集中进行生物热发酵处理；杀灭土壤螨。勤耕翻牧地，改良牧草；科学放牧。不在清晨、傍晚或雨天放牧，避免在低湿地放牧，牧地严重污染时应转移牧地。

2. 治疗

【处方1】

吡喹酮片10～20毫克/千克体重，内服。

【处方2】

硫双二氯酚（别丁）片80～100毫克/千克体重，内服。

【处方3】

氯硝柳胺（灭绦灵）片60～70毫克/千克体重，内服。

【处方4】

丙硫苯咪唑片（即阿苯达唑、抗蠕敏）5～15毫克/千克体重，内服。

【处方5】

驱虫散：鹤虱30克，使君子30克，槟榔30克，芜荑30克，雷丸30克，绵马贯众60克，干姜（炒）15克，附子（制）15克，乌梅30克，诃子30克，大黄30克，百部30克，木香15克，榧子30克，共为末，每次30～60克，开水冲候温灌服。

二、细颈囊尾蚴病

细颈囊尾蚴病是由带科带属的泡状带绦虫的中绦期幼虫——细颈囊尾蚴寄生于多种家畜和野生动物的肝脏浆膜、网膜及肠系膜等处所引起的一种绦虫蚴病。成虫泡状带绦虫寄生于犬、狐、狼等肉食兽（终末宿主）的小肠，幼虫寄生在猪、黄牛、绵羊、山羊等动物（中间宿主）体内。

（一）病原

该病的病原为细颈囊尾蚴，俗称“水铃铛”，呈囊泡状，囊壁薄，呈乳白色，内含透明液体，囊体由黄豆大到鸡蛋大，肉眼可见囊壁上有一个向内生长、具细长颈部的头节，故名细颈囊尾蚴。在脏器中的囊体，体外有一层宿主组织反应产生的厚膜包围，故不透明，颇易与棘球蚴相混。成虫泡状带绦虫呈乳白色或稍带黄色，体长可达5米，头节上有一顶突和26～46个小钩排成两列。前部的头节宽而短，向后逐渐加长。生殖器官一套，在一侧不规则交互开口。孕节长大于宽，其内充满虫卵，子宫侧枝为5～16个，上有小的分枝。虫卵为卵圆形，内含六钩蚴，大小为（36～39）微米×（31～35）微米。

（二）生活史

当终末宿主犬、狐、狼等肉食兽吞食含有细颈囊尾蚴的脏器后，其在小肠内发育成泡状带绦虫（成虫）。其孕节随终末宿主的粪便排出体外，中间宿主因食入被虫卵所污染的牧草、饲草、饲料和饮水而感染，六钩蚴在消化道内逸出即钻入肠壁血管，随血流至肝脏，并逐渐移行至肝脏表面，进一步发育成熟，有些则从肝表面流入腹腔附着在网膜或肠系膜上，经3个月发育为成熟的细颈囊尾蚴。当六钩蚴在肝内移行时，破坏肝组织，形成孔道，可引起急性肝炎，而在腹腔浆膜发育时，可引起局限性腹膜炎，在肝内发育的幼虫还可引起肝硬化。

（三）诊断要点

1. 流行特点

该病的流行与养犬有关，且犬有采食生肉和未进行驱虫的病史。

2. 临床症状

成年羊除个别感染严重者会有临床症状外，一般无示病症状。羔羊常有明显的症状，多数表现精神沉郁，食欲减退，衰弱，逐渐消瘦，黄疸，引发腹膜炎时，病羊体温升高，腹水增多，按压腹壁有疼痛感，一些病例腹腔内出血，腹部容积增大，也有的出现咳嗽等呼吸道症状，9～10天后，可转为慢性。

3. 病理变化

急性病程时，可见到肝肿大，肝脏表面有很多小结节和出血点，肝实质中能找到虫体移行的虫道，初期虫道内充满血液，继后逐渐变为黄灰色。有时腹腔内有大量带血色的渗出液和幼虫。慢性病例，在网膜、肠系膜和肝脏表面发现有黄豆大到鸡蛋大的细颈囊尾蚴，肝脏局部组织色泽变淡，呈萎缩现象，肝浆膜层发生纤维素性炎症。也有引起支气管炎、肺炎和胸膜炎的报道。

（四）防制

1. 预防

加强饲养管理，保持牧场清洁干燥，注意饮水卫生。

2. 治疗

【处方1】

吡喹酮片70毫克/千克体重，内服。

【处方2】

丙硫苯咪唑20毫克/千克体重，内服，隔日1次，连用3次。

三、脑多头蚴病

脑多头蚴病又叫脑包虫病，是由带科多头属的多头绦虫的中绦期幼虫——脑多头蚴，寄生于绵羊、山羊及牛的脑部和脊髓所引起的一种绦虫蚴病。该病主要危害两岁以下的幼龄绵羊，人偶尔也可感染。

（一）病原

病原是多头绦虫的幼虫——脑多头蚴。脑多头蚴呈囊泡状，囊体由豌豆大到鸡蛋大，囊内充满透明液体，囊壁外膜为角皮层，内膜为生发层，囊内膜附有许多原头蚴，原头蚴的直径为2～3毫米，数目100～250个。成虫为多头绦虫，体长40～80厘米，节片200～250个，头节有4个吸盘，顶突上有22～32个小钩，分两圈排列。成熟节片呈方形。卵为圆形，直径20～37微米。

（二）生活史

成虫寄生于犬、狼、狐狸（终末宿主）的小肠，其孕节和虫卵随粪便排出体外，绵羊、山羊及牛等中间宿主随饲草、饮水等吞食虫卵后，六钩蚴在消化道逸出，并钻入肠黏膜血管内，被血流带到脑脊髓中，经2～3个月发育为大小不等的脑多头蚴。终末宿主吞食了含有脑多头蚴的病畜脑脊髓时，原头蚴即附着在肠黏膜上，经41～73天发育为成虫。成虫在犬的小肠内可生存数年之久。

（三）诊断要点

1. 流行特点

该病的流行与养犬有关，且犬有采食生肉和未进行驱虫的病史。

2. 临床症状

多头蚴寄生于羊脑及脊髓部，可引起脑膜炎，羊表现出采食减少，流涎，磨牙，垂头呆立，运动失调及作特异转圈运动。

急性型表现体温升高，脉搏加快，呼吸急促，出现回旋、前冲、退后运动等，似有兴奋表现；慢性型多发生在发病后期，在2～6个月时，多头蚴发育至一定大小，病羊呈慢性经过。典型症状为随虫体寄生部位的不同，病羊转圈的方向和姿势不同。虫体大多寄生在大脑半球表面，病羊做转圈运动时，多向寄生部一侧转动，而对侧视力发生障碍以至失明，病部头骨叩诊呈浊音，局部皮肤隆起，压痛，软化，对声音刺激反应很弱。若寄生于大脑正前部，病羊头下垂，向前做直线运动，碰到障碍物头抵住呆立。若寄生在大脑后部，病羊仰头或作后退状，直到跌倒卧地不起。若寄生于小脑，病羊易惊，运动失衡，易摔倒。若寄生于脊髓部，步态不稳，转弯时最明显，后肢麻痹，小便失禁。

3. 病理变化

急性死亡的羊见有脑膜炎和脑炎病变，还可见到六钩蚴在脑膜中移行时留下的弯曲伤痕。慢性期的病例则可在脑、脊髓的不同部位发现1个或数个大小不等的囊状多头蚴，在病变或虫体相接的颅骨处，骨质松软、变薄，甚至穿孔，致使皮肤向表面隆起，病灶周围脑组织或较远的部位发炎，有时可见萎缩变性和钙化的多头蚴。

4. 实验室诊断

可用变态反应诊断法，即使用多头蚴的囊壁和原头蚴制成乳剂变应原，注入羊的眼睑内，如果是患羊，于注射1小时左右，皮肤出现直径1.75～4.2厘米的肥厚肿大，并保持6小时左右。

（四）防制

1. 预防

对患羊的头、脑和脊髓应焚毁，禁止饲喂给犬。对牧区所养的犬进行定期驱虫（吡喹酮片，5毫克/千克体重，一次内服），阻断成虫感染。对牧地附近的野犬、豺、狼、狐狸等终末宿主应予捕杀。

2. 治疗

治疗原则为诊断准确，早期驱虫。

【处方1】

吡喹酮片50毫克/千克体重，内服，每日1次，连用5日，或70毫克/千克体重，内服，每日1次，连用3日。

【处方2】

手术疗法，多用于价值较高的慢性型病羊，但囊泡处在脑部较深处时，手术后果不良。

以病羊的特异运动姿势，确定虫体大致的寄生部位，用镊子或手术刀柄压迫头部脑区，寻找压痛点，再用手指压迫，感觉到局部骨质松软处，多为寄生部位，再施叩诊术，病变部多为浊音。或用X线或B超检查确定手术部位。

在病部区剪毛消毒，用手术刀切开拇指头大小、半月形的皮瓣（或作十字形切口），分离皮下组织，将头骨膜分离至一侧，用圆锯或小外科刀除去露出的颅骨一块，用剪刀剪开脑硬膜，看到多头蚴后，用镊子慢慢牵引出来。或用注射针头刺入囊腔内，徐徐抽出囊液，如看不到脑包虫，可以插入细胶皮管，沿脑回向周围探索，用注射器多次抽吸，常可将虫囊吸在胶皮管口上，然后抽回胶皮管，即可拉出脑包虫。然后给囊腔部注入含有青霉素的生理盐水3～5毫升，盖上脑硬膜及骨膜，撒布少量青霉素粉，缝合皮肤。并以火棉胶或绷带保护术区。手术中要严防局部血管破裂。术后注意抗菌消炎，加强护理。

四、棘球蚴病

棘球蚴病又叫包虫病，是由带科棘球属的细粒棘球绦虫的中绦期幼虫——棘球蚴寄生在哺乳动物肝脏、肺脏及其他各种器官内所引起的一种严重的人畜共患的寄生虫病。

（一）病原

病原为棘球蚴，棘球蚴寄生在中间宿主绵羊、山羊、黄牛、水牛、骆驼、猪等家畜及多种野生动物和人的肝脏、肺脏以及其他各种器官，是一个近似球形的泡状囊，囊液无色或微黄色，透明，小的虫体如黄豆大，大的虫体直径达50厘米，内含囊液十余升。囊体壁外层为角质层，内层为生发层（胚层），在内层上长出许多头节样的原头蚴，有的原头蚴可形成生发囊，生发囊较小，在生发囊上也可长出原头蚴，有时棘球蚴在生发层或生发囊内可以产生（转化成）子囊（也分内外两层），甚至在子囊的内壁还可生长孙囊，故一个发育良好的棘球蚴内所产生的原头蚴可多达2百万个。有的生发囊不一定长出原头蚴，这种无原头蚴的囊称为不育囊，不育囊也能长大，但在流行病学上没有什么意义，不感染动物。

成虫（细粒棘球绦虫）寄生在终末宿主犬、狼、狐狸等肉食兽的小肠上段，是绦虫中最小的几种之一，虫体长 2～7 毫米，由一个头节和 3～4 个节片组成。头节略呈梨形，有顶突和 4 个吸盘，顶突上有两圈小钩，共 28～48 个。虫卵直径为 30～36 微米，外被一层辐射条状的胚膜，里面有六钩蚴。

（二）生活史

终末宿主犬、狼、狐狸把含有细粒棘球绦虫的孕卵节片和虫卵随粪排出，污染牧草、牧场和水源。当中间宿主通过吃草、饮水吞下虫卵后，卵膜因胃酸作用被破坏，六钩蚴逸出，钻入肠黏膜血管，随血流达到全身各组织，逐渐生长发育成棘球蚴，最常见的寄生部位是肝脏和肺脏。如果终末宿主食入含有棘球蚴的器官，经 2.5～3 个月就在肠道内发育成细粒棘球绦虫，并可在宿主肠道内生活达 6 个月之久。

（三）诊断要点

1. 流行特点

该病的流行与养犬有关，且犬有采食生肉和未进行驱虫的病史。

2. 临床症状

若轻度感染，则病初不显症状。如果棘球蚴侵占肺部，会引起呼吸困难和微弱咳嗽。听诊肺部病区，病灶下无呼吸音或呼吸音减弱，叩诊为半浊音、浊音。棘球蚴破裂则全身症状加重，病情恶化，甚至引起窒息而死亡。肝脏感染严重时，叩诊肝浊音区扩大，触诊浊音区病羊表现疼痛。当肝脏容积极度增加时，可见右侧腹部稍有膨大。绵羊严重感染时，营养失调，反刍无力，瘤胃臌气，消瘦，乃至衰竭，被毛逆立，容易脱落，有特殊的咳嗽，当咳嗽发作时，病羊躺在地上，死亡率高。

3. 病理变化

肝脏和肺脏表面凹凸不平，重量增大，表面有数量不等，粟粒大到足球大，甚至更大的棘球蚴寄生，有时棘球蚴发生钙化和化脓，有时在脾脏、肾脏、脑、脊椎管、肌肉和皮下发现棘球蚴。

4. 实验室检查

生前诊断有一定困难，可用 X 线或 B 超检查进行诊断。有条件的可做皮内变态反应进行诊断。

（四）防制

1. 预防

消灭野犬，对牧区所养的犬进行定期驱虫（吡喹酮片 5 毫克/千克体重，一次内服），驱虫后的犬粪要进行无害化处理，并做到不用生肉喂犬，长有棘球蚴的家畜内脏焚烧或深埋，防止被犬、狼等肉食兽采食。做好饲草和饮水卫生，不要被粪便污染。人与犬等动物接触或加工狼、狐狸等皮毛时，应注意对个人卫生的防护，严防感染。

2. 治疗

治疗原则为诊断准确，早期驱虫。

【处方 1】

吡喹酮片，25～30 毫克/千克体重，内服，每日 1 次，连用 5 天。

【处方 2】

丙硫苯咪唑片，90 毫克/千克体重，内服，每日 1 次，连用 2 天。

【处方 3】

手术摘除棘球蚴，手术时应防止棘球蚴破裂。

第四节 原 虫 病

一、巴贝斯虫病

羊巴贝斯虫病又称蜱热、红尿病，旧称焦虫病，是巴贝斯科巴贝斯属的莫氏巴贝斯虫、绵羊巴贝斯虫等寄生于羊血液红细胞而引起的疾病。该病的临床特征为发热、贫血、血红蛋白尿和黄疸，是由蜱传播的一种血孢子虫病。

（一）病原

病原为两种血孢子虫，即莫氏巴贝斯虫和绵羊巴贝斯虫。莫氏巴贝斯虫的毒力较强，虫体在红细胞内单独或成对存在，成对者呈锐角，占据细胞中央，长度大于红细胞半径，其长度为2.5～4微米，宽2微米。绵羊巴贝斯虫在红细胞内单独或成对存在，占据细胞周边，长度为1～2.5微米，成对者形成钝角。

（二）生活史

巴贝斯虫的生活史尚不完全清楚，但已知绵羊巴贝斯虫病的主要传播者为扇头蜱属的蜱。病原在蜱体内经过有性的配子生殖，产生子孢子，当蜱吸血时即将病原注入羊体内，寄生于羊的红细胞内，并不断进行无性繁殖。当硬蜱吸食羊血液时，病原又进入蜱体内发育。如此周而复始，流行发病。

（三）诊断要点

1. 流行特点

6～12月龄的羊发病率高，以夏秋季多发，从无蜱区引入有蜱区的羊易感，在羊体、圈舍及牧草上有蜱存在。

2. 临床症状

一部分羊染虫而不显症状。患羊精神沉郁，食欲减退或废绝，反刍减少或停止，体温升高至41～42℃，呈稽留热型，可视黏膜苍白，偶尔可见黄染现象，常排出黑褐色带黏液的粪便。尿液由清转黄，甚至呈棕红色或酱油色。呼吸加快，脉搏细数，迅速消瘦，若治疗不及时，多因全身衰竭而死亡。有的病例出现精神兴奋，无目的奔跑，突然倒地死亡。

3. 病理变化

尸体消瘦，血液稀薄如水，血凝不全，皮下组织苍白、黄染，心肌柔软，黄红色，心内膜有出血点，肝脏、脾脏肿大，表面有出血点，胆囊肿大2～4倍，充满浓稠胆汁，瓣胃塞满干硬的胃内容物，肾脏肿大，呈淡红黄色，有点状出血，膀胱膨大，内有多量红色尿液。

4. 实验室检查

从高热期典型病羊的耳静脉采血，涂片，瑞氏染色或姬姆萨染色，镜检，在红细胞内发现有一定数量的虫体即可确诊。血液检查可发现红细胞大小不均，红细胞数减少（减少至2×10^{12}个/升～4×10^{12}个/升），血红蛋白减少，血清黄疸指数升高，间接胆红素含量升高等。

(四) 防制

1. 预防

(1) 做好灭蜱工作　可用伊维菌素注射液0.2毫克/千克体重，全群皮下注射，或全群进行药浴，对圈舍进行彻底清扫、消毒，做好环境灭蜱工作。

(2) 药物预防　对场内未见症状羊，普遍使用5%三氮脒5毫克/千克体重，分点深部肌内注射1次，进行预防。或采用咪唑苯脲进行预防注射。

(3) 加强管理　在有蜱季节不引进羊，不从有蜱区引进羊。

2. 治疗

治疗原则为及早确诊，杀虫和对症治疗。

【处方1】

伊维菌素注射液0.2毫克/千克体重，全群皮下注射，10～15天后再注射一次。

注射用三氮脒（贝尼尔、血虫净）3～5毫克/千克体重，配成5%水溶液，分点深部肌内注射，隔日1次，连2～3次。或硫酸喹啉脲（阿卡普林）注射液2毫克/千克体重，配成0.5%水溶液，皮下注射，隔日1次，连2～3次。

复方氨基比林注射液5～10毫升，皮下或肌内注射，每日1次，连用3日。

【处方2】

伊维菌素注射液0.2毫克/千克体重，全群皮下注射，10～15天后再注射1次。

注射用咪唑苯脲1～3毫克/千克体重，配成10%水溶液，肌内注射，隔日1次，连2～3次。

30%安乃近注射液3～10毫升，皮下或肌内注射，每日1次，连用3日。

【处方3】

严重时，配合【处方1、2】使用。

10%葡萄糖注射液100～500毫升，维生素C注射液0.5～1.5克，10%安钠咖注射液10毫升，静脉注射，每日1～2次，连用3～5日。

甘油20～30毫升，维D_2磷酸氢钙片30～60片，干酵母片30～60克，健胃散30～60克，加水灌服，每日2次，连用3～5日。

二、泰勒虫病

泰勒虫病是由泰勒科泰勒属的羊泰勒焦虫寄生于羊红细胞、巨噬细胞和淋巴细胞内所引起的寄生虫病。该病的临床特征是发热，体表淋巴结肿大、疼痛，贫血，黄疸和血红蛋白尿。

(一) 病原

病原为山羊泰勒虫和绵羊泰勒虫。绵羊泰勒虫病是由绵羊泰勒虫（形状与大小不一，多为圆形或卵圆形，少数为逗点形、十字形、边虫形及杆形等，在一个红细胞内可寄生1～4个，一般为1个。圆形虫体的直径为0.6～2微米，卵圆形虫体的直径1.6微米）所引起，虫体主要寄生在羊的红细胞内。

(二) 生活史

羊泰勒虫病的主要传播者为血蜱属的蜱，我国常见山羊泰勒虫，传播者为青海血蜱，病原在蜱体内经过有性的配子生殖，并产生子孢子，当蜱吸血时，即将病原注入羊体内。羊泰勒虫在羊体内首先侵入网状内皮系统细胞、在肝、脾、淋巴结和肾脏内进行裂体繁殖（石榴体或柯赫氏蓝体），继而进入红细胞内寄生。当蜱吸食羊的血液时，泰勒虫又进入蜱体内发育。如此周而复始，继续引起发病，扩大流行。

（三）诊断要点

1. 流行特点

该病发生于4～6月份，1～6月龄羔羊发病率高，从无蜱区引入有蜱区的羊易感，在羊体、圈舍及牧草上有蜱存在。

2. 临床症状

潜伏期4～12天，病羊病初精神沉郁，食欲减退，体温升高到40～42℃，稽留4～7天，呼吸急促，心跳加快，心音亢进，多卧少动，反刍及胃肠蠕动减弱或停止，便秘或腹泻，粪便中带有黏液或血液，个别羊尿液混浊或呈淡红色或棕红色，可视黏膜充血，继而苍白，轻度黄染，体表淋巴结肿大，有痛感。耳静脉采血，血液稀薄。有的羔羊四肢发软，卧地不起。病程6～12天。

3. 病理变化

尸体消瘦，血液稀薄，皮下脂肪呈胶冻样，有点状出血。全身淋巴结有不同程度的肿大，尤以肩前、肠系膜、肺脏、肝脏等处淋巴结更为显著，淋巴结切面多汁，充血，有一些淋巴结呈灰白色，有时表面有颗粒状突起。肝脏和脾脏肿大。肾脏呈黄褐色，表面有结节和小出血点。皱胃黏膜发生溃疡斑，肠黏膜上有少量出血点。

4. 实验室检查

早期进行淋巴结穿刺查或剖检后取淋巴结、脾脏、肝脏等涂片，染色镜检，发现石榴体，即可确诊。后期可采集外周血作涂片，染色镜检，查找红细胞内的典型虫体。采集时最好选择处在高热期的典型病羊，并且未用药治疗。

（四）防制

同巴贝斯虫病防制措施。

三、球 虫 病

球虫病是由艾美科艾美耳属的球虫寄生于羊肠道所引起的一种原虫病。球虫病的临床特征为下痢、消瘦、贫血、发育不良，严重者导致死亡。该病主要危害羔羊和山羊，成年羊多为带虫者。

（一）病原

寄生于绵羊和山羊体内的艾美耳球虫有多种（文献记载有13种），其中致病力较强的有雅氏艾美耳球虫［卵囊呈卵圆形或椭圆形，大小为（20～28）微米×（15～22）微米，卵囊壁2层，光滑，外层无色或稍呈淡黄色，无卵膜孔、极帽、内残体和外残体，孢子化时间为24～48小时］、阿撒他艾美耳球虫［寄生于小肠。卵囊呈长圆形，呈黄褐色，大小为（29.5～33.5）微米×（22～25）微米，有卵膜孔、极帽、内残体和外残体，孢子化时间为72～120小时］、浮氏艾美耳球虫［寄生于小肠。卵囊呈长卵圆形，有卵膜孔，无极帽，卵囊壁2层，平滑，厚1微米，卵囊呈黄褐色，大小为（25～33）微米×（18～24）微米，无内、外残体，孢子化需24～48小时]、阿氏艾美耳球虫[寄生于小肠。卵囊呈卵圆形或椭圆形，有卵膜孔和极帽，卵囊壁2层，光滑，外层无色，厚1微米，内层褐黄色，厚（0.4～0.5）微米，卵囊的大小为（17～42）微米×（13～27）微米，无外残体而有内残体，孢子化时间为48～72小时]、错乱艾美耳球虫[寄生于小肠后段，是一种较大型的球虫，卵囊大小为（42～60）微米×（30～36）微米，卵囊椭圆形，卵膜孔明显，有极帽，卵囊壁2层，厚3.6微米，内层和外层都有横纹，为橙黄褐色，有内、外残体，孢子化时间为72～120小时]等。

（二）生活史

整个生活史分为孢子生殖、裂殖生殖和配子生殖三个阶段。球虫卵囊形成后随羊的粪便排至体外，刚排出的卵囊没有发生孢子化，也没有感染性，在外界温暖潮湿的环境下，经1～6天完成孢子化过程，形成孢子化卵囊（内含4个孢子囊，每个孢子囊含有2个子孢子）。

当孢子化卵囊被羊摄入消化道后，从卵囊中释放出子孢子。在一定的温度和空气条件下，子孢子进入小肠上皮细胞，然后穿过细胞质移行到细胞核附近，一些种的子孢子甚至能使核膜形成凹陷，然后逐渐变为圆形的滋养体，滋养体的细胞核进行数次无性的复分裂，然后细胞质向核周围集中，分裂中的虫体称为裂殖体，产生的后代称为裂殖子，一个裂殖体内含有数十个或更多的裂殖子。第一代裂殖子从裂殖体释放出来时，常使肠上皮细胞受到破坏，裂殖子又进入新的未感染的肠上皮细胞内，进行第二代裂殖生殖。如此反复，使上皮细胞遭受严重破坏，引起疾病的发作。

经过一定代数的无性生殖以后，裂殖体不再发育为裂殖子，而发育为配子母细胞。其中一部分转化成小配子母细胞，分裂后形成小配子（雄性细胞），另一部分转化形成大配子母细胞，进一步发育为大配子（雌性细胞），大小配子融合形成合子的过程称为受精。受精过程结束形成合子后，虫体便开始形成卵囊。卵囊形成后，宿主细胞破溃，卵囊进入肠腔，随粪便排出。

（三）诊断要点

1. 流行特点

多发于春、夏、秋三季，温暖潮湿的环境易造成该病流行。冬季气温低时，不利于球虫卵囊的发育，发病率较低。1岁以内的羔羊症状较为明显。

2. 临床症状

急性经过为2～7天，慢性者可延至数周。病羊精神不振，食欲减少或废绝，饮水量增加，被毛粗乱，可视黏膜苍白，腹泻，粪便中常混有血液、黏膜和脱落的上皮，粪恶臭，并含大量的卵囊。有时可见病羊肚胀，被毛脱落，眼和鼻的黏膜有卡他性炎症。病羊多因迅速消瘦而死亡，死亡率通常在10%～25%，有时高达80%。

3. 病理变化

小肠黏膜上有淡白色或黄色圆形或卵圆形结节，如粟粒至豌豆大，常成簇分布，从浆膜面也能看到，十二指肠和回肠有卡他性炎症，有点状或带状出血。

4. 卵囊检查

用粪便直接涂片法或饱和食盐水漂浮法检查粪便中的卵囊。因为带虫现象在羊群中极为普遍，所以，单凭粪检发现球虫卵囊而进行诊断确诊是不可靠的。而应在粪检的同时根据动物的年龄、发病季节、饲养管理条件、发病症状、剖检变化等因素进行综合判定。

（四）防制

1. 预防

加强饲养管理，做好圈舍、饲草、饲料、饮水的卫生工作，羔羊及时断奶和分群，防止羔羊摄入大量卵囊而发病，感染严重时，可全群内服抗球虫药物进行预防；羊受过感染可产生免疫力，让羔羊在放牧过程中逐渐与球虫接触，获得抗球虫能力，也是一种办法。

2. 治疗

【处方 1】

氨丙啉可溶性粉 5 毫克/千克体重，混饲或混饮，每日 2 次，连用 3 日。

【处方 2】

莫能菌素预混剂 2～3 克，拌料 100 千克。

【处方 3】

磺胺喹恶啉预混剂 12.5 克，拌料 100 千克，连用 3 日。

【处方 4】

磺胺脒片 0.1～0.2 克/千克体重，次硝酸铋片 2～6 克，矽碳银片 5～10 克，碳酸氢钠片 5～10 克，维 D_2 磷酸氢钙片 30～60 片，干酵母片 30～60 克，丙二醇 20～30 毫升，加水内服，每日 2 次，连用 3～5 日。

四、弓形虫病

弓形虫病是由真球虫目肉孢子虫科弓形虫属的刚第弓形虫寄生于人和多种动物引起的一种人兽共患寄生虫病。羊弓形虫病的临床特征为发热，呼吸困难，中枢神经机能障碍，以及流产、死胎和产出弱羔。

（一）病原

弓形虫在细胞内寄生，依据其发育阶段的不同可分为五种不同形态，即滋养体（速殖子）、包囊、裂殖体、配子体和卵囊。在中间宿主的各种组织细胞中有滋养体和包囊两种形态。在终末宿主——猫的体内除了有速殖子和包囊外，其肠上皮细胞内有裂殖体、配子体和卵囊三种形态。

（二）生活史

弓形虫的终末宿主是猫。猫体内的弓形虫在小肠上皮细胞内进行有性繁殖，最后形成卵囊。卵囊随着猫粪排出，在适宜条件，经 2～3 天发育为孢子化卵囊。

人、多种哺乳动物及禽类是中间宿主，当中间宿主吞食孢子化卵囊后，卵囊中的子孢子即在其肠内逸出，进入血流，分布到全身各处，侵入各种类型的细胞内进行繁殖。在此感染的急性阶段，尚可在腹腔渗出液中找到游离的滋养体。当感染进入慢性阶段时，在动物的细胞内形成包囊。中间宿主除吃到卵囊外，也可因吃到动物肉或乳中的滋养体速殖子而感染。

当猫吃到卵囊或其他动物肉中的滋养体时，在猫肠内逸出的子孢子或滋养体一部分进入血流，到猫体各处进行无性繁殖。一部分进入小肠上皮细胞变成裂殖体，再形成多数裂殖子，细胞破裂，裂殖子又进入新的上皮细胞重复以裂殖生殖方法繁殖数代。最后，有的裂殖子进入肠上皮细胞后发育为小配子细胞，再发育为多数小配子，有的则发育为大配子细胞，再发育为大配子。小配子和大配子接合成为合子，再发育为卵囊，随粪排出。

（三）诊断要点

1. 流行特点

该病的感染与季节有关，7～9月份检出的阳性率较3～6月份为高。多通过消化道食入孢子化卵囊（被猫粪污染的饲料、饲草、饮水等）而感染，也可通过胎盘感染，另外还可以经过有损伤的皮肤和黏膜发生感染。职业人群在进行屠宰、手术、接产和剖检等工作时，要佩戴手套，注意卫生防护。

2. 临床症状

急性病羊表现为精神沉郁，体温升高到41～42℃，呈稽留热，食欲减退或废绝，眼结膜潮红，有多量脓性分泌物，不愿走动，叫声嘶哑，呼吸急速，常张口呼吸，咳嗽，流出脓性鼻液，有的听诊肺部有湿性啰音，发生腹泻，有的病羊运动失调，走路不稳，转圈，昏迷等。

成年绵羊多呈隐性感染，仅有少数有呼吸系统症状和中枢神经症状，有的母羊没有明显症状而发生流产，流产常出现于正常分娩前的4～6周，或产出死胎和弱羔。

3. 病理变化

剖检可见脑脊髓炎和轻微的脑膜炎，颈部和胸部的脊髓严重受损。淋巴结肿大，边缘有小结节，肺表面有散在的小出血点，胸、腹腔有积液。绵羊胎盘病变明显，绒毛叶呈暗红色，胎盘子叶肿胀，在绒毛间有直径为1～2毫米的白色坏死灶，其中含有大量滋养体，产出的死羔皮下水肿，体腔积液，小脑前部有广泛性小坏死灶。

4. 实验室检查

可采集肺脏、肝脏、淋巴结、血液、淋巴结穿刺液等，涂片或触片，瑞氏染色或姬姆萨染色后镜检，如发现滋养体或包囊即可确诊。为提高检出率，可取肺脏或肺门淋巴结研碎后加入10倍的生理盐水过滤，滤液500转离心3分钟，取上清液再1500转离心10分钟，取沉渣涂片、染色、镜检。也可将新鲜的脊髓液离心沉淀后进行涂片、染色、镜检。

（四）防制

1. 预防

加强饲养管理，清洁羊舍，改善卫生条件，定期消毒，防止饲草、饲料和饮水被猫粪污染；对流产的胎儿及其他排泄物进行无害化处理，流产的场地亦应严格消毒，死羊要严格处理，以防污染环境或被猫及其他动物吞食；羊场禁止养猫，捕杀野猫，或对猫定期口服磺胺嘧啶片（0.1克/千克体重，每日2次，连用3日），进行杀虫。

2. 治疗

治疗原则为正确诊断，对因治疗。

【处方1】

磺胺间甲氧嘧啶钠注射液，25～50毫克/千克体重，肌内注射，每日1次，首次加倍，连用3～5日。

【处方2】

10%葡萄糖注射液500毫升，10%磺胺嘧啶钠注射液70～100毫克/千克体重，40%乌洛托品注射液2～8克，静脉注射，每日1～2次，连用3～4天。

5%碳酸氢钠注射液50～100毫升，静脉注射，每日1次，连用3～4日。

30%安乃近注射液3～10毫升，皮下或肌内注射，每日1次，连用3日。

第五节　蜘蛛昆虫病

一、疥　螨　病

疥螨病又叫疥癣、疥疮、癞等，是由疥螨科疥螨属的疥螨寄生于家畜体表和皮内而引起的慢性寄生虫病。其特征是皮肤发生炎症、脱毛、奇痒，具有高度传染性。该病常发生于冬、春舍饲季节，夏季放牧时症状不明显。羔羊症状最为严重，尤其是绵羔羊，往往可导致死亡。

（一）病原

病原为疥螨，寄生在各种动物体表的疥螨形态相似。疥螨虫体小，呈龟形，浅黄色，背面隆起，腹面扁平，假头短粗，咀嚼式口器，腹面有4对短粗的足，每对足上均有角质化的支条。雌虫大小为（0.33～0.45）毫米×（0.25～0.35）毫米，其第1、2对足末端有钟形的吸盘，雌虫的生殖孔位于第1对足后支条合并的长杆的后面，肛门为一个圆孔，位于体端，在雌螨则居阴道之背侧。雄虫大小为（0.20～0.23）毫米×（0.14～0.19）毫米，其第1、2、4对足末端有吸盘，雄虫的生殖孔在第4对足之间，围在一个角质化的倒“V”形的构造中，卵呈椭圆形，平均大小为150微米×100微米。

（二）生活史

疥螨的全部发育过程均在动物体上度过，包括卵、幼虫、若虫、成虫4个阶段。疥螨的口器为咀嚼式，其在宿主的表皮内挖掘隧道，以角质层组织和渗出的淋巴液为食，在隧道内发育和繁殖。隧道有小孔与外界相连。雌螨在隧道内产卵，一生可产40～50个卵。卵经3～8天孵化出幼虫，幼虫3对足，蜕化变为若虫，若虫4对足，若虫的雄虫经1次蜕化、雌虫经2次蜕化变为成虫。雌雄虫交配后不久，雄虫即死亡，雌虫的寿命为4～5周。疥螨的整个发育过程为8～22天，平均为15天。

（三）诊断要点

1. 流行特点

多发于秋末、冬季、初春，此时日光照射不足，家畜被毛增厚，绒毛增多，皮肤温度增高，尤其是畜舍潮湿、阴暗、拥挤及卫生条件差的情况下极易造成疥螨病流行。传染途径为直接接触传播。

2. 临床症状

（1）山羊　一般始发于被毛短且皮肤柔软的部位，如嘴唇、嘴角、鼻面、眼圈、耳根等处的皮肤。羊表现奇痒，不断地在围墙、栏杆等处摩擦，皮肤发红增厚，随着病情的加重，病羊的痒感表现更为剧烈，继而皮肤出现丘疹、结节、水泡，甚至脓疮，以后形成痂皮，龟裂多出现于嘴唇、口角、耳根和四肢弯曲部。严重时消瘦，放牧时落后于羊群，虫体迅速蔓延至全身，食欲废绝，最终因衰竭而死亡。

(2) 绵羊　患疥螨病时，开始通常发生于嘴唇上、口角附近、鼻边缘及耳根部，严重时蔓延至整个头、颈部，病变呈现干涸的石灰样，故有“石灰头”之称(有人称为干瘙)。初期有痒感，继而发生丘疹、水泡和脓疱，以后形成坚硬的灰白色橡皮样痂皮，嘴唇、口角附近或耳根部往往发生龟裂，可达皮下，裂隙常被污染而化脓。病灶扩散到眼睑时，发生肿胀，羞明，流泪，甚至失明。

3. 病理变化

皮肤出现丘疹、结节、水泡，甚至脓疮，以后形成痂皮，龟裂多出现于嘴唇、口角、耳根和四肢弯曲部。

4. 实验室检查

疥螨大多寄生于羊的体表或皮内，应刮取皮屑，置于显微镜下，寻找虫体或虫卵。选择患病皮肤与健康皮肤交界处的皮屑，这里螨较多。刮取时先剪毛，取小刀，在酒精灯上消毒，然后使刀刃与皮肤表面垂直，刮取皮屑，直到皮肤轻微出血。然后将刮下的皮屑放于载玻片上，滴加煤油，覆以另一张载玻片。搓压玻片使病料散开，分开载玻片，置显微镜下检查，煤油有透明皮屑的作用，使其中虫体易被发现，但虫体在煤油中容易死亡，如欲观察活螨，可用10%氢氧化钠溶液、液体石蜡或甘油水溶液滴于病料上，在这些溶液中，虫体短期内不会死亡，可观察到其活动。

(四) 防制

1. 预防

(1) 加强管理　圈舍保持干燥，光线充足，通风良好，密度不宜过大。引进羊只时，应进行严格临床检查，严禁病畜或带螨畜进场(必要时先进行药浴，并以7～10天的间隔连续皮下注射2次伊维菌素注射液)，在羊群中发现疑似病畜时，应及早确诊，将病畜和可疑病畜隔离治疗，被污染的畜舍用具要杀螨处理(1%～2%敌百虫溶液喷洒)。

(2) 药物预防　坚持“预防为主”的方针，有计划地进行药浴，保证每年2次以上，或皮下注射伊维菌素。

2. 治疗

治疗原则为正确诊断，杀除螨虫，斩草除根(关键是种羊除螨)。

【处方1】

伊维菌素注射液0.2毫克/千克体重，皮下注射，8～14天后再注射1次.

【处方2】

0.5%～1%敌百虫液，或0.05%双甲脒溶液，0.05%辛硫磷乳油水溶液，0.05%蝇毒磷乳剂水溶液，0.005%溴氰菊酯，0.025%～0.075%螨净，全群药浴或喷洒，第1次药浴后8～14天应进行第2次药浴。

1%～2%敌百虫液，用于环境喷洒。

二、痒螨病

羊痒螨病是由痒螨科痒螨属的痒螨寄生于动物体表而引起的慢性外寄生虫病。

其临床特征为皮肤发生炎症、脱毛、奇痒。秋冬季多发，以绵羊受害最为严重。

（一）病原

病原为痒螨，痒螨属中寄生于各种动物体的痒螨形态极为相似，都被认为是马痒螨的变种。痒螨虫体呈长圆形，比疥螨大，大小为（0.3～0.9）×毫米（0.2～0.52）毫米。虫卵灰白色，呈椭圆形。

（二）生活史

痒螨为刺吸式口器，寄生于皮肤表面，以口器刺穿皮肤，以组织细胞和体液为食。整个发育过程都在体表进行。雌虫一生可产约40个卵，卵经3～8天孵化出幼虫，幼虫3对足，蜕化变为若虫。若虫4对足。若虫的雄虫经一次蜕化、雌虫经2次蜕化变为成虫。雌雄虫交配后不久，雄虫死亡，雌虫交配后采食1～2天开始产卵，寿命约42天，整个发育过程需10～12天。

（三）诊断要点

1. 流行特点

多发于秋末、冬季、初春，此时日光照射不足，家畜被毛增厚，绒毛增多，皮肤温度增高。尤其是畜舍潮湿、阴暗、拥挤及卫生条件差的情况下极易造成痒螨病流行。

2. 临床症状

（1）绵羊　病变先发生于长毛的部位，然后很快蔓延于体侧，病羊表现奇痒，常在槽柱、墙角蹭痒。皮肤先有针尖大小的结节，继而形成水泡和脓疱，患部渗出液增加，皮肤表面湿润（有人称之为水瘙）。其后有黄色结痂，皮肤变得厚硬，形成龟裂。毛大批脱落，甚至全身脱光。病羊贫血，高度营养不良，在寒冬可大批死亡。

（2）山羊　多发于耳壳内面，患部形成硬而坚实、并且紧贴皮肤的黄白色的痂皮块，炎症常蔓延到外耳道，病羊摇动耳朵，并经常摩擦，食欲减退，缺乏治疗甚至可引起死亡。

3. 实验室检查

确诊需要从健康皮肤与患病皮肤交界处刮取病料，查找虫体。

（四）防制

1. 预防

预防措施同羊的疥螨病。

2. 治疗

治疗原则为正确诊断，杀除螨虫，斩草除根（关键是种羊除螨）。

【处方1】

伊维菌素注射液0.2毫克/千克体重，皮下注射，8～14天后再注射1次。

1%～2%敌百虫液少许，山羊痒螨病时除去耳中痂皮，滴入。

【处方2】

0.5%～1%敌百虫液，或0.05%双甲脒溶液，0.05%辛硫磷乳油水溶液，0.05%蝇毒磷乳剂水溶液，0.005%溴氰菊酯，0.025%～0.075%螨净，全群药浴或喷洒，第1次药浴后8～14天应进行第2次药浴。

1%～2%敌百虫液，用于环境喷洒。

三、羊鼻蝇蛆病

羊鼻蝇蛆病又称羊狂蝇蛆病，是由狂蝇科狂蝇属羊狂蝇的幼虫寄生在绵羊、山羊的鼻腔及其附近的腔窦内引起的疾病。该病在临床主要呈慢性鼻炎症状。羊狂蝇幼虫主要寄生于绵羊，也可寄生于山羊，人也有被寄生的报道。流行严重地区感染率可高达80%。

（一）病原

成虫为羊狂蝇，是一种中型蝇类，比家蝇大，虫体长10～12毫米，头大呈半圆形，黄棕色，无口器，触角第三节黑色，角芒黄色，基部膨大、光滑，胸部黄棕色并带有黑色纵纹，腹部有褐色及银色的斑点，翅透明，形如蜜蜂。

（二）生活史

羊狂蝇出现于春季到秋季，以夏季最多，其既不采食也不营寄生生活。雌雄交配后，雄蝇即死亡。雌蝇生活至体内幼虫形成后，在炎热晴朗无风的白天活动，遇羊时即突然冲向羊鼻，将幼虫产于羊的鼻孔或鼻孔周围，一次能产下20～40个幼虫。每只雌蝇在数日内可产幼虫500～600个，产完幼虫后死亡。刚产下的1期幼虫以口钩固着于鼻黏膜上，爬入鼻腔，并渐向深部移行，在鼻腔、额窦或鼻窦内经2次蜕化变为3期幼虫。幼虫在鼻腔和鼻窦等处寄生9～10个月。到翌年春天，发育成熟的3期幼虫由深部向鼻孔开口部移行，当患羊打喷嚏时，幼虫被喷落地面，钻入土内化蛹。蛹期1～2个月，其后羽化为成蝇。成蝇寿命不超过3周。

（三）诊断要点

1. 流行特点

发生于每年的5～9月间，尤其7～9月间较多。

2. 临床症状

成虫产幼虫时，侵袭羊群，羊表现不安，骚动，互相拥挤，摇头，喷鼻，或低头或鼻端接着地面行走。有时羊听到蝇声，则将头藏入其他羊的腹下，影响羊的采食和休息。最严重的危害是幼虫在鼻腔内移行会损伤鼻黏膜，使其肿胀、出血、发炎，鼻腔流出浆液性、黏液性或脓性鼻液，有时带血，鼻液在鼻孔周围干涸，形成鼻痂，堵塞鼻腔，造成呼吸困难，病羊打喷嚏，在地上磨鼻尖，摇头，逐渐消瘦。仔细观察，可以看到病羊喷出幼虫。个别幼虫可进入颅腔，损伤脑膜，或因鼻窦发炎而危及脑膜，引起神经症状，即“假旋回症”，患羊表现出运动失调，转圈，头弯向一侧，甚至导致死亡。

3. 病理变化

早期诊断时，可用药液喷入鼻腔，收集用药后的鼻腔喷出物，发现死亡幼虫，即可确诊。剖检时，可见鼻黏膜发生炎症和肿胀，严重时发生脑膜炎，在鼻腔、额窦或鼻窦等处发现幼虫。

（四）防制

1. 预防

尽量避免在夏季中午放牧。夏季羊舍墙壁常有大批成虫，在初飞出时，翅膀软弱，可进行捕捉，消灭成虫。冬春季注意杀死从羊鼻内喷出的幼虫。羊舍场地硬化，羊舍经常打扫、消毒和杀虫，羊粪等污物集中进行生物热发酵处理。在成蝇活动季节，定期检查羊的鼻腔，用药物杀死幼虫（皮下注射伊维菌素等）。

2. 治疗

【处方 1】

伊维菌素 0.2 毫克/千克体重，皮下注射。

【处方 2】

氯氰柳胺片 5 毫克/千克体重，内服，或氯氰柳胺注射液 2.5 毫克/千克体重，皮下注射，可杀死各期幼虫。

【处方 3】

敌百虫粉 75 毫克/千克体重，加水内服，或以 2%溶液喷入鼻腔。

第六章　羊营养代谢病的诊疗和处方

第一节　维生素缺乏症

一、维生素A缺乏症

维生素A缺乏症是由于体内维生素A或胡萝卜素缺乏所引起的一种营养代谢性疾病。其临床特征为生长缓慢，上皮角化障碍，视觉异常，骨形成缺陷和繁殖机能障碍。多发生于羔羊、舍饲和妊娠绵羊。

（一）病因

1. 饲料中缺乏或不足

长期饲喂胡萝卜素含量较低的草料，如劣质干草、棉籽饼、甜菜渣、谷物及其加工副产品（麸皮、米糠等）。

2. 破坏过多

某些豆科牧草和大豆中含脂氧化酶可以破坏胡萝卜素，饲草中的硝酸盐能抑制胡萝卜素转变成维生素A，收割的青草经日光长时间照射或存放过久，陈旧变质，或饲料受高温、高湿、高压作用，以及与矿物质混合等均可导致维生素A或胡萝卜素活性下降。

3. 相对性缺乏

羊处在特殊的生理时期，如妊娠、泌乳、快速生长发育，或饲养管理条件不良，过度拥挤，缺乏运动和光照，遭受风寒暑湿等不良因素的作用，可使机体对维生素A或胡萝卜素的需要量升高，饲喂不足就会导致缺乏。

4. 哺乳或饲喂不足

母乳中维生素A含量不足，或羔羊断奶过早、吃奶不足，可导致该病。另外育肥羊配合饲料中的维生素A分解，造成维生素A缺乏，在4～6周就会出现症状。

5. 其他因素

如饲料中维生素D等脂溶性维生素过多，患肝脏或胃肠道疾病，中性脂肪、蛋白质、无机磷、钴、锰等缺乏或不足，都能影响胡萝卜素向维生素A的转化，以及维生素A的吸收和储存。

（二）诊断要点

1. 病史

有饲养管理不当，导致维生素A或胡萝卜素缺乏的病史。

2. 临床症状

该病常引起视觉、消化、呼吸、繁殖力、生长发育的紊乱。羔羊易感性高，初期发生夜盲症，患羊表现为视觉异常，在黎明、傍晚或阴天撞东西，眼睛对光线过敏，角膜干燥，流泪，角膜逐渐增生并发生混浊，青年羊还会由于细菌继发而感染失明。患羊易患肺炎、腹泻、皮肤病和尿石症，发育迟缓，被毛粗乱，骨组织发育异常，在包裹软组织的头盖骨和脊髓腔特别明显，由于颅内压增高或变形骨的压迫而出现瞳孔扩大、失明、运动失调、惊厥发作和步态蹒跚症状；育肥羊除出现上述症状外，还会出现全身性浮肿，特别是前躯和前腿，也可见到跛行和肌肉变性症状；妊娠母羊常发生流产、死产、产出体弱或先天性失明的羔羊，母羊受胎率下降。

3. 实验室检查

脑脊液压力升高，结膜涂片检查角化上皮细胞数目增多，肝脏和血清维生素 A 和胡萝卜素含量下降。

4. 治疗性诊断

补充维生素 A 或胡萝卜素后症状好转。

（三）防治

1. 预防

查明病因，治疗原发病，加强饲养管理，减少应激因素，给予含维生素 A 和胡萝卜素较多的饲料（青绿饲料、青干草、青贮料和胡萝卜等），正确加工、调制和保存饲料，防止维生素 A 和胡萝卜素破坏过多，在特殊的生理时期适当提高营养水平。每日供应胡萝卜素 0.1～0.4 毫克/千克体重。

2. 治疗

治疗原则是早期诊断，改善饲养，合理调制日粮，适当补充维生素 A 或胡萝卜素。

【处方 1】

维生素 A 胶囊 2.5～5 万单位，内服，每日 1 次，连用 3～5 日；或鱼肝油 10～30 毫升，内服，每日 1 次，连用 3～5 日。

【处方 2】

维生素 AD 滴剂，羔羊 0.5～1 毫升，成年羊 2～4 毫升，内服，每日 1 次，连用 3～5 日；或维生素 AD 注射液，羔羊 0.5～1 毫升，成年羊 2～4 毫升，肌内注射，每日 1 次，连用 3～5 日。

二、维生素 B_1 缺乏症

维生素 B_1 缺乏症是指体内硫胺素（即维生素 B_1）缺乏或不足，所引起的以神经机能障碍为主症的一种营养代谢病。该病多发生于羔羊。

（一）病因

1. 饲料中硫胺素缺乏

日粮组成中缺乏硫胺素含量高的饲料，如青绿饲料、禾本科谷物、发酵饲料，或蛋白性饲料缺乏，糖类过剩，或单一饲喂谷物类精料，长期食欲废绝，长期应用广谱抗生素，使瘤胃微生物紊乱，硫胺素合成障碍。

2. 硫胺素受到破坏或拮抗

羊大量食入绿豆、米糠、油菜籽、棉籽和亚麻籽等含有硫胺素拮抗因子饲料。长期大量应用抗球虫药氨丙啉可以拮抗硫胺素。产芽孢杆菌和芽孢杆菌属的细菌产生的硫胺素酶能分解、破坏硫胺素。

3. 机体需要量增加

羊处在特殊的生理时期，如妊娠、泌乳、快速生长发育，或患有胃肠道疾病，长期腹泻，高热，患寄生虫病等，以及饲养管理条件不良，过度拥挤，缺乏运动和光照，遭受风寒暑湿等不良因素的作用，可使机体对硫胺素的需要量或消耗量升高，吸收减少或饲喂不足则导致缺乏。

（二）诊断要点

1. 病史

有饲养管理不当，导致硫胺素缺乏的病史。

2. 临床症状

成年羊无明显症状，羔羊表现为食欲减退，共济失调，站立不稳，严重腹泻和脱水。因脑灰质软化而出现神经症状，如兴奋不安，无目的地乱撞，转圈，痉挛，四肢抽搐，惊厥，倒地后牙关紧咬，眼球震颤，角弓反张，严重者呈强直性痉挛，甚至昏迷死亡。

3. 血液检查

血清丙酮酸浓度升高（由正常的 20～30 微克/升，上升到 60～80 微克/升），血清硫胺素含量下降（由正常的 80～100 微克/升，下降到 25～30 微克/升），脑脊液中细胞数量增加（由正常的 0～3 个/毫升，上升到 10～25 个/毫升）。

4. 治疗性诊断

补充硫胺素后病情迅速好转。

（三）防治

1. 预防

改善饲养管理，调整日粮组成，增加富含维生素 B_1 的饲料（如优质青草、麸皮、米糠、饲料酵母、发芽谷物等），也可在日粮中添加维生素 B_1，5～10 毫克/千克饲料，或 30～60 微克/千克体重，也可用复合维生素 B 进行预防。注意合理使用抗生素、硫胺素等药物。

2. 治疗

治疗原则是早期诊断，改善饲养，合理调制日粮，及时补充维生素 B_1。

【处方 1】

维生素 B_1 注射液 0.25～0.5 毫克/千克体重，皮下或肌内注射，每日 1～2 次，连用 3～5 日。

【处方 2】

复合维生素 B 注射液 2～4 毫升，皮下或肌内注射，每日 1～2 次，连用 3～5 日。或复合维生素 B 粉、多种维生素粉等，按说明书添加。

三、硒和维生素 E 缺乏症

硒和维生素 E 缺乏症是由于硒和维生素 E 缺乏，导致动物骨骼肌、心肌及肝脏等组织发生以变性、坏死为特征的一种营养代谢病。羔羊易发生白肌病，种羊易发生繁殖障碍。该病在缺硒地区，冬末春初季节多发。

（一）病因

1. 饲料中维生素 E 缺乏

主要是由于维生素 E 含量不足和维生素 E 被破坏较多。前者主要是由于长期大量饲喂劣质干草、块根块茎类饲料引起的，后者是因为饲料遭受雨淋、暴晒、过久贮存等原因造成的。

2. 饲料缺硒

其主要原因有饲料含硒量低于硒的低限营养需要量（0.1毫克/千克饲料），土壤缺硒（小于0.5毫克/千克），以及条件性缺硒因素，如多雨、灌溉使硒流失，土壤呈酸性或中性时，硒不易被溶解吸收，土壤中硒拮抗元素硫、汞、镉、铅等过多影响硒的吸收，某些植物种类（如三叶草等）含硒量低，长期大量饲喂易导致缺乏。

3. 拮抗因素

饲料中亚油酸、花生四烯酸等不饱和脂肪酸过多，使维生素E的需要量增高。

4. 机体需要量增加

羊处在快速生长发育期、妊娠期、哺乳期等特殊的生理时期，对硒和维生素E的需要量升高，未及时补充，导致缺乏。

5. 其他因素

含硫氨基酸缺乏，胃肠道疾病和肝胆疾病，饲料中维生素A含量等因素，均可使硒和维生素E的吸收减少。

（二）诊断要点

1. 病史

主要发生于缺硒地区、牧草干枯季节和幼龄动物，有营养缺乏的病史。

2. 临床症状

羔羊主要发生白肌病，急性病例常因心肌变性坏死而突然死亡，慢性病例表现为食欲减退，发育受阻，步态强拘，喜卧，站立困难，臀背部肌肉僵硬，消化紊乱，常伴有顽固性腹泻，心率加快，节律不齐。成年羊主要表现为繁殖障碍，生产能力下降（妊娠率降低或不孕）。

3. 病理变化

主要表现为不同程度的白肌病，常见于运动剧烈的肌肉群，如背部、臀部和四肢的肌肉，呈白色煮肉状，有点状或条状的坏死灶，通常两侧对称发生。心肌上有针尖大小的白色坏死灶。

4. 实验室检查

饲料中缺乏硒（低于0.02毫克/千克）和维生素E，或不饱和脂肪酸过多。全血含硒的谷胱甘肽过氧化物酶活性降低，血液硒（低于0.05毫克/升）、肝脏硒（低于2毫克/千克）、被毛硒（低于0.25毫克/千克）含量降低。

5. 治疗性诊断

该病用硒制剂治疗有效。

（三）防治

1. 预防

加强饲养管理，合理加工、贮存饲料，饲喂全价配合日粮、青草和优质干草。在缺硒地区，饲料中添加硒和维生素E，亚硒酸钠0.22～0.44毫克/千克（即含硒0.1～0.2毫克/千克饲料），维生素E 10～20毫克/千克饲料或0.5%植物油。有条件的可投放缓释硒丸，改良土壤，施用硒肥，喷洒硒肥。

2. 治疗

治疗原则为早期诊断，改善饲养，合理调制日粮，及时补充硒和维生素E。

【处方1】

0.1%亚硒酸钠注射液，羔羊2～3毫升，成年羊5毫升，肌内注射，间隔1～3日注射1次，连用2～4次。

醋酸生育酚注射液（醋酸维生素E注射液），羔羊0.1～0.5克，成年羊5～20毫克/千克，肌内注射，间隔1～3日注射1次，连用2～4次。

【处方2】

亚硒酸钠维生素E注射液，羔羊1～2毫升，肌内注射；或亚硒酸钠维生素E预混剂（亚硒酸钠0.4克，维生素E 5克，碳酸钙加至1000克），该品500～1000克，加1000千克饲料混饲。

第二节　常量元素和微量元素缺乏症

一、骨营养不良

骨营养不良是由于饲料中钙、磷、维生素D缺乏或钙、磷比例失调，造成钙、磷代谢障碍，而使幼龄动物骨骼钙化不全或使成年动物发生进行性脱钙的一种慢性骨病。骨营养不良是佝偻病、骨软病和纤维性骨营养不良三种慢性骨病的统称。其临床特征为消化紊乱，异嗜，跛行，骨质疏松，骨骼变形。

佝偻病是快速生长发育的幼龄动物（如羔羊）的骨营养不良，主要是由于缺乏维生素D，也可以由钙、磷缺乏和钙、磷比例失调导致。其病理特征为生长骨的钙化作用不足（钙化不全），并伴有持久性软骨肥大和骨骺增大。临床特征为消化紊乱，异嗜，跛行，骨骼变形（关节肿胀，长骨弯曲，呈现X形或O形腿）。

骨软病主要发生于骨化作用完成后的牛和绵羊，主要是由于缺磷而导致的钙、磷代谢障碍。病理特征为骨质发生进行性脱钙，造成过剩未钙化的骨基质，使骨质软化和疏松。临床特征为消化紊乱，异嗜，跛行，骨质软化和疏松，易发骨折。

纤维性骨营养不良主要发生于成年的马属动物、山羊和猪，主要是由于缺钙而引发的钙、磷代谢障碍。病理特征为骨质发生进行性脱钙，并且骨基质被纤维结缔组织增生取代，使骨骼体积增大。临床特征为消化紊乱，异嗜，跛行，骨质软化和疏松，骨骼变形（拱背，凹背，面骨和四肢关节增大）。

（一）病因

1. 维生素D缺乏或不足

在冬、春季节，高纬度地区，长期圈养，光照不足等导致维生素D生成不足。动物快速生长发育和饲料中钙、磷比例失调时，机体对维生素D的需要量升高。饲料中维生素A过多和动物患有消化道疾病，影响维生素D的吸收。慢性肝病和肾功能衰竭时，使维生素D活化受阻。

2. 磷缺乏或不足

多见于土壤缺磷，干旱，水灾，过量补钙，长期饲喂含钙多的饲料（秸秆、干草），而含磷多的饲料饲喂较少。

3. 钙缺乏或不足

多见于干旱，水灾，长期饲喂高磷低钙饲料（麸皮、米糠、高粱），饲料中钙拮抗因子（如草酸、植酸、氟、脂肪）过多。

4. 其他因素

见于长期饲喂低磷、低钙的饲料，饲料中维生素A和维生素C缺乏，微量元素锌、铜、锰缺乏等。

（二）诊断要点

1. 病史

多发生于生长发育快的羔羊、妊娠和泌乳母羊，多有光照不足和营养缺乏的病史。

2. 临床症状

（1）佝偻病　羔羊多见，早期出现食欲减退，消化不良，异嗜，喜卧，不愿站立和运动。发育停滞，消瘦，下颌骨增厚和变软，出牙期延长，齿形不规则，齿质钙化不足，出现凹凸不平，有沟，有色素，常排列不整齐，齿面易磨损。病情严重的羔羊，口腔不能闭合，舌突出，流涎，吃食困难，最后面骨和躯干、四肢骨骼发生变形，如胸廓狭窄，肋骨与肋软骨交界处有串珠状突起，脊柱变形，关节肿胀，长骨弯曲，呈现X形或O形腿，或伴有咳嗽、腹泻、呼吸困难和贫血。

（2）骨软病　见于绵羊，出现食欲减退，前胃弛缓，异嗜，如吃被粪尿污染的垫草，舔墙壁，啃骨头，吃胎衣等，负重力差，跛行渐重，走路不稳，后躯摇摆，拱背或凹背，极易发生骨折。

（3）纤维性骨营养不良　见于山羊，表现为食欲减退，反刍减少，异嗜，跛行，头骨变形，上颌骨肿胀，硬腭突出，致使口腔闭合困难，影响采食和咀嚼，甚至鼻道狭窄，引发吸气性呼吸困难，易突发骨折。

3. 实验室检查

（1）饲料分析　饲料中缺乏钙、磷、维生素D，或钙、磷比例失调。

（2）骨骼检查　X线检查骨密度下降，其中佝偻病时骨干末端膨大，呈现“羊毛状”或“蚕食状”外观；骨软病时骨皮质变薄，髓腔增宽，骨小梁结构紊乱，最后1～2尾椎骨愈着或椎体消失；纤维性骨营养不良时，尾椎骨的皮质变薄，皮质与髓质界限模糊，颅骨表面不光滑，骨质密度不均匀，掌骨发现骨赘和骨端愈着，另外，骨穿刺针容易刺入骨骼（额骨）。

（3）血液检查　血液中的钙、磷水平变化不大，一般处于正常水平的低限。但血液中碱性磷酸酶活性升高，游离羟脯氨酸含量升高，可作为早期诊断的指标。

（三）防治

1. 预防

科学调配日粮，保证全价饲养的同时，还要注意饲料中钙、磷的比例要适当。多晒太阳。定期检测，对重点羊每年定期做骨营养不良的检查，要早发现早治疗。注意补充添加微营养，饲料中注意对微量元素锌、铜、锰，以及维生素A和维生素C的补充。

2. 治疗

治疗原则为改善饲养管理，在供给全价日粮的基础上，补充钙、磷和维生素D。

【处方 1】

维丁胶性钙注射液 1 毫升，皮下或肌内注射，每日 1 次，连用 3～5 次，或维生素 D_3 注射液 0.15～0.3 万单位/千克体重，肌内注射，每日 1 次，连用 3～5 次。

丙二醇 10 毫升或甘油 10 毫升，维生素 AD 丸 1 丸，维 D_2 磷酸氢钙片 1 片，干酵母片 10 片，加水内服，每日 1 次，连用 3～5 日。

腿部变形严重的可用小夹板固定法纠正（用于佝偻病）。

【处方 2】

20%磷酸二氢钠注射液 40～50 毫升，5%葡萄糖氯化钠注射液 500 毫升，静脉注射，每日 1 次，连用 3～5 次（用于骨软病）。

10%葡萄糖酸钙注射液 50～150 毫升或 5%氯化钙注射液 20～100 毫升，5%葡萄糖氯化钠注射液 500 毫升，静脉注射，每日 1～2 次，连用 3～5 日（用于纤维性骨营养不良）。

维丁胶性钙注射液 2～3 毫升，皮下或肌内注射，每日 1 次，连用 3～5 次。

丙二醇 20～30 毫升（或丙酸钙 15～25 克，或甘油 20～30 毫升），维 D_2 磷酸氢钙片 30～60 片，干酵母片 30～60 克，健胃散 30～60 克，加水内服，每日 2 次，连用 3～5 日。

二、低镁血症

低镁血症又称青草抽搐，牧草搐搦，麦草中毒，是反刍兽在采食了生长繁盛的幼嫩青草或谷苗后，突然发生的一种由镁缺乏引起镁、钙、磷比例失调而导致的营养代谢病。其临床特征为全身肌肉强直性或阵发性痉挛和抽搐。常出现在早春放牧的第 1～2 周和晚秋季节，施用了氮肥和钾肥的牧草危险性最高，其发病率虽低，但死亡率可超过 70%。

（一）病因

1. 饲养不当

大量采食缺乏镁的幼嫩青草或谷物幼苗（镁、钙和糖含量少，而钾、磷含量多），或镁吸收不足（大量采食青草可使瘤胃 pH 升高和肠道的矿物质形成不溶性化合物），导致血镁降低。

2. 牧草缺镁

见于土壤缺镁，或土壤高钾和偏酸，降低牧草对镁的吸收。

3. 相对缺镁

在泌乳高峰期的羊对镁的需要量升高，如摄入不足，可导致缺乏。

4. 消化道疾病

胃肠疾病，胆道疾病，或食入钙、蛋白质过多时，影响镁的吸收。

5. 诱发因素

气候变化，特别是当气温急剧下降或进入多雨季节时，也可诱发该病。

（二）诊断要点

1. 病史

在牧草繁盛的季节，泌乳母羊最先发病，有大量采食谷苗或幼嫩青草的病史。

2. 早期症状

羊采食青草过程中，出现精神不振、食欲减退、步行不稳或呈轻瘫。

(1) 急性型　出现口唇、四肢震颤，摇摆，磨牙，口流泡沫，伸颈仰头，呈角弓反张，眼球震颤，瞬膜突出，心音亢进，体温不高，四肢冰冷，频频排尿，感觉过敏，极易兴奋，常出现阵发性或强直性痉挛、抽搐和共济失调，最终病羊倒卧在地，呼吸衰竭死亡。

(2) 慢性型　初无异常，多在数周或数月之后逐渐出现运动障碍，神经兴奋性增高，食欲及泌乳量减少，最后惊厥死亡。

3. 实验室检查

血钙、血镁和血磷降低。如绵羊的血钙下降到1～1.7毫摩尔/升，血镁下降到0.19～0.29毫摩尔/升，血磷下降到0.3～0.4毫摩尔/升。

4. 治疗性诊断

用镁制剂治疗有效。

(三) 防治

1. 预防

早春出牧前给予一定量的干草，在青草茂盛时节，不宜过度放牧或使羊吃得过饱。在该病的危险期，在饮水中加入氧化镁（每头每天7克）。在缺镁地区，在牛羊放牧前或收割青贮牧草时，牧场喷洒硫酸镁，可预防该病的发生。

2. 治疗

治疗原则为正确诊断，对因治疗。

【处方1】

20%硫酸镁注射液40～60毫升，分点皮下注射。

【处方2】

硼葡萄糖酸钙注射液0.21～0.43毫升/千克体重，10%葡萄糖注射液500毫升，20%硫酸镁注射液12毫升，缓慢静脉注射。

氯化镁3克，维D_2磷酸氢钙片30～60片，丙二醇20～30毫升，干酵母片30～60克，加水内服，每日2次，连用7日。

三、锌缺乏症

锌缺乏症是由于饲料中锌含量绝对或相对不足所引起的一种营养缺乏症。其临床特征：生长发育受阻、皮肤角化不全、骨骼发育异常和繁殖机能障碍。该病有地区性，我国北京、河北、湖南、江西、江苏、新疆、四川等有30%～50%的土壤缺锌。

(一) 病因

1. 原发性缺乏

主要是由于饲喂锌含量低饲料（块根块茎类饲料，高粱，玉米）引起，或含锌多的饲料（酵母，糠麸，油饼及动物性饲料）饲喂过少，牧草及植物的含锌量与土壤含锌量有关，我国南方土壤的含锌量高于北方，特别是在土壤pH大于6.5的石灰性土壤、黄土、黄河冲积物所形成的各种土壤、紫色土，以及过度施用磷肥或石灰等的草场含锌量极度减少。

2. 继发性缺乏

主要由于饲料中存在干扰锌吸收利用的因素，如含有过多的钙（钙、锌比例在100∶1～150∶1比较适宜）、镉、铜、铁、铬、锰、钼、磷、碘等元素均可干扰饲料中锌的吸收。饲料中过多的植酸和维生素也能干扰锌的吸收。

（二）诊断要点

1. 病史

发生在缺锌地区，有饲喂低锌或高钙日粮的病史。

2. 临床症状

(1) 绵羊　羊毛变直、变细，容易脱落，皮肤增厚、皲裂（角化不全）。羔羊生长缓慢，发育不良，流涎，跗关节肿胀，四肢僵硬，乏力，步态强拘，眼、蹄冠皮肤肿胀、皲裂（角化不全），公羔睾丸萎缩，公羊精液量减少，精子生成完全停止，性功能减弱，如饲料中锌含量达到32.4毫克/千克时，可恢复精子生成功能，母羊缺锌时，繁殖发生机能紊乱，如发情延迟、不发情或屡配不孕。

(2) 山羊　生长缓慢，食欲减退，睾丸萎缩，被毛粗乱，脱落，在后躯、阴囊、头、颈部等出现皮肤角质化增生，四肢下部出现裂隙和渗出。

3. 实验室检查

饲料锌含量下降（家畜对锌的需要量为40毫克/千克饲料）或钙含量过高，血清碱性磷酸酶活性下降至正常时的一半。血清锌含量下降（绵羊由正常的12～18微摩尔/升，下降到2.8微摩尔/升），血液中白蛋白含量下降，球蛋白含量增加。

4. 治疗性诊断

补锌后症状好转。

（三）防治

1. 预防

根本措施是加强饲养管理，饲喂全价配合饲料。也可在饲喂新鲜的青绿牧草时，适量添加一些含不饱和脂肪酸的油类，如大豆油。必要时用碳酸锌或硫酸锌每吨添加180克，并保持适当的钙锌比例。低锌地区可施用锌肥，或放置舔砖，投喂缓释锌丸（有效期可达6～47周）。

2. 治疗

治疗原则为早期诊断，改善饲养，调制日粮，及时补锌。

【处方】

硫酸锌1克，或羔羊0.1克/千克体重，内服，每周1次，连用3～4周。

四、钴缺乏症

钴缺乏症又称营养不良、地方性消瘦，是由于饲料和饮水中钴含量不足的一种慢性消耗性营养代谢病。其临床特征为食欲减退、生长缓慢、贫血和消瘦。该病仅发生于牛、羊等反刍兽，6～12月龄的羔羊最易感，一年四季均可发病，但春季发病率高。

（一）病因

1. 土壤和牧草缺钴

土壤缺钴（小于3.0毫克/千克）是引起该病的根本原因，如风沙堆积形成的草场，沙质土，碎石，花岗岩风化形成的土壤，灰化土，火山灰等土壤都严重缺钴。牧草缺钴是引起该病的主要原因，在缺钴土壤生长的牧草含钴量低，当牧草钴含量为0.04～0.07毫克/千克时，羊可表现钴缺乏症。

2. 条件性缺钴

牧草中的钴含量与牧草的种类、生长阶段和排水条件有关。如春季牧场速生的禾本科牧草和排水不良牧地上的牧草含钴量较低，而豆科牧草、排水良好牧地上生长的牧草，以及植物的叶片和种子中钴含量较高。日粮中镍、锶、钡、铁含量较高，或钙、碘、铜含量过低时都可诱发此病。

（二）诊断要点

1. 病史

仅发生于反刍动物，羔羊易感性高，发病范围在缺钴地区。

2. 临床症状

饮食欲减退或废绝，异嗜，反刍、瘤胃蠕动减弱或停止，便秘，逐渐消瘦，黏膜苍白，发生贫血，被毛无光泽，换毛延迟，体表有鳞屑，被毛由黑色变为棕黄色，毛脆易断，易脱落，有明显痒感，羊毛、羊奶产量下降。后期腹泻，流泪，绵羊甚至因流泪而使面部被毛潮湿，繁殖功能障碍，如性周期延迟或不发情、屡配不孕，妊娠母羊流产或产出弱羔、死羔等。

3. 病理变化

尸体极度消瘦，皮下脂肪消失，躯体肌肉褪色，肝脏脂肪变性，肝脏、脾脏中含铁血黄素发生沉积，各个消化器官壁变薄，脏器萎缩、减轻，贫血，大脑皮质坏死等。

4. 实验室检查

血液检查红细胞数减少，血红蛋白含量降低，红细胞压积容量减少，红细胞大小不均，异形红细胞增多。血液、肝脏中钴和维生素 B_{12} 含量减少。尿液中甲基丙二酸、亚胺甲基谷氨酸含量升高。

（三）防治

1. 预防

加强饲养管理，供给全价配合饲料。也可在日粮中添加钴 0.1～0.3 毫克/千克，或用含钴舔砖，投服氯化钴缓释丸，有条件的草场可施用钴肥（每公顷用硫酸钴 405～600 克，或氯化钴 1.2～1.5 千克，每 3～4 年 1 次）。

2. 治疗

治疗原则为早期诊断，改善饲养，调制日粮，及时补充钴和维生素 B_{12}。

【处方 1】

氯化钴，内服，每日 1 毫克钴，连用 7 日，间隔 2 周后重复用药；或每次 2 毫克钴，每周 2 次；或每次 7 毫克钴，每周 1 次，内服。

【处方 2】

维生素 B_{12} 注射液，100～300 微克，羔羊皮下注射，每周 1 次。

第三节　糖、脂肪和蛋白质代谢紊乱性疾病

一、绵羊妊娠毒血症

绵羊妊娠毒血症又名双羔病，是怀孕后期母羊由于碳水化合物和挥发性脂肪酸代谢障碍而发生的亚急性代谢病。该病以低血糖、高血脂、酮血、酮尿、虚弱和失

明为主要特征，临床表现为精神沉郁、食欲减退或废绝、黏膜黄染、运动失调、呆滞凝视、卧地不起，甚至昏迷死亡。该病主要见于冬春季节，怀羔过多、体质瘦弱或怀孕早期过肥的母羊，以及杂交母羊和第二胎次及以后，该病的死亡率可达70%～100%，山羊也可发生。

（一）病因

1. 内因

主要见于母羊怀孕后期，特别是怀羔过多（如怀孕双羔、三羔、甚至三羔以上），胎儿过大，体质瘦弱或怀孕早期过肥的母羊。主要发生于妊娠最后一个月，多在分娩前10～20天，胎儿需要大量营养物质，而母羊不能满足营养需要而发病。

2. 饲养管理不当

如过度放牧，草场退化，冬草储备不足，草料单一、品质不良，缺乏谷物类精料、优质干草、维生素和矿物质饲料，或喂给精料过多，特别是在缺乏粗饲料的情况下而喂给含蛋白质和脂肪过多的精料，以及天气恶劣，气温过低，大群圈养，缺乏运动。这些都是导致发病的原因。

3. 继发因素

孕羊患病使食欲下降、营养消耗过多或肝脏功能降低，如前胃弛缓、瘤胃积食、消化道寄生虫病、肝炎等都可继发此病。

（二）诊断要点

1. 病史

主要见于冬春季节，怀孕后期，或怀羔过多（进行腹部触诊或B超检查确定）、体质瘦弱或怀孕早期过肥的母羊，有营养缺乏的病史。

2. 临床症状

发病早期，怀孕后期的母羊出现精神沉郁，食欲差，不喜走动，离群呆立，瞳孔散大，视力减退，角膜反射消失，出现意识紊乱。病羊精神极度沉郁，食欲减退或废绝，反刍停止，黏膜黄染，体温正常或下降，脉搏快而弱，呼吸浅而快，呼出气体有烂苹果味，粪便小而硬，被覆黏液，甚至带血，小便频繁，之后出现神经症状，如运动失调，以头抵物，转圈运动，不断磨牙，视觉降低或消失，肌纤维震颤或痉挛，头向后仰或弯向侧方，卧地不起，常在1～3日内死亡，死前昏迷，全身痉挛，四肢泳动。

3. 病理变化

黏膜黄染，肝脏肿大、变脆，色泽微黄，肝细胞发生明显的脂肪变性，有些区域呈颗粒变性及坏死，肾脏亦有类似病变，肾上腺肿大，皮质变脆，呈土黄色。

4. 实验室诊断

出现低血糖（血糖可由正常的3.33～4.99毫摩尔/升下降到1.4毫摩尔/升）、高血酮（血清酮体可由正常的5.85毫摩尔/升升高到547毫摩尔/升或以上，β-羟丁酸可由正常的0.06毫摩尔/升升高到8.5毫摩尔/升）、尿酮呈强阳性反应、血浆游离脂肪酸增多、血液总蛋白减少、淋巴细胞及嗜酸性白细胞减少。后期血清非蛋白氮升高，有时可发展为高血糖。

（三）防治

1. 预防

（1）加强饲养管理　保证母羊所必需的碳水化合物、蛋白质、矿物质、维生素和微量元素，在母羊怀孕的最后1～2个月，特别是多羔妊娠的母羊，应饲喂优质干草（如豆科干草），加喂精料，精料喂量根据体况而定，从产前2个月开始，每日喂给100～150克，以后逐渐增加，到临分娩之前达到0.5～1千克/天，肥羊应该减少喂料量。有条件的羊场可以饲喂全价配合饲料。加强羊舍建设，保障良好的环境条件。

(2) 防止母羊妊娠早期过肥　刚配种以后，饲养条件不必太好，在怀孕的前2～3个月内，不要让其体重增加太多，2～3个月以后，可逐渐增加营养。每天应进行放牧或运动2小时左右，至少应强迫行走250米左右。

(3) 药物预防　对多羔妊娠的易感母羊，从分娩前10～20天开始饲喂丙二醇，用量为每日20～30毫升。

2. 治疗

治疗原则为补糖、抗酮、保肝，纠正酸中毒，对症治疗，必要时引产。

【处方1】

10%葡萄糖注射液100～500毫升，维生素C注射液0.5～1.5克，10%安钠咖注射液5～20毫升，10%葡萄糖酸钙注射液50～150毫升，静脉注射，每日1～2次，连用3～5日。

胰岛素注射液10～50单位，静脉补糖后皮下或肌内注射。

【处方2】

丙二醇20～30毫升（或丙酸钠15～25克，或丙酸钙15～25克，或甘油20～30毫升），维D_2磷酸氢钙片30～60片，干酵母片30～60克，健胃散30～60克，加水灌服，每日2次，连用3～5日。

【处方3】

5%碳酸氢钠注射液50～100毫升，静脉注射，每日1次，连用3～5次。

【处方4】

必要时进行人工引产（用开膣器打开阴道，在子宫颈口或阴道前部放置纱布块，也可用地塞米松注射液10毫克，或氯前列烯醇0.2毫克，肌内注射）或实施剖腹产手术，娩出胎儿，可减轻症状。

二、羔羊低血糖症

羔羊低血糖症又叫初生羔羊体温过低，或新生羔羊发抖，是新生羔羊由于血糖浓度降低而引起的中枢神经系统机能障碍为特征的营养代谢病。其临床特征为低血糖，体温下降，软弱无力，全身发抖，精神过度兴奋或严重抑制。该病常见于冬、春季节，绵羊多发。

（一）病因

1. 母羊缺乳或拒绝喂乳

主要是由于哺乳母羊的营养状况较差，泌乳量不足，乳汁营养成分不全，母羊母性差，拒绝羔羊吃奶，或产羔过多，初生羔羊吃奶过迟，天气寒冷，使羔羊缺乳，过度饥饿，能量消耗过多。

2. 羔羊吃不到乳或患病

主要是因为羔羊发育不良，体质虚弱，吮乳困难，或患有羔羊痢疾、消化不良、肝脏疾病（影响糖异生）等。

（二）诊断要点

1. 病史

多发于出生后5日龄以的羔羊，有缺乳或受寒的病史。

2. 临床症状

羔羊精神沉郁，不活泼，体温下降，皮温降低，黏膜苍白，呼吸微弱，但呼吸次数增加，肌肉紧张性降低，行走无力，侧卧着地，脱水，消瘦。严重时空口咀嚼，口流清涎，角弓反张，眼球震颤，四肢挛缩，嗜睡，甚至昏迷死亡。

3. 实验室检查

血糖水平下降，血糖水平由正常的2.8～3.9毫摩尔/升下降到1.7毫摩尔/升以下。血中非蛋白氮通常升高。

4. 治疗性诊断

病羊对葡萄糖反应良好。

（三）防治

1. 预防

加强饲养管理，在母羊妊娠后期和哺乳时，供给全价配合饲料，补充优质干草，产房注意保暖，防止羔羊受冻，吃足初乳，提前补饲精料，防止羔羊发生消化不良、肺炎、肝病、脐带炎和羔羊痢疾等疾病。

2. 治疗

治疗原则为补糖，保暖，加强营养。

【处方】

辅助羔羊吃奶，早期补料，必要时进行寄养或人工哺乳。

10%～20%葡萄糖注射液20毫升，静脉注射、腹腔注射或口服，每日2次。

第七章　羊中毒病的诊疗和处方

第一节　饲料中毒

一、硝酸盐和亚硝酸盐中毒

硝酸盐和亚硝酸盐中毒是由于动物采食了富含硝酸盐或亚硝酸盐的饲料或饮水，引起的高铁血红蛋白血症，而导致血液输氧功能障碍和组织缺氧的一种急性、亚急性中毒病。其临床特征为黏膜发绀，血液褐变，呼吸困难和胃肠道炎症。

（一）病因

1. 摄入富含硝酸盐的饲料

植物中硝酸盐的含量与植物的种类（青菜类、青绿饲料和干草中含量较高）、部位（硝酸盐含量根、茎＞叶＞花、种子）和耕作环境有关（干旱、旱后降雨、重施氮肥、喷洒除草剂可使硝酸盐含量升高）。

2. 硝酸盐还原酶活力增强

植物和硝酸盐还原菌体内含有硝酸盐还原酶，在一定条件下（20～40℃，一定的湿度，pH6.3～7.0）硝酸盐还原酶活力增强，可以将硝酸盐转化成亚硝酸盐。在动物体外，如饲料遭受雨淋、堆放、文火闷煮等可使硝酸盐还原酶活力增强，反刍兽瘤胃内含有大量的硝酸盐还原菌，并有适宜的温度和湿度，可以把硝酸盐还原为亚硝酸盐，其转化的量决定于瘤胃的pH，饲料中含糖（碳水化合物）量少时，瘤胃pH升高至7.0以上，可使亚硝酸盐产生增多，如饲料中含糖量多，则瘤胃pH下降，可使硝酸盐产生氨。

3. 饮用高硝酸盐的饮水

田水、深井水和污水等硝酸盐含量较高。

4. 误用或误食

注射或摄入大量亚硝酸盐的危险性比硝酸盐更大。

（二）诊断要点

1. 病史

病羊有采食含有硝酸盐或亚硝酸盐过多的饲料或饮水的病史。

2. 临床症状

(1) 急性中毒　有些病羊没有任何症状，突然死亡。大部分病羊精神沉郁，流涎，腹痛，腹泻，粪便中偶有带血，黏膜发绀，眼球下陷，呼吸极度困难，心跳加快，肌肉震颤，步态蹒跚，很快卧地，四肢泳动，全身痉挛，挣扎死亡。

(2) 慢性中毒　病羊增重缓慢，泌乳减少，发生前胃弛缓，腹泻，跛行，体质下降，甲状腺肿大，母羊流产，不孕。

3. 病理变化

可视黏膜、肌肉呈蓝紫色或紫褐色，血液凝固不良，呈酱油色，在空气中长期暴露也不变红，并伴有肺充血、出血、水肿，胃肠黏膜充血、出血，易脱落，胃内容物有硝酸盐气味。

4. 实验室检验

采集可疑的饲料、饮水和胃肠内容物，进行亚硝酸盐的定性或定量分析。采集血液进行变性血红蛋白试验。

5. 治疗性诊断

中毒早期用小剂量美蓝治疗效果良好。

（三）防治

1. 预防

科学存放和调制饲料，防止亚硝酸盐产生。青绿饲料在近收获期禁施氮肥。实施检测，对可疑饲料和饮水进行亚硝酸盐的检验。

2. 治疗

治疗原则为排除毒物，解毒和对症治疗。

【处方 1】

温水洗胃，尽早进行。

石蜡油 300～500 毫升，内服。

10%葡萄糖注射液 500 毫升，1%美蓝注射液 8 毫克/千克体重，静脉注射，2 小时不见好转再用 1 次，好转后 4 小时再用 1 次。

樟脑磺酸钠注射液 0.25～1 克，呼吸困难时皮下或肌内注射，必要时间隔 2 小时重复 1 次。

【处方 2】

洗胃、泻下后采用如下措施。

10%葡萄糖注射液 500 毫升，维生素 C 注射液 0.5～1.5 克，静脉注射，每日 2 次，连用 3 日。或 5%甲苯胺蓝注射液 5 毫克/千克体重，肌内注射，也可配合葡萄糖注射液，静脉注射。

尼可刹米注射液 0.25～1 克，呼吸困难时皮下或肌内注射，必要时间隔 2 小时重复 1 次。

有条件的可进行吸氧，或用新鲜抗凝血 200～400 毫升，静脉注射。

二、氢氰酸中毒

氢氰酸中毒是由于动物采食了富含氰苷的植物或被氰化物污染的饲料、饮水后，在体内产生氢氰酸，导致组织呼吸窒息的一种急剧性中毒病。其临床特征为发病急促，黏膜潮红，呼吸困难，肌肉震颤和惊厥。

（一）病因

1. 采食了富含氰苷的植物

富含氰苷的植物如高粱和玉米的幼苗，尤其是再生幼苗，亚麻（主要是亚麻叶、亚麻籽和亚麻饼），木薯的嫩叶和根皮，蒙古扁桃的幼苗，桃、李、杏、梅、枇杷、樱桃的叶和核仁（入药时用量过大），各种豆类（如蚕豆、豌豆和海南刀豆），牧草（如苏丹草、甜苇草、约翰逊草和三叶草等）。食入过多的此类植物易致中毒。

2. 采食被氰化物污染的饲料或饮水

被氰化钾，钙氰酰胺，或冶金厂、电镀厂、化工厂等排出的工业三废污染的饲料或饮水，误食或误饲后可致中毒。

（二）诊断要点

1. 病史

该病发病迅速，有采食含氰苷或氰化物的饲料、饮水的病史。

2. 临床症状

采食含有氰苷的饲料后 15～20 分钟，表现腹痛不安，呼吸加快，可视黏膜鲜红，呼吸极度困难，甚至张口喘气，口、鼻中流出白色泡沫，肌肉痉挛，角弓反张或后弓反张，很快死亡。有的先兴奋，然后很快转入沉郁状态，随之出现极度衰弱，步态不稳或倒地，体温下降，后肢麻痹，肌肉痉挛，瞳孔散大，全身反射减弱或消失，心动徐缓，脉搏细弱，呼吸浅表，直至昏迷死亡。病程一般不超过 1～2 小时，严重者数分钟即可致死。

3. 病理变化

尸体营养状况良好，黏膜鲜红，血液鲜红色，凝固不良，尸僵缓慢，体腔有浆液性渗出液，胃肠道黏膜和浆膜出血，实质器官变性，肺水肿，气管和支气管内有大量泡沫液体，或呈粉红色，胃被内容物充满，有苦杏仁味。

4. 实验室检查

必要时在死后 4 小时内采取剩余饲料、饮水，胃内容物，肝脏，肌肉等进行氢氰酸的定性或定量检验。

（三）防治

1. 预防

禁止在生长有氰苷作物的地方放牧；用含有氰苷的饲料喂羊时，宜先加工调制，如流水浸渍 24 小时。

2. 治疗

治疗原则为立即解毒，排除毒物和对症治疗。

【处方】

温水洗胃。

硫代硫酸钠 3 克，加水内服或瘤胃注射，1 小时后重复 1 次

芒硝或硫酸镁 1 克/千克体重，配成 5%溶液内服。

5%～10%葡萄糖注射液 500 毫升，3%亚硝酸钠注射液 0.1～0.2 克，注射用硫代硫酸钠 1～3 克，静脉注射。或用 10%对二甲氨基苯酚注射液，10 毫克/千克体重，静脉注射。

三、食盐中毒

食盐中毒是动物对食盐或含钠物质摄入过多，特别是在限制饮水时，所引起的以消化机能紊乱和神经症状为特征的中毒性疾病。其病理特征为脑组织水肿、变性、坏死和消化道炎症。有人用碳酸氢钠、乳酸钠等也复制出所谓的食盐中毒，故食盐中毒的实质是钠离子中毒。

（一）病因

食盐摄入过多是引起该病的主要原因。如饲料中食盐添加过多或搅拌不匀，饲

喂含食盐较高的泔水、酱渣、咸菜及腌咸菜水，用10%氯化钠注射液治疗前胃弛缓或用食盐作泻剂时，用量过大，有的地区用含食盐多的咸水作饮水等，均可导致中毒；饮水不足是引起该病的决定性因素。

（二）诊断要点

1. 病史

有食盐过多和限制饮水的病史。

2. 临床症状

主要表现为口渴贪饮，同时多伴有腹泻和神经症状。急性中毒时，病羊出现食欲减退或停止，饮欲增加，反刍减少或停止，瘤胃蠕动消失，常伴有瘤胃臌气，口腔流出大量泡沫，结膜发绀，瞳孔散大或失明，腹痛，腹泻，甚至便中带血，严重时兴奋不安，磨牙，肌肉震颤，盲目行走，转圈，之后，后肢拖地，行走困难，倒地，痉挛，头向后仰，四肢泳动，发作后转为沉郁，甚至发生昏迷，窒息死亡。慢性中毒多由饮用咸水导致，表现为食欲减退，体重减轻，体温下降，衰弱，腹泻，多因衰竭死亡。

3. 病理变化

胃肠黏膜充血、出血、脱落，心内、外膜及心肌有出血点，肝脏肿大，质脆，胆囊扩张，肺水肿，肾脏肿大，皮质和髓质界限不清楚，有时也可见到嗜酸细胞性脑膜脑炎。

4. 实验室检验

血清中钠离子含量升高，胃肠内容物、肝脏中钠离子含量升高。

（三）防治

1. 预防

加强饲养管理，正确调配饲料，应用含食盐多的饲料时应提高警惕，防止食盐摄入过多，应用含有氯化钠的药物时，应防止过量或超量应用，不饮用咸水，并提供充足优质的饮水。

2. 治疗

治疗原则是停喂多盐饲料，严格控制饮水，促进食盐排出，恢复阳离子平衡，对症治疗。

【处方】

饮水，发病早期，立即提供充足的饮水，以降低消化道内食盐的浓度。但出现症状时应少量多次提供饮水，防止食盐吸收过多。

石蜡油100～300毫升，灌服。

5%葡萄糖注射液500～1000毫升，10%葡萄糖酸钙注射液10～50毫升，25%硫酸镁注射液10～20毫升，10%葡萄糖注射液500毫升，静脉注射，每日1～2次，连用2～3日。

呋塞米注射液（速尿针）0.5～1毫克/千克体重，肌内注射，每日1次，连用3日。

25%甘露醇注射液100～250毫升，极度兴奋时，静脉注射。

5%葡萄糖氯化钠注射液500毫升，10%氯化钾注射液10毫升，10%安钠咖注射液5～10毫升，在治疗的后期，静脉注射。

四、棉籽饼粕中毒

棉籽饼粕中毒是由于家畜长期连续或超量饲喂棉籽饼粕，致使摄入过量的棉酚而引起的中毒性疾病。该病主要见于膘情较好的妊娠母羊和羔羊。成年羊和采食高蛋白日粮的羊有抵抗力。

（一）病因

主要是因为动物过量采食棉酚含量较高的棉籽饼粕，而棉酚在动物体内稳定，不易破坏，同时排除缓慢，有蓄积作用，因此长期连续饲喂会发生中毒。棉籽饼是一种高磷低钙、缺乏维生素 A 和赖氨酸的饲料，长期饲喂容易导致代谢病。

（二）诊断要点

1. 病史

有长期连续饲喂或超量饲喂棉籽饼粕或棉叶的病史。

2. 临床症状

(1) 急性型　病羊偶见气喘，常在进圈或产羔时突然死亡，妊娠母羊常发生流产或死胎。

(2) 慢性型　羔羊食欲下降，腹泻，发生佝偻病症状，甚至引发黄疸、夜盲症和尿石症。成年羊消化紊乱，饮欲增加，眼结膜充血，视力减退，羞明，公羊发生尿道结石，精子生成减少。之后精神沉郁，呆立不动，伸腰弓背，心搏动前期亢进，后期衰弱，心跳加快，心律不齐，流鼻液，咳嗽，呼吸急促，腹式呼吸，每分钟 25～55 次，肺部听诊有湿性啰音，腹痛，粪便被覆黏液或血液，排尿困难，排血尿或血红蛋白尿，最后四肢肌肉痉挛，行走无力，后躯摇摆，常在放牧或饮水时突然死亡。

3. 病理变化

肝脏肿大，质脆，呈灰黄或土黄色，有带状出血，肺脏充血，水肿，胃肠黏膜出血，心肌松软，心内、外膜有出血点，肾盂和肾实质水肿，肾乳头出血，膀胱壁水肿，黏膜出血。

4. 实验室检查

可测定棉籽饼粕及血清中游离棉酚的含量。

（三）防治

1. 预防

(1) 棉籽饼粕去毒后饲喂　方法有多种：用 0.1%～0.2%硫酸亚铁液浸泡 24 小时后，用水冲洗；在棉籽饼粕中加入 0.3%～0.4%硫酸亚铁；将棉籽饼粕蒸煮（100～110℃，30 分钟）或炒熟；2%碳酸氢钠液浸泡 24 小时，用水冲洗；微生物发酵法等。可根据具体情况选用。

(2) 棉籽饼粕限时限量饲喂　日粮中棉籽饼粕含量应小于 8%，连续饲喂半个月，应停喂半个月，种羊和羔羊最好不用。

(3) 注意日粮搭配　增加日粮中蛋白质（可加入等量的豆粕）、维生素、矿物质和青绿饲料的含量，可预防该病的发生。选用低棉酚或无棉酚的棉籽饼粕。

2. 治疗

该病尚无特效解毒药，重在预防。发现中毒，立即停止饲喂棉籽饼粕，给予青绿多汁饲料，并供给充足的饮水。

【处方】

0.02%双氧水或0.03%高锰酸钾液、3%碳酸氢钠液，适量，急性中毒时进行洗胃（采食后4小时内）或灌肠（采食较久，毒物已进入肠道）。

芒硝或硫酸镁1克/千克体重，配成5%溶液，急性中毒时内服。

10%～25%葡萄糖注射液100～500毫升，10%安钠咖注射液5～10毫升，10%葡萄糖酸钙注射液10～50毫升，静脉注射，每日1～2次，连用2～3日。

多种维生素拌料或饮水。

五、黑斑病甘薯毒素中毒

黑斑病甘薯毒素中毒也称为黑斑病甘薯中毒或霉烂甘薯中毒，是由于家畜采食了大量的黑斑病甘薯而引起的一种中毒性疾病。羊黑斑病甘薯毒素中毒的临床特征为急性肺水肿、间质性肺泡气肿和气喘。常见于春末夏初和晚冬时节。

（一）病因

食入大量的黑斑病甘薯导致中毒。有时则因饲喂甘薯的副产品（如甘薯粉渣、甘薯酒糟）时发病。甘薯储藏时由于温度和湿度比较适宜，某些霉菌（已知的霉菌有三种，即甘薯黑斑病真菌、茄病镰刀菌和爪哇镰刀菌）就会大量增殖，产生甘薯毒素（已知的毒素有四种，即甘薯酮、甘薯醇、甘薯二醇和甘薯宁），这些毒素经煮、蒸、烤等高温处理，毒性不被破坏。当羊食进了大量的黑斑病甘薯后，其毒素对中枢神经系统、心血管系统，以及胃肠道、肝、肺、胰脏等器官会产生刺激和损伤，导致呼吸系统和代谢机能紊乱，引发中毒。

（二）诊断要点

1. 病史

有采食大量黑斑病甘薯的病史。

2. 临床症状

精神沉郁，结膜充血或发绀，食欲减退或废绝，反刍减少或停止，瘤胃蠕动减弱或消失，脉搏增数，达90～150次/分钟，心脏机能衰弱，心音增强或减弱，脉率不齐，呼吸困难，发生呼吸性呼吸困难（有时呼气时间为吸气时间的4～5倍），呼出的气体带有臭味，肺部听诊支气管呼吸音粗粝，有湿性啰音。粪便变软，含有黏液或血丝，最终衰竭、窒息死亡。

3. 病理变化

心腔积血，心室出血。肺脏体积增大，高度充血、瘀血及出血，发生肺水肿和间质性肺气肿，切开肺脏和气管有白色泡沫状液体，胸前积有大量黄色液体。肝脏肿大，严重出血，胆囊呈金黄色，充满黄绿色胆汁，脾脏轻度肿大，边缘有出血点。肾脏出血。胃内有黑斑病甘薯残渣，皱胃和小肠黏膜充血、出血，结肠黏膜有条纹状出血，肠系膜淋巴结肿大。

4. 动物试验

必要时可应用黑斑病甘薯或其酒精、乙醚的浸出液进行人工复制发病试验。

（三）防治

1. 预防

（1）加强饲养管理　严禁用霉烂的甘薯喂羊，或彻底切去烂斑以后再喂。在饲喂甘薯粉渣、甘薯酒糟时，应慎重，可先进行小群试验，确认无毒后，再全群饲喂。

(2) 防止甘薯发霉　用甲基托布津溶液浸泡种薯和幼苗，储存甘薯前，要将甘薯表皮晒干，并防止薯皮破损，用70%甲基托布津液800倍稀释液或50%多菌灵胶悬剂500～800倍液喷洒消毒薯块和储藏窖，并做好对储藏窖温度（11～15℃）和湿度的控制。

2. 治疗

治疗原则为排除毒物，解毒和对症治疗。

【处方】

1%～2%双氧水洗胃。

1%高锰酸钾液100～200毫升，内服。

芒硝或硫酸镁50克，氧化镁10～15克，加水1000毫升，灌服。

必要时可吸氧。

10%葡萄糖注射液250～500毫升，注射用硫代硫酸钠1～3克，维生素C注射液0.5～1.5克，盐酸山莨菪碱注射液（654-2注射液）5～10毫克，地塞米松注射液4～12毫克，静脉注射，每日1～2次，连用2～3日。

5%碳酸氢钠注射液100毫升，静脉注射，每日1次，连用3日。

六、瘤胃酸中毒

瘤胃酸中毒又称瘤胃乳酸中毒、中毒性消化不良、反刍动物急性碳水化合物过食症等，是由于反刍兽采食大量谷类或其他富含碳水化合物的饲料后，导致瘤胃内产生大量乳酸而引起的一种急性代谢性酸中毒。其临床特征为消化障碍，瘤胃运动停滞，严重脱水，毒血症，运动失调，衰弱，神志昏迷和高死亡率。

(一) 病因

1. 过量食入富含碳水化合物的饲料

多在母羊产后补料时任其自由采食，或羊偷食导致。常见的此类饲料有玉米、大麦、高粱、马铃薯、甘薯及加工副产品，以及酸度过高的青贮料、糖渣等，特别是加工成粉状的饲料危险性较高。

2. 应激因素

饲料突然改变，由以饲喂牧草为主，突然改喂含碳水化合物较多的饲料导致发病，另外在气候突变，动物处于应激状态，消化机能紊乱时，草料任其采食也可以导致。

(二) 诊断要点

1. 病史

有采食过量富含碳水化合物饲料的病史。

2. 临床症状

一般在采食谷物类精料后24小时内发病，病情急剧。病羊精神沉郁，食欲废绝，反刍停止，瘤胃蠕动停止，体温正常或偏低，少数羊体温升高，心跳加快，黏膜发绀，眼球下陷，目光呆滞，粪便稀软，酸臭，排尿减少，腹部触诊瘤胃充满，黏硬或稀软，冲击式触诊，有时有振水音，严重病羊极度痛苦，呻吟，卧地不起，昏迷死亡。有的出现蹄叶炎，发生跛行，采食较少的可以耐过，采食较多的，常于

4～6 小时内死亡。

3. 病理变化

尸体脱水，血液黏稠，颜色发暗，甚至呈黑红色，瘤胃内容物充满，有时稀薄呈粥状，有明显酸臭味，瘤胃和网胃黏膜脱落、出血，甚至呈黑色，皱胃和小肠黏膜出血，心肌扩张、柔软。肝脏瘀血，质脆，有时有坏死灶。

4. 实验室检查

红细胞数升高，红细胞压积容量升高，血液 pH 下降，尿液 pH 下降，血液中乳酸含量增加，血浆二氧化碳结合力下降，瘤胃 pH 下降，瘤胃液检查无纤毛虫，正常瘤胃中的革兰阴性细菌丛被革兰阳性细菌丛所替代。

（三）防治

1. 预防

加强饲养管理，补充精料时，应给予全价配合饲料，饲喂时由少到多，逐渐过渡，禁止随意给予精料，加强管理，防止偷食精料。病羊食欲减退，不吃粗料，只吃精料时，应及时请兽医诊治。

2. 治疗

治疗原则是彻底清除有毒的瘤胃内容物，及时纠正脱水和酸中毒，逐步恢复胃肠功能，加强护理和对症治疗。

【处方 1】

护理，防止病羊群再次接近谷物。初期禁止饮水，可给予少量青草，勤检查，多运动，一般每小时 1 次，治疗后如果羊能吃干草，瘤胃稍动，则病情好转，如精神明显沉郁，无力躺卧，瘤胃内充满液体，预示病情恶化。

洗胃，多用于急救，常立竿见影。用 1%碳酸氢钠液或 1∶5 石灰水上清液进行，将粗胃管经口投入，先导出瘤胃液，再灌入配好的液体，直至左侧肷窝部变大（灌到八成饱），利用虹吸法导出液体，不让瘤胃内的液体流完，再次灌入和导出，反复多次，直到瘤胃液变清，呈碱性，无酸臭味为止。

石蜡油 100～300 毫升，鱼石脂 4 克，酒精 20 毫升，1∶5 石灰水上清液 500～1000 毫升，灌服。1∶5 石灰水上清液也可以用氧化镁，或氢氧化镁、碳酸氢钠 50 克，加常水 500～1000 毫升代替。

5%葡萄糖氯化钠注射液 500～1000 毫升，10%安钠咖注射液 5～10 毫升；5%碳酸氢钠注射液 250～500 毫升，静脉注射，每日 1～2 次，连用 3 日。

健胃散 50 克，在恢复期加水内服。

【处方 2】

瘤胃切开术，主要用于严重病例，早期进行效果较好，瘤胃切开后，把内容物全部清除，用 1%碳酸氢钠液或 1∶5 石灰水上清液冲洗，放入铡碎的干草或健康羊的瘤胃内容物。术后注意补液补碱（参考处方 1），抗菌消炎（用庆大霉素或氨苄青霉素）和对症治疗。

七、疯草中毒

疯草中毒是动物长期采食了棘豆属和黄芪属中的有毒植物（统称疯草）所引起的以神经功能紊乱为主要特征的慢性中毒性疾病。其临床特征为头部震颤，后肢麻痹。该病主要发生于冬春季节，山羊、绵羊和马多发。

（一）病因

1. 饲养管理不当

疯草在我国主要分布于西北、华北、东北及西南的高山地带，其毒性成分主要是苦马豆素和氧化氮苦马豆素等。疯草在结籽期相对适口性较好，如果羊大量采食疯草（如黄花棘豆、甘肃棘豆、小花棘豆、冰川棘豆、急弯棘豆、茎直黄芪和变异黄芪等）可造成慢性中毒。

2. 牧草缺乏

疯草抗逆性强、抗干旱、耐寒等特性强，适于生长在植被破坏的地方，在牧草充足时，牲畜并不采食，但当可食牧草耗尽时会被羊被迫采食。因此，常在每年春、冬发生中毒，干旱年份有暴发的倾向。

（二）诊断要点

1. 病史

有长期采食疯草的病史。

2. 临床症状

（1）山羊　病初食欲减退，精神沉郁，目光呆滞，反应迟钝，呆立不动。中期，头呈水平震颤或摇动，呆立时仰头缩颈，步态蹒跚，后躯摇摆，被毛逆立，没有光泽，放牧掉队，追赶时极易摔倒。后期出现腹泻，脱水，被毛粗乱，腹下被毛极易脱落，后躯麻痹，起立困难，多伴有心律不齐和心杂音，最后衰竭死亡。

（2）绵羊　症状与山羊相似，但出现较晚，中毒羊在安静状态下可能看不出症状，但在应激时，如用手提耳便立即出现摇头，转圈，突然倒地等典型中毒症状。妊娠母羊易流产，产下畸形羔羊，或羔羊弱小。公羊性欲降低，或无交配能力。

3. 病理变化

羊尸极度消瘦，血液稀薄，腹腔内有多量清亮液体，口腔及咽部有溃疡灶，皮下及小肠黏膜有出血点，胃及脾与横膈膜粘连，肾脏呈土黄、灰白相间，有些病例心脏扩张，心肌柔软。病理组织变化为神经及内脏组织细胞泡沫样空泡变性。

4. 实验室检查

红细胞数减少，呈现大红细胞性贫血，血清谷-草转氨酶和碱性磷酸酶活性明显升高，血清α-甘露糖苷酶活性降低，尿液低聚糖含量增加，尿低聚糖中的甘露糖含量也明显升高。

（三）防治

1. 预防

（1）合理轮牧　即在有疯草的草场上放牧10天，或在观察到第一头牲畜轻度中毒，立即转移到无疯草的草场放牧10～12天或更长一段时间，以利毒素排泄和畜体恢复。在棘豆生长茂密的牧地，限制放牧易感的山羊、绵羊和马，而改为放牧或饲养对棘豆反应迟钝的动物，如牛和家兔。

（2）日粮控制　疯草中毒主要发生在冬季枯草季节，所以冬季应备足草料，加强补饲，可以减少该病的发生，或在冬季采用饲草加40%疯草饲喂，每喂疯草15天，再停15天。

（3）化学防除　对疯草污染严重的草场，在保证不使生态退化的前提下，可用2,4-D丁酯、G-520等除草剂选择性地杀除棘豆。

(4) 药物预防　有人用0.29%工业盐酸对小花棘豆进行集中脱毒后搭配饲喂，有人研究出提高α-甘露糖苷酶活性及可破坏苦马豆素结构的药物"棘防E号"，均对该病的预防取得了较好效果。

2. 治疗

目前，该病尚无有效治疗方法。对轻度中毒羊，及时转移到无疯草的草场放牧，调配日粮，加强补饲，一般可不治而愈。

【处方】

5%～10%葡萄糖注射液500毫升，注射用硫代硫酸钠0.1克/千克体重，静脉注射。

第二节　农药及化学物质中毒

一、有机磷农药中毒

有机磷农药中毒是由于接触、吸入或误食某种有机磷农药所引起的以体内胆碱酯酶活性受到抑制和乙酰胆碱蓄积，导致以胆碱能神经效应增强为特征的中毒病。

(一) 病因

羊采食喷洒过有机磷农药的植物，且在残效期内，或误食了拌过有机磷农药的种子，饮用了被有机磷农药污染的水；有时为恶意投毒；用有机磷制剂内服或药浴治疗体表寄生虫病时，剂量过大、疗程过程或浓度过高，导致中毒。

(二) 诊断要点

1. 病史

羊在48小时内有接触过量有机磷农药的病史。

2. 临床症状

(1) 轻度中毒　主要以毒蕈碱样症状（M样症状）为主。主要使分布于内脏平滑肌、腺体、虹膜括约肌和一部分汗腺的胆碱能神经纤维发生兴奋，引起胃肠道、支气管、胆道、泌尿道的平滑肌收缩，唾液腺、支气管腺、汗腺分泌增多，故病羊临床表现为流涎（或口角流出白色泡沫），出汗，排尿失禁，肠音增强，腹痛，腹泻，瞳孔缩小如线状，黏膜苍白，心跳迟缓，呼吸困难，严重时可引发肺水肿（呼吸困难，鼻孔流出粉红色泡沫状鼻液，肺部听诊有湿性啰音），导致死亡。

(2) 中度中毒　除有毒蕈碱样症状外，还会出现烟碱样症状（N样症状）。此时主要使分布于横纹肌的胆碱能神经纤维发生兴奋，兴奋过度，转为麻痹。病羊表现为肌纤维痉挛和颤动，轻者震颤，重者发生抽搐，严重时发生呼吸肌麻痹，窒息死亡。

(3) 重度中毒　往往以中枢神经中毒症状为主。主要表现为兴奋不安，盲目奔跑，抽搐，全身震颤，精神高度沉郁，甚至倒地昏睡，严重时发热，大小便失禁，心跳加快，最后因呼吸中枢麻痹和循环衰竭死亡。

(4) 迟发性神经中毒综合征　有些有机磷农药（如马拉硫磷），在急性中毒8～15天后，可以再出现中毒症状，主要表现为后肢软弱无力，共济失调，最后发展为后肢麻痹。其病理变化为神经脱髓鞘。此病变与胆碱酯酶活性无关，用阿托品治疗无效，在诊疗中应引起足够的重视。

3. 实验室检查

血液、组织中胆碱酯酶活性降低，指标是其活性小于50%（此法对诊断所有的有机磷农药中毒都适用）。也可采取胃内容物，可疑的饲料、饮水等，做有机磷农药的检验（一定要结合病史调查等内容进行，多用于事后检验）。

4. 治疗性诊断

用有机磷农药中毒的特效解毒剂进行治疗，有效时可以作出诊断，但无效时，不一定能排除该病。

（三）防治

1. 预防

防止羊误食各种有机磷农药；用有机磷制剂治疗疾病时，注意用量、浓度等，防止中毒。

2. 治疗

急救原则为立即注射特效解毒剂，尽快除去未吸收的毒物和对症治疗。

【处方】

肥皂水适量，经皮肤中毒时，清洗皮肤。

温水适量，洗胃，经消化道食入时，要尽早进行，并且一定要彻底。

芒硝或硫酸镁1克/千克体重，配成5%溶液内服。

阿托品注射液，5～10毫克/次，皮下或肌内注射，也可以稀释后静脉注射，经1～2小时未见好转，可减量重用，直到出现“阿托品化”，并一直维持“阿托品化”。

解磷定注射液15～30毫克/千克体重（或氯磷定注射液5～10毫克/千克体重）5%～10%葡萄糖注射液500毫升，静脉注射，3～4小时1次，中毒过久无效。或用双复磷注射液，0.4～0.8克，5%～10%葡萄糖注射液500毫升，静脉注射（对中枢神经中毒症状有效，5%双复磷注射液也可肌内注射），以后每2小时重复用药1次，剂量减半。

阿托品化。用阿托品在治疗急性有机磷农药中毒的过程中，大剂量应用阿托品，但剂量又不至于导致阿托品中毒，其指标为大（瞳孔散大到边缘不再缩小）、红（颜面或黏膜潮红）、快（心率加快）、干（口干，皮肤干燥）、净（肺部湿啰音减少或消失）。

二、慢性无机氟化物中毒

慢性无机氟化物中毒又称氟病，是指动物长期连续摄入超过安全限量的无机氟化合物，所引起的一种以骨骼、牙齿病变（氟骨症和氟斑牙）为特征的中毒病。该病多呈地方性群发，主要危害反刍动物。

（一）病因

1. 工业氟污染

主要见于大量应用含氟矿石作原料或催化剂的工厂（如磷肥厂、钢铁厂、陶瓷厂、玻璃厂和氟化物厂等）周围，未采取防氟措施，随工业“三废”排出的氟化物（氢氟酸和四氟化硅），污染空气、水域、土壤等。工业氟污染区的高氟牧草（氟含量大于30～40毫克/千克，枯草期氟含量高）是家畜氟病的主要毒源。

2. 地方性高氟

主要分布在我国的西北、东北和华北，特别是在干旱、半干旱、荒漠、盆地、萤石矿区、火山、温泉附近，水、土、植物的含氟量较高，动物长期采食高氟区的牧草和饮水（水中氟含量大于3～5毫克/升）是地方性氟病的主要毒源。

3. 饲养管理不当

长期饲喂未脱氟的矿物质添加剂，如骨粉、磷酸氢钙、过磷酸钙、天然磷灰石、石粉（一般不进行脱氟，只用低氟石粉）等。

（二）诊断要点

1. 病史

呈地方性群发，病区有氟污染源，有长期采食高氟的牧草、饮水和矿物质添加剂的病史。

2. 临床症状

哺乳羔羊一般不发病，断奶羔羊在乳齿未脱落时，表现为生长发育不良，下颌骨增厚肥大。成年羊出现氟斑牙和氟骨症，表现为门齿蛀烂，甚至完全磨灭，门齿和臼齿外观无光泽，呈黄色或白色，珐琅质蚀脱，甚至出现黄褐色或黑褐色的斑点或斑纹，臼齿磨灭不整齐，下颌骨增大，牙齿容易断裂和脱落，牙齿和骨骼的变化有对称性。在下颌骨外侧、四肢长骨和肋骨与肋软骨的连接处常有骨瘤（骨赘）形成。病羊表现为咀嚼困难，不愿吃食，常吐草团，被毛粗乱，消瘦，出现无外科原因的跛行。

3. 病理变化

尸体消瘦，贫血，有氟斑牙和氟骨症，骨骼表面粗糙，呈白垩状，骨质疏松，容易折断，断面骨密质变薄，下颌骨粗糙、肿大，在下颌骨外侧、四肢长骨和肋骨与肋软骨的连接处出现骨赘。

4. 实验室检查

病羊的血液、尿液（尿氟正常时为8毫克/升，10毫克/升为可疑，高于15毫克/升即可能发生中毒）、骨（正常时低于500毫克/千克，超过1000毫克/千克时即为异常，到达3000毫克/千克以上即可出现中毒症状）中的含氟量升高。血清钙水平降低，血清及骨骼中碱性磷酸酶活性明显升高。

（三）防治

1. 预防

（1）加强饲养管理　饲喂低氟的矿物质添加剂。饲料中补充充足的蛋白质、钙、磷、硒和维生素等。避免在高氟区放牧，或在低氟牧场和高氟牧场轮换放牧。

（2）治理氟污染　在工业氟污染区，最根本的措施是治理污染源，也可以从安全区（牧草氟含量小于30毫克/千克）引入2.5岁以上的母羊进行繁殖，所产的羔羊在第1～2个枯草期转移到安全区放牧，或采用低氟牧草饲喂。

（3）搞好水源　在地方性高氟区，主要是引入低氟水，打深井，或化学除氟（用熟石灰、明矾、活性氧化铝等）。

（4）药物预防　王俊东等采用肌内注射亚硒酸钠注射液和投服长效硒缓释丸，预防山羊氟中毒取得了满意的效果。

2. 治疗

慢性氟中毒至今尚无较好的治疗方法。发生中毒后应停止摄入含高氟的牧草或饮水，转移到安全地区进行放牧，补充蛋白质、钙、磷、硒和维生素等营养物质，严重的予以淘汰处理。

第八章 羊普通内科病和外科病的诊疗与处方

第一节 普通内科病

一、口 炎

口炎又称口膜炎、口疮、烂嘴等，是口腔黏膜炎症的总称。口炎按病变部位可分为舌炎、腭炎、唇炎和齿龈炎，按炎症性质可分为卡他性、水疱性、溃疡性、脓疱性、蜂窝织炎性和丘疹性口炎。其临床特征为流涎，采食、咀嚼障碍，口臭，口黏膜红、肿、热、痛，甚至出血、糜烂、溃疡和坏死。

（一）病因

1. 理化性损伤

尖锐牙齿，口腔检查粗暴，佩戴劣质开口器，采食粗硬饲料，异物，热水与熟食，稀酸、稀碱和高浓度的盐类等均可损伤口腔黏膜，诱发口炎。

2. 继发因素

继发于舌体损伤、咽炎、维生素 A 缺乏症、维生素 B_2 缺乏症、维生素 B_5 缺乏症、维生素 C 缺乏症、锌缺乏症、汞中毒、铅中毒，或采食锈病菌、黑穗病菌等污染的霉败饲料等，也常继发于某些传染病，如口蹄疫、传染性脓疱、羊痘、坏死杆菌病、蓝舌病等。

（二）诊断要点

1. 临床症状

口炎的共同症状为流涎（口腔周围有白色泡沫，严重时口中流出牵丝状液体），采食、咀嚼障碍，口臭，有舌苔，吐草团，体温、脉搏和呼吸等全身症状一般不明显。口腔检查口黏膜出现炎症变化，如口黏膜潮红、肿胀，有的出现水泡或溃疡，口中不洁，口温高。

（1）卡他性口炎　最初症状为口干，口黏膜感觉敏感，采食、咀嚼缓慢。轻症病羊口腔干燥，发热敏感，口黏膜充血，有灰白舌苔，吐草团，重症病羊唇、齿龈、腭部黏膜充血、肿胀，甚至糜烂、流涎。

（2）水泡性口炎　特征是黏膜下层有透明的浆液潴留而形成水泡。口黏膜发生散在或密集的水泡，一般 3～4 天水泡破溃，露出鲜红色糜烂面，病羊食欲减退，体温升高，5～6 天痊愈。

（3）溃疡性口炎　口黏膜发生以坏死和溃疡为特征的炎症。主要表现为齿龈肿胀、出血、坏死、溃疡，口腔恶臭，并流出恶臭唾液，严重时牙齿松动或脱落，常发生败血症，病羊脱水，腹泻，甚至衰竭死亡。

2. 鉴别诊断

与传染病引起的口炎，如口蹄疫、传染性脓疱、羊痘、坏死杆菌病、蓝舌病等相区别。

（三）防治

1. 预防

加强饲养管理，供给青绿多汁饲料，防止营养缺乏，防止理化因素或有毒物质的刺激，口腔检查时禁止粗暴操作，正确预防和治疗传染病引起的口炎。

2. 治疗

治疗原则为消除病因，加强护理，净化口腔，收敛和消炎。

【处方 1】

0.1%高锰酸钾液（或 1%食盐水、1%明矾液、2%～3%硼酸、0.5%双氧水），50～100 毫升，冲洗口腔，每日 1～2 次，连用 3～5 日。

【处方 2】

碘甘油（或 2%碘酊、碘蜂蜜、紫药水、1%磺胺甘油混悬液），10～20 毫升，涂抹口腔患处，每日 1～2 次，连用 3～5 日。

碘甘油：碘片 5 克，碘化钾 10 克，甘油 200 毫升，蒸馏水加至 1000 毫升。

【处方 3】

5%葡萄糖氯化钠注射液 500 毫升，氨苄青霉素 50～100 毫克/千克体重，地塞米松注射液 4～12 毫克，静脉注射，每日 1～2 次，连用 2～3 日。

10%葡萄糖注射液 500 毫升，1%三磷酸腺苷二钠注射液（ATP 注射液）2～6 毫升，注射用辅酶 A 50～100 单位，维生素 C 注射液 0.5～1.5 克，10%安钠咖注射液 10 毫升，静脉注射，每日 1～2 次，连用 2～3 日。

甲硝唑注射液，每千克体重 10～20 毫克，静脉注射，每日 1 次，连用 2～3 日。

【处方 4】

青黛散：青黛 15 克，黄连 10 克，黄柏 10 克，薄荷 5 克，桔梗 10 克，儿茶 10 克。共为细末，装入布袋，热水湿润，口内衔之，每日 1 次，连用 3～5 日。

【处方 5】

冰硼散：冰片 50 克，朱砂 60 克，硼砂 500 克，元明粉 500 克，共为细末，在患处撒布，每次适量，1～2 次/天，连用 3～5 日。

二、食道阻塞

食道阻塞又称食道梗阻，中兽医称“草噎”，是由于咽下的食物或异物过于粗大或咽下机能障碍，导致食道梗阻的一种疾病，临床特征为发病突然，大量流涎，吞咽机能障碍。

（一）病因

常见于饥饿，抢食，采食受惊时，将块根块茎类饲料、棉籽饼或异物等匆忙吞咽，阻塞于食道中；常继发于异嗜癖、脑部肿瘤、食道炎、食道麻痹、食道狭窄和食道痉挛等。

（二）诊断要点

1. 临床症状

羊在采食过程中，突然停止采食，骚动不安，头颈伸展，频频试图吞咽，张口伸舌，大量流涎，食物、饮水从口鼻流出，并有痉挛性咳嗽，完全阻塞时妨碍反刍和嗳气，引起急性瘤胃臌气，甚至死亡。颈部食道阻塞时，外部触诊有时可感知阻塞物，食道探诊，胃管插入受阻。

2. X线检查

阻塞部位有密布的块状阴影物，钡餐不能通过阻塞部位。

3. 病理剖检

在颈部、胸部或腹部食道发现阻塞物，如阻塞时间过长或阻塞物过于粗大，可引起阻塞部发炎、出血和坏死。

（三）防治

1. 预防

设置足够的料槽，草料铡碎或做成颗粒，块根块茎类饲料切碎后饲喂，并防止偷食，饲喂时先粗后精，防止惊吓，注意治疗原发病。

2. 治疗

治疗原则是缓解痉挛，润滑食道，清除阻塞物和预防并发症的发生。

【处方 1】

水合氯醛，每次 2～4 克，配成 1%～5%溶液，灌肠。

0.5%～1%普鲁卡因注射液 10 毫升，石蜡油 50～100 毫升，经口灌服。

挤压法排除颈部食道的阻塞物，如为块状阻塞物，可将双手放于阻塞物两侧，向前推进至咽部后掏出，如为饼粕等粉状阻塞物，可压碎压扁咽下。

疏导法排除胸部或腹部食道的阻塞物，用胃管或食道探子将阻塞物徐徐推入胃内。推入困难时可打气加压，扩张食道，再推入，或注水洗出或软化、润下，打水法主要适用于饼粕等粉状阻塞物的排除。

【处方 2】瘤胃穿刺放气

瘤胃穿刺放气法在第三章第三节有详细介绍，请参考实施。

【处方 3】

颈部食道切开术。颈部食道阻塞，保守治疗无效，应及时进行手术，取出阻塞物。病羊侧位保定，局部剃毛，常规消毒和浸润麻醉，在颈静脉的上缘或下缘（用于食道严重损伤，不便缝合时，利于排除创液），并与颈静脉平行切开皮肤，分离筋膜和食道周围组织，暴露食道，在阻塞部或阻塞部的稍后方（用于阻塞时间较长，食道色泽明显改变的病例）纵向切开食道，谨慎取出阻塞物，用铬制肠线全层连续缝合食道壁，用间断伦勃特缝合法缝合纤维膜及肌肉层，不可内翻组织过多，以免造成食道狭窄。若有坏死倾向，食道不得缝合，保持开放，皮肤可部分缝合，用浸消毒液的纱布填塞。术后应用抗菌药物防止食道炎症，并注意强心，补液，给予流质食物，增强机体营养，促进康复。

三、前胃弛缓

前胃弛缓是由各种病因导致前胃神经兴奋性降低，肌肉收缩力减弱，前胃内容物停滞，引起消化机能障碍，甚至全身机能紊乱的一种疾病。其临床表现为食欲下降，瘤胃蠕动减弱或停止，缺乏反刍和嗳气。前胃弛缓并非是一个独立的疾病，而是一组综合症状。多见于冬末春初和舍饲羊群，山羊比绵羊多发。

（一）病因

1. 饲养不当

如草料单一，缺乏营养，突然换料，精料过多，饲料过粗、过细、冰冻、发霉，饮用污水等。

2. 管理不善

见于过度拥挤，长途运输，遭受风寒暑湿侵袭，吞食异物（如塑料袋）等。

3. 用药不当

多见于长期大量服用广谱抗菌药物，造成瘤胃菌群紊乱。资料报道链霉素、磺胺类药物对瘤胃菌群影响小。

4. 继发性因素

继发于消化器官疾病（如瘤胃积食、创伤性网胃腹膜炎、瓣胃阻塞、皱胃阻塞、肠便秘、肠炎），营养代谢病（如骨软病、妊娠毒血症、生产瘫痪），传染病（如羊痘、口蹄疫、巴氏杆菌病）、寄生虫病（梨形虫病、捻转血矛线虫病、肝片吸虫病、球虫病），以及感冒，热性病等全身性疾病。

（二）诊断要点

1. 病史

多发生于饲养管理粗放或用药不当的羊，或继发于伴有前胃功能障碍的疾病。

2. 临床症状

病羊食欲下降，瘤胃蠕动减弱或停止，缺乏反刍和嗳气，瘤胃内容物黏硬，间歇性臌气，便秘或腹泻，粪便内含未消化饲料。由于缺乏典型的临床症状，应排除瘤胃积食、瘤胃臌气、瓣胃阻塞、创伤性网胃腹膜炎等前胃病之后才可确诊。

（1）急性前胃弛缓　病羊多呈急性消化不良，病羊精神沉郁、食欲减少或废绝，反刍减少或停止，时而嗳气，但气味酸臭，瘤胃收缩力减弱，瘤胃蠕动音低沉，蠕动次数减少，瘤胃内容物充满、黏硬或呈粥状，粪球粗糙，附有黏液，全身症状一般较轻。由变质饲料引起者，还可发生瘤胃臌气和腹泻。

（2）继发症状　如果引发前胃炎、肠炎或自体中毒时，症状较重，精神高度沉郁，体温下降，食欲废绝，反刍停止，排出大量褐色糊状粪便，有时为水样，气味恶臭，眼球下陷，黏膜发绀，不久死亡。

（3）慢性前胃弛缓　病羊多呈现食欲减退，异嗜（异嗜的原因为长期营养缺乏，或由营养代谢病、寄生虫病导致），反刍、嗳气减少，瘤胃触诊时内容物黏硬，但不过度充满，瘤胃蠕动音减弱，发生间歇性臌气。病情时好时坏，体质衰弱，日渐消瘦，常因严重贫血和衰竭死亡。

3. 瘤胃液检查

瘤胃液 pH 值下降，瘤胃纤毛虫数量减少，活力减弱，糖发酵能力降低。

（三）防治

1. 预防

加强饲养管理，提供充足的蛋白质、碳水化合物、矿物质、维生素和微量元素，备足全年草料，合理调配饲料，不喂给过粗、过细、冰冻或发霉的饲料，提供良好的环境条件，加强运动，积极治疗原发病。

2. 治疗

治疗原则是除去病因，防腐制酵，兴奋瘤胃蠕动，调整前胃机能。

【处方 1】

病初禁食 1～2 天，按摩瘤胃。

氯化氨甲酰胆碱注射液（比赛可灵）0.05～0.08 毫克/千克体重，或甲基硫酸新斯的明注射液 2～5 毫克/次，或毛果芸香碱注射液 5～10 毫克，皮下注射，每日 1～3 次，连用 2～3 日，患羊心力衰竭和妊娠时不用。

【处方 2】

石蜡油 50～100 毫升，或芒硝（也可用硫酸镁或人工盐，反刍兽泻下一般不用盐类泻剂）1 克/千克体重，加水配成 5%溶液，灌服。

10%氯化钠液注射液 30 毫升，5%氯化钙注射液 20 毫升，10%安钠咖注射液 10 毫升，静脉注射。

【处方 3】

吃精料过多病羊，温水 5～10 升，洗胃。

鱼石脂酒精溶液（鱼石脂 1～5 克，75%酒精 2～10 毫升，温水加至 500～1000 毫升），500～1000 毫升，灌服。

氧化镁 2～5 克，或小苏打 5～15 克，加水 500～1000 毫升，灌服。

健康羊瘤胃液 400～800 毫升，灌服。

盐酸胃复安注射液 0.1～0.3 毫克/千克体重，皮下或肌内注射，每日 1～2 次，连用 3 日。

【处方 4】

对于慢性病羊，采取以下方法。

生理盐水 1500～1900 毫升，灌服。

甘油 20～30 毫升，维生素 D_2 磷酸氢钙片 30～60 片，干酵母片 30～60 克，健胃散 30～60 克，加水灌服，每日 2 次，连用 3～5 日。

10%葡萄糖注射液 500 毫升，10%安钠咖注射液 10 毫升，5%维生素 B_1 注射液 2～5 毫升，静脉注射，每日 1～2 次，连用 3 日。

【处方 5】

四君子汤加减，党参 100 克，白术 75 克，茯苓 75 克，甘草（炙）25 克，陈皮 40 克，黄芪 50 克，当归 50 克，大枣 200 克，每次 60～90 克，共为末，开水冲服，每日 1 次，连用 2～3 剂。

【处方 6】

健脾理气散加减，白术、茯苓、甘草各 45～60 克，木香、槟榔各 30～45 克，山楂、生麦芽、生六曲各 60～90 克。研末后分成 5～10 份，开水冲服，每次 1 份，每日 1～2 次，连用 3～5 天。

四、瘤胃臌气

瘤胃臌气又称瘤胃臌胀、瘤胃气胀，是由于前胃神经反应性降低，肌肉收缩力减弱，采食了大量易发酵的饲料，在瘤胃内微生物的作用下异常发酵，产生大量气体，引起瘤胃和网胃急剧膨胀，导致呼吸与循环障碍，发生窒息现象的一种疾病。临床上以呼吸极度困难，反刍、嗳气障碍，腹围急剧增大，腹痛等症状为特征。该病多发生于牧草生长旺盛的季节，或采食较多谷物类饲料的羊群。

（一）病因

1. 泡沫性瘤胃臌气

羊采食了大量幼嫩多汁的豆科植物（如苜蓿、三叶草、紫云英、花生蔓叶），或采食较多的谷物类饲料（如玉米粉、小麦粉）等。

2. 非泡沫性瘤胃臌气

羊采食了幼嫩多汁的青草，堆积发热的青草，或采食了被雨淋、水泡、冰冻，以及发霉的饲料。

3. 继发性瘤胃臌气

见于食道阻塞、食道狭窄、前胃弛缓、创伤性网胃腹膜炎、瓣胃阻塞、迷走神经性消化不良和某些中毒等病程中，使瘤胃气体排出障碍而引发。

（二）诊断要点

1. 病史

有大量采食幼嫩多汁的青绿植物，冰冻、发霉的饲料，以及谷物类精料的病史，或继发于瘤胃气体排出障碍的疾病。

2. 临床症状

（1）急性瘤胃臌气　羊发病快而急，在采食易发酵饲料过程中或采食后不久发生。病羊不安，回头顾腹，发吭声；腹围明显增大，左肷部凸出，严重时右肷部也凸出，甚至高过背中线，腹部触诊瘤胃壁扩张，腹壁紧张有弹性，偶有肩背部皮下气肿，按压有捻发音，瘤胃内容物不黏硬，腹部叩诊呈鼓音，腹痛明显，病羊频繁起卧，甚至打滚，吼叫，最后倒地呻吟。后期精神极度沉郁，不断排尿，运动失调，倒地，呻吟，全身痉挛，甚至死亡；饮食欲废绝，反刍、嗳气、瘤胃蠕动次数病初暂时性增加，之后减少或停止。口中喷出粥状瘤胃内容物；有呼吸和循环障碍症状，呼吸极度困难，张口呼吸，伸舌流涎，头颈伸展，前肢开张，眼球震颤或突出，结膜充血，而后发绀，心率亢进，脉搏增数，静脉努张、淤滞。

（2）慢性瘤胃臌气　一般发生缓慢，发作时食欲减退，腹部膨大，左肷部凸出，但程度较轻，有时出现周期性瘤胃臌气（多在采食后发作，然后缓解），反刍、嗳气减少、正常或停止，瘤胃蠕动一般减弱，便秘或腹泻，逐渐消瘦，衰弱。

3. 病理学检查

瘤胃壁过度紧张，充满大量气体，有时含有泡沫状内容物（如剖检时间过晚，泡沫将消失），肺脏充血，肝脏和脾脏由于受压而呈贫血状态。有时可见瘤胃和膈肌破裂，瘤胃黏膜瘀血。

（三）防治

1. 预防

（1）限制饲喂易发酵牧草　在牧草丰盛的夏季，可在放牧前先喂给适量青干草或稻草，以免放牧时过食青料，特别是大量易发酵的青绿饲料发病。

(2) 治疗原发病　积极治疗食道阻塞等原发病。

(3) 药物抗泡　可用油和聚氧化乙烯或聚氧化丙烯（为非离子性的表面活性剂）在放牧前内服或混饮，预防泡沫性瘤胃臌气。

2. 治疗

治疗原则是排气减压，止酵消沫，健胃消导，对症治疗。

【处方 1】

适用于早期轻度、非泡沫性瘤胃臌气。

石蜡油 100～200 毫升（或植物油 50～100 毫升），胃复安片 0.1～0.3 毫克/千克体重，来苏儿 2～5 毫升，加水 200～400 毫升，灌服。

瘤胃按摩：在瘤胃部反复进行徐缓而深入的按压，使气泡融合而排出。

诱发嗳气：口衔椿棍，上坡运动。

【处方 2】

胃管疗法：羊站立保定，保持前高后低姿势，佩戴开口器，经口插入胃管，放出气体，若放不出气体，可调整胃管深浅。主要用于非泡沫性的瘤胃臌气。

消胀片 20～30 片，鱼石脂酒精溶液（鱼石脂 1～5 克，75%酒精 2～10 毫升，温水加至 200～400 毫升），200～400 毫升，胃管灌服。

氯化氨甲酰胆碱注射液（比赛可灵）0.05～0.08 毫克/千克体重，或甲基硫酸新斯的明注射液 2～5 毫克/次，或毛果芸香碱注射液 5～10 毫克，皮下注射，每日 1～3 次。

【处方 3】

瘤胃穿刺放气：病羊站立或右侧横卧保定，在左侧肷窝中央，或髋结节到最后肋骨连线中点进行穿刺和间歇性放气。由于本法对腹壁及瘤胃壁有极大损伤，应在情况危急时采用。

二甲硅油 1～2 毫升（或松节油 3～10 毫升），氧化镁或氢氧化镁 5～10 克，福尔马林液 1～5 毫升，常水 100～150 毫升，瘤胃注入。

【处方 4】

上述方法无效，可进行瘤胃切开术，彻底清除瘤胃内容物，并接种健康羊的瘤胃内容物（切忌不可使腹压下降过快）。

【处方 5】

顺气散：莱菔子（炒）90 克，枳壳 30 克，大黄 60 克，芒硝 120 克，香附 24 克，川朴 24 克，青皮 30 克，木通 18 克，滑石 45 克，共为末，分成 6 份，每次 1 份，加水灌服，每日 1～2 次，连用 3～6 日。

【处方 6】

香砂六君子汤加减，党参、白术、茯苓、青皮、陈皮、木香、砂仁、莱菔子、甘草各 30～45 克，共为末，分成 6 份，每次 1 份，加水灌服，每日 1～2 次，连用 3～6 日。

五、瘤胃积食

羊瘤胃积食又称急性瘤胃扩张，是贪食大量粗纤维饲料或容易臌胀的饲料引起瘤胃扩张，瘤胃容积增大，内容物停滞和阻塞，以及整个前胃机能障碍，形成脱水和毒血症的一种严重疾病。临床特征为瘤胃体积增大，触诊坚硬，发生腹痛，反刍和嗳气停止，瘤胃蠕动减弱或停止。多见于舍饲和体质瘦弱的老龄母羊。在兽医临床上，通常把由于过量粗饲料引起的称为瘤胃积食，把由过量采食碳水化合物类精料引起的称为瘤胃酸中毒。

（一）病因

长期饲喂过量干硬粗饲料、蔓藤类青饲料，及食入塑料袋等异物，或过度饥饿，一次采食过多，饮水不足，饮用冷水，饱食后立即运动、运输，长期舍饲、羊过肥、在妊娠后期等，均可引发此病；可继发于前胃弛缓、瓣胃阻塞、创伤性网胃炎、皱胃阻塞等疾病。

（二）诊断要点

1. 病史

有采食大量不消化饲料或贪食大量蔓藤类青饲料的病史。

2. 临床症状

患羊精神沉郁，食欲减退或废绝，反刍迟缓或停止，眼结膜充血、发绀，背腰拱起，顾腹踢腹，摇尾呻吟，下腹部轻度膨大，触诊瘤胃内容物充满而黏硬，按压呈捏粉状，抗拒检查，叩诊呈浊音，呼吸迫促，排粪迟滞，干燥色暗，有时排少量恶臭的粪便，偶尔可见继发肠膨胀。严重的病羊脱水明显，红细胞压积增高，步样不稳，四肢颤抖，心律不齐，全身衰竭，卧地不起。

3. 病理变化

瘤胃过度扩张，内含有气体和大量腐败内容物，胃黏膜潮红，有散在出血斑点，瓣胃叶片坏死，实质脏器瘀血。

（三）防治

1. 预防

加强饲养管理，防止饥饿、过食，避免骤然更换饲料，粗饲料和蔓藤类青饲料应加工后再喂，注意饮水和适当运动。

2. 治疗

【处方 1】

禁食 1～2 天，瘤胃按摩。

石蜡油 300～500 毫升，鱼石脂 4 克，酒精 20 毫升，苦味酊 60 毫升，温水 500 毫升，1 次灌服，每日 1 次，连用数 2～3 日。

氯化氨甲酰胆碱注射液（比赛可灵）0.05～0.08 毫克/千克体重，或甲基硫酸新斯的明注射液 2～5 毫克/次，或毛果芸香碱注射液 5～10 毫克，皮下注射，每日 1～3 次，连用 2～3 日，患羊心力衰竭和妊娠时不用。

【处方 2】

瘤胃内容物腐败发酵，可插入粗胃管，用 0.1%高锰酸钾液或 1%碳酸氢钠液进行洗胃，异物冲出后，投服健羊的新鲜瘤胃液或反刍食团。排出瘤胃内容物，可用按摩、口内横衔木棒、内服泻剂等方法，促进反刍、嗳气和瘤胃蠕动。

【处方 3】

10%葡萄糖注射液 500 毫升，10%葡萄糖酸钙注射液 10～50 毫升，10%安钠咖注射液 10 毫升；5%葡萄糖生理盐水 500～1000 毫升，维生素 B_1 注射液 5～10

毫克/千克体重；5%碳酸氢钠 100～200 毫升，每日 1 次，连用 2～3 日。

重症而顽固的病例，经上述措施无效时，可实行瘤胃切开术，取出瘤胃积滞的内容物，术后注意加强护理，抗菌消炎等。

【处方 4】

健胃散加减：陈皮 9 克，枳实 9 克，枳壳 6 克，神曲 9 克，厚朴 6 克，山楂 9 克，槟榔 3 克，莱菔子 9 克，水煎去渣，候温灌服，每日 2 次，连用 3 日。

【处方 5】

大承气汤加减：大黄 9 克，枳实 6 克，厚朴 6 克，芒硝 12 克，神曲 9 克，山楂 9 克，麦芽 6 克，陈皮 9 克，草果 6 克，槟榔 3 克，水煎去渣，候温灌服，每日 2 次，连用 3 日。

六、创伤性网胃腹膜炎

创伤性网胃腹膜炎又称金属器具病或创伤性消化不良，是由于金属异物混杂在饲料内，被误食后，导致网胃和腹膜发生损伤以及炎症的一种疾病。该病的临床特征是顽固性前胃弛缓和网胃区敏感疼痛。多见于奶山羊，也可发生于绵羊。

（一）病因

1. 饲养管理因素

如饲料混入金属异物、饲料过于坚硬（如豆秸）等。另外采食粗糙、采食快速、抢食等也可导致钉、针、铁丝等尖锐异物被羊食入胃中。

2. 生理因素

网胃位置低，体积小，收缩力强，黏膜呈蜂窝状结构，而金属或异物的比重比一般较大，容易沉积到网胃，并使其受伤。

（二）诊断要点

1. 病史

有饲养管理粗放，导致羊采食吞下钉、针、铁丝等尖锐金属异物的病史。

2. 临床症状

病羊精神沉郁，食欲、反刍突然减少或消失，胃肠蠕动显著减弱或消失，发生间歇性瘤胃臌气，应用瘤胃兴奋药病情加重，应用普鲁卡因注射液腹腔注射，症状减轻。网胃区疼痛造成运动异常（如行动谨慎小心，不愿急转弯，不喜欢走下坡路），姿势异常（如头颈伸直，拱背），肌肉震颤，轻度症状时无变化或仅有轻微的全身症状，严重时体温升高，心跳加快，呼吸迫促，白细胞显著增数等。强力触诊网胃区（剑状软骨部）病羊发生躲闪、疼痛和呻吟。

3. 实验室检查

必要时进行金属探测仪和 X 线检查。

（三）防治

1. 预防

精心调制饲料，挑去金属等异物，使用磁铁筛、磁铁拌料棍等避免羊吃入金属异物；定期用金属探测仪对羊进行检查。

2. 治疗

治疗原则是瘤胃取铁，抗菌消炎。

【处方 1】

用羊瘤胃取铁器取出瘤胃中金异物（注意：刺入胃壁内的金属异物难以取出）。

青霉素 320 万单位，注射用水 10 毫升，肌内注射，每日 2 次，连用 3～5 天。

或者用生理盐水 500 毫升，青霉素 320 万单位，链霉素 100 万单位，2%普鲁卡因注射液 10 毫升，右侧肷窝部腹腔注射，2 次/天，连用 7 天，一般 3 天见效。

【处方 2】

手术疗法：实施瘤胃切开术，摘除金属异物，并注意加强术后护理，抗菌消炎。

七、瓣胃阻塞

瓣胃阻塞又称瓣胃秘结，在中兽医称为“百叶干”，是由于羊瓣胃收缩力量减弱，食物排出不充分，通过瓣胃的食糜积聚，充满于瓣叶之间，水分被吸收，内容物变干而导致的疾病。其临床特征为瓣胃容积增大、坚硬，腹部胀满，不排粪便。

（一）病因

长期饲喂过多粗硬饲料，以及刺激性小或缺乏刺激性小的饲料，如谷糠、麸皮、酒糟、粉渣，而饮水不足，缺乏运动所引起。或饲料和饮水中混有过多泥沙，导致泥沙沉积于瓣胃发病；可继发于前胃弛缓、瘤胃积食、皱胃阻塞等疾病。

（二）诊断要点

1. 病史

有病羊长期饲养不当，并引发前胃弛缓的病史。

2. 临床症状

主要表现为病羊不排粪，瓣胃区敏感，瓣胃区扩大，坚硬。病初与前胃弛缓症状相似，瘤胃蠕动音减弱，瓣胃蠕动音消失，可继发瘤胃臌气和瘤胃积食，排粪干少，色泽暗黑，后期排粪停止，触压（或冲击式触诊）病羊右侧 7～9 肋间与肩关节水平线相交处，羊表现痛苦不安，有时可以在右肋骨弓下摸到阻塞的瓣胃。严重的可继发瓣胃炎和败血症，使病羊体温升高，呼吸和脉搏加快，全身衰弱，卧地不起，最后死亡。

3. 病理变化

瓣胃扩张，充满内容物，甚至水分吸收变干，瓣胃小叶发炎或坏死。

4. 剖腹探查

确诊需要进行剖腹探查。

（三）防治

1. 预防

避免给羊过多饲喂秕糠和坚韧的粗纤维饲料，防止导致前胃弛缓的各种不良因素。注意运动和饮水，增进消化机能，防止此病的发生。积极治疗原发病。

2. 治疗

【处方 1】

初期使用。

石蜡油 500～1000 毫升，或芒硝 80～100 克，常水 1500～2000 毫升，一次灌服。

氯化氨甲酰胆碱注射液（比赛可灵）0.05～0.08 毫克/千克体重，或甲基硫酸新斯的明注射液 2～5 毫克/次，或毛果芸香碱注射液 5～10 毫克，皮下注射，每日 1～3 次，连用 2～3 日，患羊心力衰竭和妊娠时不用。

【处方 2】

顽固性瓣胃阻塞应用瓣胃注射疗法。瓣胃注射疗法：病羊站立保定，术部剪毛消毒，在羊右侧第 8～9 肋间与肩关节水平线交界处下方 2 厘米处，用 12 号 7 厘米长的注射针头，向对侧肩关节方向刺入 4～5 厘米深。可先注入生理盐水 20～30 毫升，感到有较大压力，并有草渣流出，表明已刺入瓣胃，然后注入 25%硫酸镁溶液 30～40 毫升，石蜡油 100 毫升，交替注入瓣胃，注完后，拔出针头，局部消毒。于第 2 日再重复注射 1 次。

10%葡萄糖注射液 500 毫升，10%葡萄糖酸钙注射液 10～50 毫升，10%安钠咖注射液 10 毫升，5%葡萄糖氯化钠注射液 150～300 毫升，庆大霉素注射液 20 万单位，地塞米松注射液 4～12 毫克，静脉注射。

氯化氨甲酰胆碱注射液（比赛可灵）0.05～0.08 毫克/千克体重，皮下注射。

【处方 3】

瓣胃冲洗疗法：确诊后，施行瘤胃切开术，用胃管插入网-瓣孔，用水冲洗瓣胃，可用手在瓣胃外部进行捏压，效果较好。

【处方 4】

大黄 9 克，枳壳 6 克，二丑 9 克，玉片 3 克，当归 12 克，白芍 2.5 克，番泻叶 6 克，千金子 3 克，山栀 2 克，煎水一次灌服。

八、皱胃阻塞

皱胃阻塞又称皱胃积食，是由于迷走神经调节机能紊乱或受损，导致皱胃弛缓，内容物停滞，胃壁扩张而形成阻塞的一种疾病。其临床特征为前胃弛缓，皱胃扩张，在右侧下腹部触诊可感到坚硬的皱胃。

（一）病因

长期饲喂粗硬或细碎草料，或采食大量干草、过食谷物类精料后，饮水不足，以及长期舍饲，运动不足等，使羊消化机能紊乱，胃肠分泌、蠕动机能降低造成；可继发于迷走神经分支损伤，创伤性网胃炎使肠与皱胃粘连，幽门痉挛，幽门被异物（塑料袋、地膜、破布、麻线）或毛球阻塞等。

（二）诊断要点

1. 病史

有长期饲喂粗硬或细碎草料，以及采食异物的病史。

2. 临床症状

该病发展较缓慢，初期似前胃弛缓症状，病羊表现为食欲减退，反刍减少或停止，有时饮欲增加，瘤胃蠕动音减弱，瓣胃蠕动音低沉，腹围无明显变化，尿量减少，排粪量少，粪便干燥，其上附有多量黏液或血丝。随着病情发展，病羊精神沉郁，食欲废绝，反刍停止，腹围显著增大，瘤胃内容物充满或积有大量液体（特别是用盐类泻剂治疗后积液较重，冲击触诊瘤胃呈振水音），瘤胃与瓣胃蠕动音消失，肠音微弱，排粪停止，发生脱水，触诊皱胃区可感到皱胃扩张、坚硬，有痛感。

羔羊皱胃阻塞表现为食欲废绝，腹部膨胀，疼痛，持续下痢，体质虚弱，结膜发绀，严重脱水，触诊瘤胃、皱胃膨胀。

3. 剖腹探查

发现阻塞的皱胃。

4. 实验室检查

红细胞数升高，血清氯、钾含量下降，血浆二氧化碳结合力升高（发生代谢性碱中毒）。

（三）防治

1. 预防

加强饲养管理，去除致病因素，定时定量饲喂，供给优质饲料和清洁饮水。科学搭配日粮，给予全价饲料，防止因营养物质缺乏而发生异嗜，同时保证羊舍、运动场及饲草、饲料的干净卫生，严防异物混入草料中。放牧时精力集中，不去塑料袋污染严重的地方放牧。积极治疗原发病。

2. 治疗

【处方 1】

初期应用本处方。

石蜡油 500 毫升或芒硝（或硫酸镁）80～100 克，鱼石脂 5 克，酒精 20 毫升，常水 3000 毫升，一次灌服。

氯化氨甲酰胆碱注射液（比赛可灵）0.05～0.08 毫克/千克体重，或甲基硫酸新斯的明注射液 2～5 毫克/次，或毛果芸香碱注射液 5～10 毫克，皮下注射，每日 1～3 次，连用 2～3 日，患羊心力衰竭和妊娠时不用。

【处方 2】

芒硝 12 克，植物油 50 毫升，甘油 30 毫升，生理盐水 100 毫升，皱胃内注射，后期防脱水，忌用盐类泻药。

5%葡萄糖氯化钠注射液 1000 毫升，庆大霉素注射液 20 万单位，10%葡萄糖酸钙注射液 10～50 毫升，维生素 C 注射液 0.5～1.5 克；10%葡萄糖注射液 500 毫升，10%氯化钾注射液 10 毫升，10%安钠咖注射液 10 毫升，静脉注射，每日 1～2 次，连用 3 日。

维生素 B_1 注射液 5～10 毫克/千克体重，肌内注射。

【处方 3】

皱胃阻塞药物治疗多数效果不好，确诊后要及时施行瘤胃切开术，取出内容物，冲洗瓣胃和皱胃，达到疏通。并注意加强术后护理，抗菌消炎。

九、肠　便　秘

肠便秘又称肠阻塞、肠梗阻，是由于肠管运动机能和分泌机理紊乱，粪便停滞，水分被吸收而干燥，某段肠管发生完全或不完全阻塞的一种急性腹痛病。羊肠便秘的临床症状为突然发病，不同程度的腹痛，饮食欲减退或废绝，肠音减弱或消失，排粪停止，腹部检查感到有粪便秘结。

（一）病因

1. 饲养管理不当

由于饲料粗糙干硬，不易消化，如豆秸、玉米秆、稻草、小麦秆、花生藤等，或饲料过细，精料过多。饲喂不定时，饲料或饲养方法突变，饥饿抢食，咀嚼不充分，喂盐不足，饮水减少，运动不足，天气骤变等因素均可引发该病。

2. 继发因素

可继发于慢性胃肠病、急性热性传染病、寄生虫病、异食癖等疾病，以及因用药不当，肠道狭窄，妊娠后期或分娩后不久母畜，直肠管麻痹等引发肠便秘。

（二）诊断要点

1. 病史

有饲喂过多粗硬饲料或饲养方式突变的病史。

2. 临床症状

早期病羊精神、食欲正常，但放牧或饲喂前病羊肷窝不见塌陷。之后腹围逐渐增大，回头顾腹，不时作伸腰动作，腹痛严重时不断起卧。食欲减退，反刍次数减少或消失，眼窝深陷，眼结膜发绀，口腔干燥，舌色呈灰色或淡黄色，排粪减少或停止，粪便被覆黏液，听诊时瘤胃蠕动音减弱或停止，肠音不整、减弱或消失，用手感触腹部可触摸到肠内充满多量粪便，按压呈捏粉状。初生羔羊发病时，时常伏卧，后腿伸直，哀叫，甚至不安起卧，显示疯狂状态。

（三）防治

1. 预防

加强饲养管理，按时定量饲喂，防止过饥、过饱，合理搭配饲料，防止饲料单一，禁止喂粗硬，不易消化的饲料，提供充足的饮水，注意运动。及时治疗原发病。如发病较多，可在饲料中加入健胃散预防。

2. 治疗

治疗原则为静（镇静、止痛），通（疏通），减（减压），补（补液、强心、解毒），护（护理）。

【处方 1】

初期可用温肥皂水 5000 毫升，深部灌肠。

石蜡油 300～500 毫升，或芒硝 50～100 克，常水 1000～2000 毫升，一次灌服。

氯化氨甲酰胆碱注射液（比赛可灵）0.05～0.08 毫克/千克体重，或甲基硫酸新斯的明注射液 2～5 毫克/次，或毛果芸香碱注射液 5～10 毫克，皮下注射，每日 1～3 次，连用 2～3 日，患羊心力衰竭和妊娠时不用。

【处方 2】

25%硫酸镁溶液 30～40 毫升，石蜡油 100 毫升，瓣胃注射，第 2 日再重复注射 1 次。

30%安乃近注射液 3～10 毫升，腹痛时肌内注射。

温生理盐水 5000 毫升，瘤胃内充满多量液体时洗胃。

5%葡萄糖氯化钠注射液 1000 毫升，庆大霉素注射液 20 万单位，10%葡萄糖酸钙注射液 10～50 毫升，维生素 C 注射液 0.5～1.5 克；10%葡萄糖注射液 500 毫升，10%氯化钾注射液 10 毫升，10%安钠咖注射液 10 毫升，静脉注射，每日 1～2 次，连用 3 日。

【处方 3】

手术疗法：病羊侧卧保定，局部剃毛消毒，0.25%～0.5%盐酸普鲁卡因注射液浸润麻醉，右侧肷部打开腹腔，然后找到秘结的肠管，实施隔肠按压或侧切取粪，肠管坏死时应将其切除，然后施行断端吻合术。术后加强护理，润肠通便，抗菌消炎，补液解毒。手术应及早进行，如发病时间过长，阻塞肠管过多，不一定能取得满意效果。

十、肠　套　叠

肠套叠是一段肠管及其肠系膜套入相连的另一段肠腔之中形成双层肠壁重叠的现象，是肠变位的一种类型。羊肠套叠多见于小肠。该病发病率低，但死亡率高。

（一）病因

羊的剧烈运动，猛烈跳跃，极度怒责，饥饿抢食，饮入多量冷水，饲料冰冻，发霉，刺激性过强等，或因长途运输、天气剧烈变化等应激因素作用，使肠管运动机能紊乱，以致发生肠套叠；可继发于肠痉挛、肠炎、肠麻痹、肠便秘、肠道寄生虫感染（如食道口线虫）等。

（二）诊断要点

1. 病史

有饲养管理不当或患其他消化道疾病的病史。

2. 临床症状

病羊突然发病，饮食欲废绝，呈现伸腰、顾腹、背部下沉等持续腹痛动作，应用止痛剂无效。结膜充血，呼吸加快，脉搏快而弱。病初频频排粪，后期排粪停止，甚至排出带血的胶冻样粪便，腹围常常增大，肠音微弱，以后完全消失，有时腹部冲击式触诊，可以听到振水音。病的后期肠管麻痹，全身症状迅速恶化，预后不良。

3. 剖腹探查

必要时进行剖腹探查，找到套叠肠管。套叠多发生于小肠，肠管增粗，变硬，呈香肠状，肠壁出血、肿胀，甚至坏死。

（三）防治

1. 预防

加强饲养管理，防止各种应激因素作用，积极治疗原发病。

2. 治疗

羊的肠套叠是反刍动物的急腹症，临床上有腹痛表现，发病急，病程短促，必须早发现、早确诊和及早实施手术治疗。

【处方】

肠套叠手术：右肷部切口，按手术常规剃毛、消毒、局部浸润麻醉或全身麻醉，切开皮肤，分离肌肉，切开腹膜，打开腹腔，探查到套叠肠管，如套叠较轻，可以轻轻拉开，套叠较重，发生严重出血，有坏死倾向时，切除病变的套叠肠段，做肠管断端吻合术，用0.1%新洁尔灭溶液清洗肠管后，涂布青霉素粉，还纳肠管，连续缝合腹膜及腹横肌，纽扣状缝合腹外斜肌和腹内斜肌，撒布青霉素，结节缝合皮肤，对齐创缘，涂5%碘酊，装置结系绷带。术后护理主要是补液，消炎，抗休克和预防内毒素中毒及纠正酸中毒。

十一、胃　肠　炎

胃肠炎是胃肠表层黏膜及其深层组织的重剧炎症过程。其临床特征为严重消化机能障碍，全身症状明显，重剧自体中毒。

（一）病因

多是由于长期饲喂粗硬、冰冻、发霉饲料，饮用不干净饮水导致，或羊处在过冷、过热、圈舍卫生不良的环境，长途运输等，使机体抵抗力下降而发病；胃肠炎也可继发于胃肠卡他、肠便秘、肠变位、中毒病、大肠杆菌病、羔羊痢疾、球虫病、鞭虫病、食道口线虫病等；长期应用广谱抗菌药物导致胃肠菌群失调也可造成胃肠炎。

（二）诊断要点

1. 严重消化机能障碍

食欲减退或废绝，饮欲增加或减少，反刍减少或停止，时而有嗳气，带有臭味，口腔干红恶臭，舌苔黄而厚，肠音增强、减弱或消失，腹痛不安，初期可能发生便秘，表现为粪便干硬，表面粗糙，甚至变形，颜色较深，常被覆黏液，之后发生腹泻，不断努责，里急后重，粪便稀薄或呈水样，含有黏液、血液、脓汁和坏死组织片等病理性产物，气味恶臭或腥臭。

2. 重剧全身症状和自体中毒

精神沉郁，体温升高，脉搏起初洪大有力，继而快而弱，呼吸增加而微弱。消瘦，脱水，眼球下陷，皮肤干燥，皮肤弹性降低，尿量减少，尿色变浓，血液浓缩，红细胞数增多，红细胞压积（比容值）增高，中心静脉压降低。严重时病羊衰竭，卧地不起，体温下降，皮温不整，四肢末梢发凉，甚至出现肌肉振颤、痉挛或昏迷等自体中毒症状。

（三）防治

1. 预防

加强饲养管理，供给优质草料，洁净饮水，防止各种应激因素的作用，慎重应用各种抗菌药物（长期注射给药也可引起菌群紊乱），积极治疗原发病。

2. 治疗

治疗原则为查清病因，杀菌消炎，补液解毒，清理胃肠，对症治疗。

【处方 1】

2%氟哌酸注射液，5 毫克/千克体重，肌内注射，每日 2 次，连用 3 日。

石蜡油 50～100 毫升，便秘时灌服。

【处方 2】

磺胺脒片 0.1～0.2 克/千克体重，次硝酸铋片 2～6 克，碳酸氢钠片 5～10 克，维 D_2 磷酸氢钙片 30～60 片，干酵母片 30～60 克，丙二醇 20～30 毫升，加水内服，每日 2 次，连用 3～5 日。

【处方 3】

生理盐水 500 毫升，氨苄青霉素钠 50～100 毫克/千克体重（或硫酸庆大霉素注射液 20 万单位，或氧氟沙星 2.5～5 毫克/千克体重）；10%葡萄糖注射液 500 毫升，维生素 C 注射液 0.5～1.5 克，10%安钠咖注射液 5～20 毫升，10%葡萄糖酸钙注射液 10～50 毫升，10%氯化钾注射液 10 毫升，静脉注射，每日 1～2 次，连用 3～5 日。

甲硝唑注射液，10 毫克/千克体重，静脉注射，每日 1 次，连用 3 日。

5%碳酸氢钠注射液，50～100 毫升，静脉注射，每日 1 次，连用 3～5 次。

0.1%高锰酸钾液，1000毫升，灌肠。

【处方4】

白头翁汤加减，白头翁100克，黄连、黄柏、秦皮各50克，苦参50克，猪苓、泽泻各25克，分3～6份，每次1份，水煎去渣灌服，每日2次，连用3日。

十二、支气管炎

支气管炎是由各种原因引起的动物支气管黏膜表层或深层组织的炎症。其临床特征为咳嗽，流鼻液，呼吸啰音和不定型热。该病多发生于早春、晚秋等气候变换季节。

（一）病因

主要是由于受寒感冒、应激，以及吸入刺激性气体、尘埃、花粉等，使条件致病菌大量繁殖引起；继发于喉炎、肺炎、胸膜炎、羊痘、传染性胸膜肺炎、肺线虫病等。

（二）诊断要点

1. 临床症状

（1）急性支气管炎　主要症状是咳嗽。病初呈短、干、痛的咳嗽，从两侧鼻孔流出浆液性、黏液性或黏脓性鼻液。肺部听诊肺泡呼吸音增强，有干性或湿性啰音，人工诱咳阳性，叩诊时无明显变化，体温升高或正常，呼吸加快，或出现吸气性呼吸困难。

（2）慢性支气管炎　以长期顽固性咳嗽为特征。全身症状轻微，肺部听诊有啰音，肺泡呼吸音增强，叩诊时无异常，发生肺气肿时叩诊有过清音，肺叩诊界后移，听诊肺泡呼吸音减弱或消失，严重时呼吸困难，动物逐渐消瘦。

2. X线检查

慢性支气管炎时发现支气管纹理增厚而延长。

（三）防治

1. 预防

加强饲养管理，供给优质草料，提供温暖舒适、通风透光的环境，多晒太阳，多运动。积极治疗原发病。

2. 治疗

治疗原则为除去病因，消除炎症，祛痰止咳。

【处方1】

长效土霉素注射液10～20毫克/千克体重，或5%氟苯尼考注射液肌内注射5～20毫克/千克体重，每日1次，连用3日。

氯化铵片2～5克，甘草片3～4片，咳必清片50～100毫克，每日2～3次，连用3～5日。

【处方2】

5%葡萄糖注射液250～500毫升，50%葡萄糖注射液20毫升，氧氟沙星注射液2.5～5毫克/千克体重，盐酸山莨菪碱注射液（654-2注射液）5～10毫克，地塞米松注射液4～12毫克，静脉注射，每日1～2次，连用3日。

复方咳必清止咳糖浆（100毫升含咳必清0.2克，氯化铵3克，薄荷油0.008

毫升）20～30 毫升，每日 2～3 次，连用 3～5 日。

【处方 3】

款冬花散加减，款冬花 50 克，知母 50 克，贝母 30 克，斗铃 30 克，桔梗 35 克，杏仁 30 克，双花 50 克，桑皮 35 克，黄药子 35 克，郁金 30 克，共为末，分成 5～6 份，每次 1 份，开水冲，候温灌服，每日 2 次，连用 3 日（病重时用）。

【处方 4】

百合固金散加减，百合 50 克，生地 40 克，熟地 35 克，元参 40 克，麦冬 50 克，贝母 30 克，白芍 30 克，当归 50 克，甘草 25 克，桔梗 30 克，杏仁 35 克，瓜蒌 50 克，共为末，分成 5～6 份，每次 1 份，开水冲，候温灌服，每日 2 次，连用 3 日（慢性支气管炎）。

十三、心力衰竭

心力衰竭又称心脏衰弱，心功能不全，是指心肌收缩力减弱，致使心输出量减少，动脉压下降，静脉回流受阻等，而引起的全身血液循环障碍，甚至心搏骤停和突然死亡的一种临床综合征。其临床特征为心跳脉搏快而弱，呼吸困难，呼吸次数增加，黏膜发绀，体表静脉怒张瘀滞，皮下水肿等。按其病程可分为急性心力衰竭和慢性心力衰竭，按其病因可分为原发性心力衰竭和继发性心力衰竭，按其部位可分为左心衰竭、右心衰竭和全心衰竭。

（一）病因

1. 急性原发性因素

主要由于体质较弱和心脏负荷突然加大，心脏负荷突然加大常见于长途运输，剧烈运动，保定时过度挣扎，静脉输液过多过快等。

2. 急性继发性因素

主要继发于各种内科病（如胃肠炎、高血压、中毒病），也发生于某些传染病和寄生虫病的病程中。

3. 慢性因素

常见于各种心血管疾病（如心肌炎、创伤性心包炎、慢性心内膜炎）、慢性肾炎、慢性肺泡气肿和羔羊白肌病的病程中。

（二）诊断要点

1. 病史

有体质较弱、心脏负荷突然加大，或患器质性心脏病的病史。

2. 临床症状

（1）急性心力衰竭　心动过速，脉搏数增多，心搏动增强，常发生心悸，脉搏细而弱，心律不齐，表在静脉充盈、怒张，第一心音增强，第二心音减弱或消失，黏膜发绀，呼吸急促，肺泡呼吸音增强，若出现肺水肿时，发生呼吸困难，流粉红色泡沫状鼻液，肺部听诊有广泛性啰音。全身症状明显，精神兴奋或不安，体温升高，严重的有神经症状，共济失调，步态不稳，倒地、痉挛、昏迷、体温下降，很快死亡。

（2）慢性心力衰竭　精神沉郁，瘦弱无力，皮肤、黏膜发绀，表在静脉充盈，皮下浮肿，第一心音增强，第二心音减弱或消失，有时会听到心内杂音（继发于器质性心脏病），心律不齐，脉率紊乱，其中左心衰竭时可引起肺瘀血、肺水肿，右心衰竭可引起体循环瘀血、全身性水肿，同时继发如脑瘀血、胃肠瘀血、肝脏瘀血、肺瘀血和肾瘀血等附属症状。

3. 病理变化

左心衰竭时，左心扩张，心腔积血，肺脏充血，肺水肿，气管、支气管充满泡沫状液体。右心衰竭时，右心扩张肥大，心包积液，心腔积血，肝脏、肾脏、胃、肠及脑等内脏器官瘀血、水肿，胸腹腔积液，皮下水肿。

根据病史，心脏听诊，脉搏数增加，呼吸困难，黏膜发绀，静脉怒张，皮下水肿等症状可作出初步诊断。必要时结合心电图和X线检查判定心脏肥大和扩张等。

（三）防治

治疗原则是加强护理，减轻心脏负担，改善心脏功能和对症疗法。

【处方1】

静脉放血100～200毫升。根据体质和瘀血程度酌情放血，贫血患羊禁止放血。

25%葡萄糖注射液100～200毫升，注射用细胞色素C 15～30毫克，1%三磷酸腺苷二钠注射液（ATP注射液）2～6毫升，注射用辅酶A 50～100单位，10%安钠咖注射液5～20毫升，静脉注射。

呋塞米注射液（速尿针）0.5～1毫克/千克体重，水肿时肌内注射，每日1～2次，连用3日。

【处方2】

10%葡萄糖注射液100～250毫升，西地兰注射液（去乙酰毛花苷）0.4～0.6毫克，静脉注射，必要时4～6小时后，减量再用一次。

【处方3】

此方用于急救。0.1%肾上腺素注射液0.2～0.6毫升，25%葡萄糖注射液100～200毫升，静脉注射。

【处方4】

参附汤：党参100克，熟附子50克，生姜100克，大枣100克，分成6份，每次1份，水煎两次（需煎1小时以上），候温灌服，每日1～2次，不宜久服（急性心力衰竭）。

【处方5】

养荣散：当归30克，白芍30克，党参50克，茯苓30克，白术40克，甘草25克，黄芪50克，五味子40克，陈皮25克，远志25克，红花25克，共为末，分成7份，开水冲服，每天一剂，7剂为一疗程（慢性心力衰竭）。

十四、贫　血

贫血指单位容积血液中红细胞数、红细胞压积容量和血红蛋白含量低于正常值下限的综合征的统称。其临床表现为皮肤和可视黏膜苍白，以及各组织器官由于缺氧而产生的一系列症状，如心率加快，脉搏增强，呼吸困难，肌肉无力等。该病可分为出血性贫血、溶血性贫血、营养性贫血和再生障碍性贫血。

（一）病因

1. 出血性贫血

急性出血性贫血见于外伤、手术、肝破裂、脾破裂等，慢性出血性贫血主要由寄生虫病（如捻转血矛线虫病、仰口线虫病、肝片吸虫病），肿瘤病和某些中毒病等引发。

2. 溶血性贫血

见于巴贝斯虫病、钩端螺旋体病、附红细胞体病、铅中毒、汞中毒、砷中毒等。

3. 营养性贫血

由于造血物质缺乏导致，如蛋白质、铁、铜、钴、叶酸等的缺乏。

4. 再生障碍性贫血

主要由于由放射病、骨髓肿瘤、中毒病、传染病，以及由某些药物作用引起。

（二）诊断要点

1. 临床症状

共同症状是精神沉郁，食欲减退，皮肤与可视黏膜苍白，心跳加快，心音增强，甚至出现贫血性心内杂音，心肌无力，呼吸困难等。

（1）急性出血性贫血　多有受伤史，可视黏膜突然急剧苍白，脉搏微弱，体温下降，出现低血容量休克、死亡等。

（2）慢性出血性贫血　可视黏膜徐发苍白，机体发生进行性消瘦，血液中出现大量幼稚型红细胞。

（3）溶血性贫血　可视黏膜苍白、黄染，体温升高或正常，严重时出现血红蛋白尿，肾脏肿大，黑便，黄疸指数升高，血液中胆红素含量升高，幼稚型红细胞增多等。

（4）营养性贫血　有营养缺乏病史，精神沉郁，食欲减退，异嗜，消瘦，虚弱，发育迟缓，严重时引发水肿等。

（5）再生障碍性贫血　可视黏膜苍白，且逐渐加重，皮肤与可视黏膜有出血性斑点，全身症状越来越重，全血细胞（红细胞、白细胞和血小板）减少，无幼稚型红细胞，一旦发生感染，难以控制。

2. 实验室检查

红细胞数减少，血红蛋白含量减少，血液中出现多量的幼稚型红细胞（再生障碍性贫血时减少），红细胞比容下降，血沉加快。

（三）防治

治疗原则是除去病因，迅速止血，恢复血容量，补充造血物质，刺激骨髓造血机能。

【处方 1】

对于急性出血性贫血，采用压迫、钳夹、结扎（如动脉性出血）或深层缝合（如发生少量持续性出血，又找不到血管，可在创伤处理后进行深层缝合）等方法进行止血。

安络血注射液 10～20 毫克，或止血敏注射液 0.25～0.5 克，肌内注射，每日 1～2 次，连用 1～3 日。

5%葡萄糖注射液 500 毫升，10%葡萄糖酸钙注射液 10～50 毫升，10%安钠咖注射液 10 毫升，静脉注射，每日 1～2 次，连用 1～3 日。

6%中分子右旋糖酐注射液 250～500 毫升，静脉注射。

【处方 2】

对于慢性出血性贫血，应查找病因，积极治疗原发病。如捻转血矛线虫病时，用盐酸左旋咪唑注射液 5～6 毫克/千克体重，皮下注射。

安络血注射液 10～20 毫克，或止血敏注射液 0.25～0.5 克，肌内注射，每日 1～2 次，连用 1～3 日。

维生素 B_{12}注射液 0.3～0.4 毫克，肌内注射，每日 1 次，连用 3～5 日。

丙二醇或甘油 20～30 毫升，维生素 D_2 磷酸氢钙片 30～60 片，干酵母片 30～60 克，加水灌服，每日 2 次，连用 3～5 日。

【处方 3】

对于营养性贫血，应查找病因，饲喂全价配合饲料。

丙二醇或甘油 20～30 毫升，维生素 D_2 磷酸氢钙片 30～60 片，干酵母片 30～60 克，加水灌服，每日 2 次，连用 3～5 日。

右旋糖酐铁注射液 1～2 毫升，肌内注射。

维生素 B_{12}注射液 0.3～0.4 毫克，肌内注射，每日 1 次，连用 3～5 日。

【处方 4】

八珍汤：当归 75 克，川芎 25 克，炒白芍 40 克，熟地 50 克，党参 50 克，白术 50 克，炙黄芪 50 克，炙甘草 50 克，研成末，分成 6 份，每日 1 份，开水冲服（适用于出血性贫血）。

【处方 5】

归脾汤：黄芪 100 克，党参 100 克，白术 50 克，当归 50 克，阿胶 50 克，熟地 60 克，甘草 25 克，研成末，分成 6 份，每日 1 份，开水冲服（再生障碍性贫血）。

十五、尿石症

尿路中析出矿物质盐类结晶，并凝结成大小不均，数量不等的矿物质凝结物，称为尿石。尿石症是由于尿石对尿路黏膜的刺激，从而发生出血和炎症，甚至造成尿路阻塞的一种泌尿器官疾病。其临床特征为排尿障碍，腹痛和血尿。

（一）病因

1. 饲料与饮水因素

给羊饲喂高钙、高磷、高硅的饲料，缺乏维生素 A 或胡萝卜素的饲料，以及精料过多，应用雌激素育肥，饮水不足等都可引发尿石症。

2. 继发因素

肾及尿路损伤、发炎时，尿中含有上皮细胞、管型、脓汁、纤维蛋白等时，均可作为尿石的核心物质，诱发矿物质盐类沉着，形成尿石。甲状旁腺机能亢进时，骨盐大量溶解，血钙含量增高，尿液中钙盐、磷酸盐含量增多产生尿石，另外尿液偏碱或偏酸时都易形成尿石。

3. 其他因素

过量服用维生素 D 和应用某些磺胺类药物可促进尿石的形成。

（二）诊断要点

1. 临床症状

（1）排尿障碍　排尿障碍，尿量减少，频频作排尿动作，但尿液呈细流状或点滴状排出，有时混有血液或砂粒样物质。

（2）腹痛　精神沉郁，姿势异常，站立时弓背缩腹，呻吟，磨牙，踢腹起卧，运步高抬腿，轻落蹄，小心谨慎。

（3）继发症状　尿闭后，腹围增大，腹痛明显，外部触诊有时可以摸到膨大的膀胱。膀胱破裂后，动物安静，排尿动作停止，腹部向下向外侧膨大（抬起前躯依然如此），冲击式触诊有振水音，腹腔穿刺时有大量淡黄或黄红色液体流出，有尿臭味，或有砂粒样物质。有些病例还在后躯皮下发生尿液性水肿。发病较久，不得救治，常发生尿毒症，呼出气体有尿臭味，肌肉震颤，精神沉郁，甚至发生嗜睡和昏迷。

2. 辅助检查

通过X线或B超检查有时可在尿路中发现尿石。采集尿液，进行尿沉渣检查，确定尿石的种类。

3. 病理变化

在肾盂、输尿管、膀胱或尿道内发现尿石，大小不一，数量不等，有时固定在黏膜上，有时游离在尿道中，阻塞部位黏膜发生损伤、炎症、出血、溃疡等。

4. 鉴别诊断

注意与肾结石、输尿管结石、膀胱结石区别。

（三）防治

1. 预防

查清病因，如果是地方性尿石高发区，应查明尿石形成的原因；科学调配饲料，钙磷比例保持在（1.5～2）∶1，供给足够的维生素A，不饮用过硬的水；早期治疗泌尿器官疾病，减少尿石症的发生；酸化尿液。可以内服氯化铵，每日10～15克，连用7日。

2. 治疗

治疗原则是排石消炎和对症治疗。

【处方1】

金沙散：海金沙30克，金钱草120克，金花菜（南苜蓿）30克，萹蓄30克，瞿麦24克，滑石30克，当归30克，柴胡21克，黄芩120克，酒知母21克，茯苓24克，泽泻24克，木通21克，共研末，分成6份，每日1份，开水冲服。

【处方2】

八正散：关木通30克，瞿麦30克，萹蓄30克，车前子30克，滑石60克，甘草25克，栀子（炒）30克，大黄（酒制）15克，灯心草15克，共研末，每次30～60克，开水冲服，每日1次，连用3～5日。

【处方3】

青霉素2万单位～3万单位/千克体重，地塞米松注射液4～12毫克，注射用水5毫升，肌内注射，每日2次，连用3日。

呋塞米注射液（速尿针），0.5～1毫克/千克体重，肌内注射，每日1～2次，连用3日。

盐酸氯丙嗪注射液，1～3毫克/千克体重，肌内注射。

【处方4】

手术疗法，首先判定尿石的部位，进行手术，如膀胱尿石可选用膀胱切开术，尿道结石可选尿道切开术、尿道造口术或膀胱造瘘术。

十六、脑膜脑炎

脑膜脑炎是脑膜和脑实质炎症的统称，脑膜炎与脑炎可先后或同时发生，临床以一般脑症状，灶性症状和脑膜刺激症状为特征。

（一）病因

1. 感染性因素

继发于李氏杆菌病、脑多头蚴病、脑脊髓丝虫病、化脓性眼球炎、中耳炎、鼻炎等感染性疾病的病程中。

2. 中毒性因素

如有机氟中毒、食盐中毒、黄曲霉毒素中毒、铅中毒、汞中毒等。

3. 诱发性因素

如受寒、感冒、日光曝晒、长途运输、脑部外伤等。

（二）诊断要点

1. 临床症状

脑膜脑炎早期，如果轻微刺激颈部及背部皮肤时，即可引起该部部肌肉发生强直性收缩，出现头向后仰，不断后退的症状；脑膜和脑实质发生病理变化时，主要表现为兴奋和抑制。如意识障碍，垂头闭目，呆立不动，运步不稳，共济失调，或兴奋不安，不顾障碍向前冲，转圈运动，四肢泳动，临床上兴奋和沉郁常交替出现；脑的特定部位受损害引起的各种特异性病症（灶性症状）。因侵害部位不同，临床症状也不一样，基本表现为某些器官和肌肉的痉挛或麻痹。如牙关紧闭，眼球震颤，瞳孔大小不等，舌体垂脱，口唇歪斜，吞咽障碍，视力丧失，甚至发生单瘫和偏瘫。脑膜脑炎后期常继发脑室积水，病羊出现采食、饮水姿势异常，结膜充血，头部静脉怒张等。

2. 鉴别诊断

（1）食盐中毒　有采食食盐过多或限制饮水的病史，一般体温反应（有时升高），口渴贪饮，黏膜潮红，有突出的神经症状，腹泻，少尿和脱水。

（2）中暑　中暑是由于纯物理原因引起的体温调节机能障碍的一种急性病。临床特征为体温显著升高，循环障碍和一定的神经症状等。

（3）狂犬病　狂犬病多由携带狂犬病病毒的犬、狼、猫、鼠等动物咬伤或抓伤而感染。临床表现为特有的狂躁、恐惧不安、怕风恐水、流涎和咽肌痉挛，终至发生瘫痪而危及生命等。

（4）李氏杆菌病　李氏杆菌病是由李斯特菌引起的一种散发性人畜共患传染病。家畜和人以脑膜脑炎、败血症、流产为特征。

（三）防治

治疗原则是除去病因，降低颅内压，抗菌消炎和对症治疗。

【处方 1】

10%～25%葡萄糖注射液 200～500 毫升，10%磺胺嘧啶注射液 70～100 毫克/千克体重，40%乌洛托品注射液 10～20 毫升，静脉注射，每日 2 次，连用 3 日。

【处方 2】

5%葡萄糖注射液 500 毫升，青霉素钠 800 万单位～1200 万单位（或氨苄青霉素钠 6～8 克)，静脉注射，每日 2 次，连用 5～7 日。或配合甲硝唑注射液 10 毫克/千克体重，静脉注射，每日 1 次，连用 3～5 日。

20%甘露醇注射液 100～200 毫升，静脉注射，每日 1 次，连用 3～5 日。

呋塞米注射液（速尿针），0.5～1 毫克/千克体重，肌内注射，每日 1～2 次，连用 3～5 日。

水合氯醛 2～4 克，配成 1%～5%浓度加粘浆剂，兴奋不安时内服或灌肠。

【处方 3】

5%葡萄糖注射液 500 毫升，庆大霉素注射液 5 千单位/千克体重，1%三磷酸腺苷二钠注射液（ATP 注射液）2～6 毫升，注射用辅酶 A 50～100 单位，10%安钠咖注射液 5～20 毫升，静脉注射，每日 1 次，连用 3～5 日。

丙二醇或甘油 20～30 毫升，维生素 D_2 磷酸氢钙片 30～60 片，干酵母片 30～60 克，健胃散 30～60 克，加水灌服，每日 2 次，连用 3～5 日。

【处方 4】

呆痴型用朱砂散加减，朱砂 8 克，胆南星、天麻、钩藤、全蝎各 18 克，石决明、石菖蒲、旋复花、菊花各 30 克，细辛、白芷、蒿本各 15 克，分成 8 份，每日 1 份，水煎服。

【处方 5】

惊狂型用天竺黄散加减，天竺黄 60 克，生石膏 90～120 克（先入），生地 30 克，黄连 18 克，郁金、栀子、远志、茯神、桔梗、防风各 24 克，朱砂 12 克，甘草 9 克，分成 8 份。水煎，加蜂蜜 15 克，鸡蛋清半个，调和投服，每日 1 份。抽搐者加琥珀、丹皮、石决明、钩藤；粪便干燥，尿黄赤者，加大黄、芒硝、木通。

十七、日射病及热射病

日射病及热射病又称中暑，是由于纯物理原因引起的体温调节机能障碍的一种急性病。该病的临床特征为体温显著升高，循环障碍和一定的神经症状。此病主要发生于炎热季节。

（一）病因

1. 日射病

在炎热季节，因日光直射动物头部，再加上动物肥胖，体质虚弱，致使脑及脑膜充血、出血，引起中枢神经机能严重障碍。

2. 热射病

由于动物长期处于高温、高湿、无风的环境，或过度肥胖，体质虚弱，被毛较厚，过度拥挤，缺乏饮水时，吸热增多，散热减少，以及剧烈运动，长途运输时，产热增多，体内积热，导致中枢神经机能严重紊乱。

（二）诊断要点

1. 临床症状

（1）日射病　发病突然，病初精神沉郁，四肢变软，步态不稳，共济失调，突然倒地，四肢泳动，眼球突出，之后出现心力衰竭，呼吸急促，体温升高，出汗减少，皮肤干燥，常在剧烈抽搐或痉挛中死亡。

（2）热射病　发病突然，病初沉郁，大汗喘气，体温过高，可达 42～43℃，之后可引发短时的兴奋乱冲，但马上转为抑制，此时无汗，呼吸高度困难，脉搏疾速，后期出现昏睡、昏迷，卧地不起，呼吸浅表疾速，节律不齐，血压下降，结膜发绀，口吐白沫，体温下降，常在痉挛发作期死亡。

2. 病理变化

脑膜及脑部血管高度瘀血，有出血点，脑组织水肿，脑脊液增多，肺充血，肺水肿，气管内有泡沫状液体，心包积液，心腔积血。

根据天气炎热，日光直射，过度拥挤，长途运输等病史资料，以及体温过高，心肺功能障碍等可作出诊断。

（三）防治

治疗原则为加强护理，促进降温，维持心肺功能，补液解毒。

【处方 1】

物理降温。把羊群赶到阴凉通风处，或给予遮阴，提供充足的饮水或口服补液盐水，病羊全身用冷水浇、酒精擦、冰袋镇，或冷水灌肠等。

5%葡萄糖氯化钠注射液 500 毫升，10%安钠咖注射液 10～20 毫升，地塞米松注射液 4～12 毫克，盐酸山莨菪碱注射液（654-2 注射液）5～10 毫克；10%葡萄糖注射液 500 毫升，1%三磷酸腺苷二钠注射液（ATP 注射液）2～6 毫升，注射用辅酶 A 50～100 单位，葡萄糖酸钙注射液 10～20 毫升，10%氯化钾注射液 10 毫升，依次静脉注射。

30%安乃近注射液 3～10 毫升，或氯丙嗪注射液 1～3 毫克/千克体重，肌内注射。

5%碳酸氢钠注射液 50～100 毫升，酸中毒时静脉注射。

呼吸加快、困难时，有条件的可以吸氧。

【处方 2】

止渴人参散加减，党参、芦根、葛根各 30 克，生石膏 60 克，茯苓、黄连、知母、玄参各 25 克，甘草 18 克，共研末，分成 6 份，每次 1 份，开水冲服。无汗加香薷，神昏加石菖蒲、远志，狂躁不安加茯神、朱砂，热急生风，四肢抽搐加钩藤、菊花。热痉挛和热衰竭要结合补液和补充电解质。

十八、湿　疹

湿疹是动物皮肤表层和真皮浅层，由致敏物质刺激所引起的一种过敏性炎症反应，其临床特征为皮肤呈多形性变化，患部皮肤发生红斑、丘疹、水疱、脓疱、糜烂、结痂及鳞屑等皮肤损害，并伴有热、痛、痒症状，常反复发作。

（一）病因

1. 外源性因素

皮肤遭受摩擦，蚊虫叮咬，长期处于阴暗潮湿的环境，皮肤遭受排泄物、分泌物浸渍，或日光曝晒等均可导致湿疹。

2. 内源性因素

机体受消化道炎症、肝炎、肾炎等产生的各种病理性产物，细菌、病毒、寄生虫及其产生的毒物和毒素，以及饲料、药物中致敏物的作用，或由营养失调，代谢紊乱，内分泌机能障碍等引起。

（二）诊断要点

1. 病史

多发生于春夏季节，有遭受各种过敏因素作用的病史。

2. 临床症状

（1）急性湿疹　多在天热出汗和挨淋之后突然发病，在背部、荐部和臀部出现皮肤发红，之后可出现水疱、脓疱和糜烂，浆液渗出增多，产生结痂，病羊瘙痒，不断摩擦，被毛脱落。湿疹病程较长，常反复发作。随病程延长，转成慢性，可见皮肤渗出物减少，皮肤肥厚、粗糙和龟裂，甚至有色素沉着。

（2）绵羊日光疹　绵羊在剪毛后，由于日光长时间照射，可引起皮肤充血、肿胀、发热、疼痛，之后迅速消失，结痂痊愈。

3. 鉴别诊断

根据湿疹的多形性变化，反复发作，有热、痛、痒等症状不难作出诊断。但应与荨麻疹进行区别，荨麻疹又称风疹块，是家畜受体内、外因素刺激所引起的一种过敏性疾病，其临床特征为体表发生许多圆形或扁平的局限性疹块，发生和消退都较快，并伴发皮肤瘙痒。

（三）防治

治疗原则为消除病因，收敛防腐，脱敏止痒。

【处方 1】

0.1%高锰酸钾液（或1%～2%鞣酸、2%～3%明矾液、3%硼酸液）1000毫升，局部清洗。

炉甘石洗剂（炉甘石10克，氧化锌5克，石炭酸1克，甘油5毫升，石灰水100毫升），或1∶1氧化锌滑石粉、1∶9碘仿鞣酸粉、3%～5%龙胆紫液、美蓝硼砂液，适量，局部撒布或涂抹，每日2～3次，连用3～5日。

扑尔敏注射液12～20毫克，或苯海拉明注射液40～60毫克，肌内注射，每日2次，连用3～5日。

红霉素软膏，有化脓时局部涂抹。

1%～2%石炭酸酒精，急性湿疹发生瘙痒时患部涂擦。

【处方 2】

氧化锌水杨酸软膏（氧化锌软膏100克，水杨酸4克），或10%水杨酸软膏、碘仿鞣酸软膏（碘仿10克，鞣酸5克，凡士林100克），适量，局部涂抹（慢性湿疹）。

10%葡萄糖注射液500毫升，10%氯化钙注射液20～50毫升，隔日1次，静脉注射，连用3～5日。

【处方 3】

风热型用消风散加减，荆芥、防风、牛蒡子各24克，蝉蜕20克，苦参20克，生地24克，知母24克，生石膏50克，木通15克，共为细末，分成6份，每次1份，开水冲服，每日2次。同时外用青黛散。

【处方 4】

湿热型用清热渗湿汤加减，黄芩、黄柏、苦参各24克，生地30克，白鲜皮24克，滑石24克，车前子24克，板蓝根30克，共为细末，分成6份，开水冲服，每日1次。渗出较重者用生地榆水或甘草水洗后冷敷。

第二节 外科疾病

一、创　伤

创伤是因锐性外力或强烈的钝性外力作用于机体组织或器官，使受伤部皮肤或黏膜出现伤口及深在组织与外界相通的机械性损伤。创伤一般由创缘（为皮肤或黏膜，及其下的疏松结缔组织）、创口（创缘之间的间隙）、创壁（由受伤的肌肉、筋膜及位于其间的疏松结缔组织构成）、创底（是创伤的最深部分，根据创伤的深浅和局部解剖特点，创底可由各种组织构成）、创腔（为创壁之间的间隙，管状创腔称为创道）、创围（是创口周围的皮肤或黏膜）等部分组成。

创伤按经过的时间分为新鲜创、陈旧创；按有无感染分为无菌创、污染创、感染创和肉芽创。

（一）病因

羊分群不合理而互相打架抵伤；在公路沿线放牧，被车撞伤，偷食庄稼，被人打伤以及在山地或陡坡放牧被摔伤，被犬、狼、蛇等动物咬伤；去角、断尾、去势等手术导致的创伤。

（二）诊断要点

1. 一般检查

通过问诊，了解创伤发生的时间，致伤物的性状，发病当时的情况和病羊的表现等。然后检查病羊的精神状态，体温、呼吸、脉搏，观察可视黏膜颜色，检查受伤部位和救治情况，以及四肢的机能障碍等。

2. 创伤的检查

其目的在于了解创伤的性质，决定治疗措施和观察愈合情况。

（1）创伤外部检查　按由外向内的顺序，仔细对受伤部位进行检查。先观察创伤的部位、大小、形状、方向、性质，创口裂开的程度，有无出血，创围组织状态和被毛情况，有无创伤感染现象。之后观察创缘及创壁是否整齐、平滑，有无肿胀及血液浸润情况，有无挫灭组织及异物。然后对创伤周围进行柔和而细致的触诊，以确定局部温度的高低、组织硬度、皮肤弹性及移动性等。

（2）创伤内部检查　应胆大心细，并遵守无菌规则。首先创围剪毛、消毒。检查创壁时，应注意组织的受伤、肿胀、出血及污染情况。检查创底时，应注意深部组织受伤状态，有无异物、血凝块及创囊的存在。必要时可用消毒的探针、硬质胶管等，或用戴消毒乳胶手套的手指进行创底检查，摸清创伤深部的具体情况。但胸壁透创严禁深探，以防人工造成气胸。有分泌物的创伤，应注意分泌物的颜色、气味、黏稠度、数量和排出情况等。对于出现肉芽组织的创伤，应注意肉芽组织的数量、颜色和生长情况等。创面可作按压标本的细胞学检查，有助于了解机体的防卫机能状态，客观地验证治疗方法的正确性。

3. 创伤的症状

（1）出血　观察出血的性质，如内出血和外出血，动脉性出血、静脉性出血，毛细血管性出血和实质性出血等，最危险的是动脉血性出血和内出血。

（2）创口裂开　创口开裂的程度取决于受伤的部位，创口的方向、长度和深度，以及组织的弹性等。

（3）*疼痛和机能障碍* 根据创伤的种类、程度、部位、大小的不同，其机能障碍也不同，主要是出现损伤的局部运动机能障碍，如运动失调、跛行、呼吸困难、局部知觉丧失和肌肉麻痹等。

（4）*感染* 意外发生的任何开放伤都会受感染，感染的伤口红肿、疼痛、有脓性分泌物等，体温增高和中性粒细胞增多，初期可为局部感染，严重者可迅速扩散，发生全身感染。

（5）*休克* 由于大出血导致的失血性休克，后期感染引起的感染性休克。

（6）*凝血功能障碍* 由于出血导致凝血物质的消耗，抗凝系统活跃，可造成出血倾向。

（7）*器官功能紊乱* 创伤可造成大量的坏死组织，引起机体严重而持久的炎症反应，加之应激、休克、免疫功能紊乱、毒性产物、炎性介质和细胞因子等的作用，可发生肾功能、肝功能损害。

4. 实验室检查

根据损伤的情况可进行血常规、尿常规、电解质分析、肾功能和肝功能检查等，以判断机体失血、脱水情况，以及其他内脏器官的损伤情况。

5. 影像学检查

必要时可进行X线检查和B超检查，以确定硬组织、胸腹部脏器等的损伤和出血等。

（三）防治

1. 预防

加强饲养管理，合理分群，避免在公路、陡坡等处放牧，防止羊被撞伤、打伤、抵伤、咬伤、摔伤等，发生意外及时救治。

2. 治疗

治疗原则为及时制止出血，防止休克和感染，纠正水与电解质失衡，促进创伤愈合。

【处方1】

采用压迫、钳夹、结扎（如动脉性出血）或深层缝合（如发生少量持续性出血，又找不到血管，可在创伤处理后进行深层缝合）等方法进行止血。

用灭菌纱布将创口盖住，剪除周围被毛，用0.1%新洁尔灭溶液或生理盐水洗净创围，然后用5%碘酒进行创围消毒。用镊子仔细除去创内异物，反复用生理盐水洗涤或冲洗创内，然后用灭菌纱布轻轻地吸蘸创内残存的药物和污物。创腔撒布青霉素，或链霉素、氨苯磺胺粉（外用消炎粉）、1∶9碘仿磺胺粉、1∶9碘仿硼酸粉等，如创腔狭窄可改为10%～20%青霉素液灌注。对创面整齐，清创彻底的创伤可以进行密闭缝合，如有感染危险时，可进行部分缝合，创口下角留排液口，有厌氧性感染或组织缺损严重时，不缝合，进行开放疗法。缝合之后用绷带包扎（分三层由内到外分别为灭菌纱布，灭菌脱脂棉和卷轴绷带）。

安络血注射液10～20毫克，或止血敏注射液0.25～0.5克，维生素K_3注射液30～50毫克，肌内注射，每日1～2次，连用1～3日。

5%葡萄糖氯化钠注射液500毫升，氨苄青霉素50～100毫克/千克体重，地塞米松注射液4～12毫克（孕羊禁用）；10%葡萄糖注射液500毫升，5%氯化钙注射液50～150毫升，10%安钠咖注射液10毫升，依次静脉注射，每日1～2次，连用1～3日（适用于新鲜创和污染创）。

【处方2】

剪除被毛，清除创伤及创口周边污血、异物等，对创口周边进行整复，用0.1%新洁尔灭溶液，或3%双氧水、0.1%高锰酸钾液、0.05%洗必泰液、0.1%利凡诺液、2%～4%硼酸（绿脓杆菌感染）等清洗或冲洗创围及创腔，除净脓液及坏死组织，创口小的可扩创，或作低位的反对口引流，之后再用生理盐水反复冲洗，创腔撒布青霉素、链霉素，或用碘仿磺胺甘油（5：7：100）、20%硫酸镁液、10%氯化钠液、5：95高锰酸钾磺胺、碘仿蓖麻油（碘仿1份，蓖麻油100份，并加入碘酊，呈浓茶色）、5%～10%敌百虫甘油、白糖粉、魏氏流膏（松榴油5份，碘仿3份，蓖麻油100份）等进行灌注或用纱布条引流，促进创腔净化，必要时进行包扎，其间定期进行换药。用药物治疗3～5天，无如创伤感染，可施行缝合（延期缝合）。

青霉素80万～160万单位，0.25%～0.5%盐酸普鲁卡因注射液20毫升，创腔周围封闭。

5%葡萄糖氯化钠注射液500毫升，氨苄青霉素50～100毫克/千克体重，地塞米松注射液4～12毫克（孕羊禁用）；10%葡萄糖注射液500毫升，5%氯化钙注射液50～150毫升，维生素C注射液0.5～1.5克，10%安钠咖注射液10毫升，依次静脉注射，每日1～2次，连用3日（适用于感染创或化脓创）。

【处方3】

用0.1%新洁尔灭溶液，或3%双氧水、0.1%高锰酸钾液、0.05%洗必泰液、0.1%利凡诺液冲洗后，可以涂抹或灌注下列药物之一，即青霉素、魏氏流膏、10：90氨苯磺胺甘油、1：9碘仿鱼肝油、5：95磺胺凡士林、1：1鱼肝油凡士林、水杨酸磺胺软膏（水杨酸4份，10%磺胺软膏96份），以保护肉芽组织和促进上皮生长，如肉芽面积过大，肉芽组织生长良好，可修整创面，撒布青霉素粉，进行缝合或部分缝合，以缩小疤痕，或进行小块植皮（适用于肉芽创）。

【处方4】

脱腐生肌散：雄黄50克，冰片50克，轻粉75克，朱砂5克，枯矾50克，石膏（煅）50克，陈石灰100克，血竭100克，共研细末，装瓶保存，外用（适用于新鲜创、污染创和感染创）。

【处方5】

生肌玉红膏：当归60克，白芷15克，甘草36克，紫草6克，生地60克，白蜡60克，血竭12克，轻粉12克，麻油500克，将上药前4味药入麻油内浸泡3日后，煎枯去渣，再将药油煎至滴水成珠，加入血竭末，再加入白蜡，白蜡融化后加入轻粉末搅匀即成。装瓶，外用涂布（肉芽创）。

二、挫　伤

挫伤是指机体在钝性外力直接作用下，引起软组织的非开放性损伤。挫伤临床特征为溢血、肿胀、疼痛和机能障碍。根据挫伤的程度可分为皮下组织挫伤、皮下裂伤和皮下深部组织创伤。

（一）病因

主要是由于钝性外力对机体的直接作用，如鞭打、棍击、羊之间的相互角斗、车撞、车轮碾、跌倒或坠落于硬地等。

（二）诊断要点

1. 病史

羊受到钝性外力直接作用。

2. 临床症状

不同种类挫伤见表9-1。

表9-1 挫伤及特点

种类		临床特征
皮下组织挫伤		皮肤可出现轻微的致伤痕迹，如被毛逆乱或脱落，皮肤擦伤等，因受损组织被挫灭和血液浸润，局部皮肤常伴有溢血、肿胀、疼痛，重度挫伤时，局部可能一时感觉丧失。溢血是由于血管破裂，使血液积聚在组织中，在缺乏色素的皮肤上可见到溢血斑，如皮下组织的小血管破裂，常发生局限性的小出血斑（点状出血），严重时较大血管出血，出现溢血斑，起初皮肤呈黑红色，逐渐变成紫色、黄色后恢复正常
皮下裂伤		受损皮肤仍完整，但皮肤与皮下组织发生剥离，常有血液和渗出液等积聚皮下
皮下深部组织创伤	肌肉挫伤	轻度肌肉挫伤，常发生瘀血或出血，重度时肌肉常发生坏死，挫伤部肌肉软化呈泥状，易发生湿性坏疽，治愈后形成瘢痕，并有机能障碍
	神经挫伤	多为末梢神经挫伤，使损伤神经所支配的区域发生局部疼痛消失，运动麻痹，肌肉渐进性萎缩。中枢神经系统脊髓发生挫伤时，因受损的部位不同可发生呼吸麻痹、后躯麻痹、尿失禁等症状
	肌腱挫伤	腱纤维发生断裂或分离，呈鱼腹样肿胀
	关节挫伤	多发生在肘关节、腕关节、系关节等，轻度挫伤时脱毛、皮下出血、肿胀和轻度跛行，重度挫伤则热痛和肿胀明显，并有中、重度的跛行

3. 继发症状

挫伤如继发内脏破裂（如肝脏、肾脏、脾脏、肺脏等），可形成严重的内出血，羊出现战栗、可视黏膜苍白，甚至休克。挫伤组织如发生感染，可出现脓肿或蜂窝织炎，组织反复挫伤，可形成淋巴外渗、黏液囊炎及患部皮肤肥厚、皮下结缔组织硬化。

（三）防治

1. 预防

加强羊群管理，防止羊遭受各种钝性外力的直接作用。

2. 治疗

治疗原则为制止溢血，镇痛消炎，促进肿胀的吸收，防止感染，加速组织的修复能力。

【处方1】

病初可用冷却疗法，经过两天后改用温热疗法，或用氦氖激光照射、红外线照射。

炎症慢性化时可进行刺激疗法，局部涂抹或外敷刺激性药物，如樟脑酒精，或5%鱼石脂软膏、氨擦剂（氨1份，蓖麻油4份）、复方醋酸铅散等，促进肿胀消退。

【处方2】

安络血注射液10～20毫克，或止血敏注射液0.25～0.5克，维生素K_3注射液30～50毫克，肌内注射，每日1～2次，连用1～3日。

青霉素5万～10万单位/千克体重，链霉素10～15毫克/千克体重，地塞米松注射液4～12毫克（孕羊禁用），注射用水10毫升，肌内注射，每日1～2次，连用3日。

吲哚美辛片（消炎痛）2毫克/千克体重，内服，每日2次，连用3日。

三、休　　克

休克不是一种独立的疾病，而是神经、内分泌、循环、代谢等发生严重的障碍时表现出的症候群，以循环血液量锐减，微循环障碍，组织灌流不良，组织缺氧和器官损害为特征。临床上按病因将休克分为低血容量性休克、创伤性休克、中毒性休克、心源性休克及过敏性休克。

（一）病因

病因主要有失血与失液（失血见于外伤、消化道溃疡、内脏器官破裂引起的大出血，失血性休克的发生取决于失血量和出血的速度；失液见于剧烈腹泻、肠梗阻等引起的严重脱水，属于低血容量性休克，临床上以低渗性脱水多见）、创伤（主要是由于出血和剧烈的疼痛引起）、烧伤（早期发生的休克与创面大量渗出液导致血容量减少和疼痛有关，晚期因继发感染引起的）、感染（主要由细菌感染引起，其中内毒素起重要作用。如大肠杆菌、金黄色葡萄球菌、绿脓杆菌等）、心泵功能障碍（常见于大面积急性心梗、急性心肌炎、严重心律失常）、过敏（如接种疫苗，注射免疫血清、青霉素等）、强烈的神经刺激损伤。

（二）诊断要点

1. 病史

有失血，脱水，过敏反应或剧痛手术、创伤、感染等。

2. 临床症状

（1）休克早期（休克代偿期）　病羊精神正常或稍有不安，脉搏快而充实，血压无变化或稍高，呼吸加快，皮温降低，黏膜苍白，排尿减少。由于此期短暂（短者几秒，长者不超过1小时），症状不典型，临床上极易被忽视。此时如处理及时、得当，休克可较快得到纠正。否则，病情继续发展，进入休克期。

（2）休克期（休克抑制期）　由于代偿反应消失，机体出现典型的综合征。临床表现为血压下降，皮温降低，四肢末端厥冷，肌肉软弱无力，齿龈及可视黏膜发绀。由于回心血量减少，静脉塌陷，心排血量减少，第一心音增强而第二心音微弱，甚至消失，脉搏细而快，脉率失常，尿量进一步减少，甚至无尿。此期脑干也发生缺血缺氧，表现精神沉郁，两眼凝视，瞳孔放大，反应迟钝，多卧地不起，人为驱赶，步态踉跄，严重者发生昏迷，脉搏细弱，甚至不感于手，器官机能障碍加重，可出现严重的出血倾向，如皮肤、黏膜呈现出血斑或广泛性出血，尤以消化道最为严重。

3. 休克的诊断指标

休克的诊断指标见表9-2。

表 9-2　休克的诊断指标

指　标	测定方法
血液循环状况	观察结膜和舌的颜色(苍白或发绀),用手指压迫齿龈和舌边缘,血液充满时间延长(正常为 1～1.5 秒,发病时大于 3 秒)
测定血压	休克时血压降低,严重时测不出,一般应 10～30 分钟检测一次
测定体温、呼吸次数和心率	休克时体温下降,呼吸次数和心率增加
观察尿量	休克时肾脏灌流量减少,尿量下降,当大量投给液体时,尿量能达到正常的 2 倍
心电图检查	心电图可诊断心律不齐,电解质失衡。如酸中毒和休克结合能出现大的 T 波,高血钾症时 T 波突然向上、基底变狭、P 波低平或消失,ST 段下降,QRS 波幅宽增加,PQ 延长
实验室检查	如血清钠降低,血清钾升高,血清乳酸升高,二氧化碳结合力下降和非蛋白氮含量升高等

(三) 防治

1. 预防

加强饲养管理，防止失血、脱水、创伤、过敏和感染等的发生，及时止血，发现有休克倾向应积极治疗。

2. 治疗

治疗原则为消除病因，加强护理，补充血容量，改善循环功能，调节代谢障碍，抗感染，治疗 DIC（即弥散性血管内凝血，在休克后期发生不可逆转性休克，微循环内黏稠的血液在酸性环境中发生凝集，并在血管内形成血栓）。

【处方 1】

对于过敏性休克，用如下处方。

0.1%盐酸肾上腺素注射液 0.2～1 毫升，皮下或肌内注射，如症状不缓解，半小时后重复注射，直至脱离危险。

氢化可的松注射液 20～80 毫克，或地塞米松注射液 4～12 毫克，生理盐水 20～50 毫升，静脉推注。

去甲肾上腺素注射液 2～4 毫克，5%葡萄糖注射液 500 毫升，静脉注射。

多巴胺注射液 20～40 毫克，生理盐水 500 毫升，静脉注射。

生理盐水 2～6 毫升，0.1%盐酸肾上腺素注射液 0.2～0.6 毫升，心内注射，用于心脏骤停，可结合胸外心脏按摩。

尼可刹米注射液 0.25～1 克，皮下或肌内注射，用于呼吸困难时，可进行氧气吸入，密切观察，对症处理，直至脱离危险。

【处方 2】

生理盐水 2000 毫升，盐酸山莨菪碱注射液（654-2 注射液）10～20 毫克，氨苄青霉素钠 10～20 毫克/千克体重（有感染时加入），地塞米松注射液 4～12 毫克，乳酸林格氏液 500 毫升，6%中分子右旋糖酐注射液 250～500 毫升，静脉注射。补足的标准为病情开始好转，末梢皮温由冷变温，齿龈由紫变红，口腔湿润有光泽，血压恢复正常，心率减慢，排尿量逐渐增多等，此时说明体内电解质失衡得到改善。

5%葡萄糖注射液 500 毫升，多巴胺注射液 20～40 毫克，静脉注射。

5%葡萄糖注射液 500 毫升，西地兰注射液 0.2～0.4 毫克，必要时缓慢静脉注射。

5%碳酸氢钠注射液 50～100 毫升，静脉注射。

10%葡萄糖注射液 500 毫升，10%氯化钾注射液 10 毫升，10%葡萄糖酸钙注射液 10～20 毫升，一般在羊排尿后静脉注射。

20%甘露醇注射液 100～250 毫升，静脉注射，用于补足液体，心功能好转，但尿量较少时。

肝素注射液 100～150 单位/千克体重，5%葡萄糖注射液 500 毫升，每分钟 30 滴，静脉注射，用于弥散性血管内凝血（DIC），但有伤口者慎用。

四、血　　肿

血肿是由于各种外力作用，导致血管破裂，溢出的血液分离周围组织，形成充满血液的腔洞。

（一）病因

血肿常见于软组织非开放性损伤，但骨折、刺创、火器创也可形成血肿。血肿可发生于皮下、筋膜下、肌间、骨膜下及浆膜下。根据损伤的血管不同，血肿分为动脉性血肿、静脉性血肿和混合性血肿。

血肿形成的速度较快，其大小决定于受伤血管的种类、粗细和周围组织性状，一般均呈局限性肿胀，且能自然止血。较大的动脉断裂时，血液沿筋膜下或肌间浸润，形成散漫性血肿。较小的血肿，以后由于血液凝固而缩小，其血清部分被组织吸收，凝血块在蛋白分解酶的作用下软化、溶解和被组织逐渐吸收。其后由于周围肉芽组织的新生，使血肿腔结缔组织化。较大的血肿周围，可形成较厚的结缔组织囊壁，其中央仍贮存未凝的血液，时间较久则变为褐色，甚至无色。

（二）诊断要点

受伤后迅速肿胀，有波动，但局部温度增高，4～5 天后肿胀周围呈坚实感，并有捻发音，中央部有波动，局部增温。穿刺时，可排出血液。有时可见淋巴结肿大和体温升高等全身症状。血肿感染可形成脓肿（局部穿刺，排出脓汁），注意鉴别。

（三）防治

治疗原则为制止溢血、防止感染和排除积血。

【处方 1】

安络血注射液 10～20 毫克，或止血敏注射液 0.25～0.5 克，肌内注射，每日 1～2 次，连用 1～3 日。

青霉素 2 万～3 万单位/千克体重，链霉素 10～15 毫克/千克体重，注射用水 10 毫升，肌内注射，每日 1～2 次，连用 3 日。

【处方 2】

受伤初期有波动时，应局部剪毛消毒，患部消毒，抽出血液，装压迫绷带。

【处方 3】

如血肿较大，经 4～5 天后变硬，应严格消毒，切开血肿，取出凝血块和挫灭组织，如发现继续出血，可行结扎止血，0.1%新洁尔灭溶液清理创腔后，撒布青霉素粉，再行缝合创口或开放疗法。

五、淋巴外渗

淋巴外渗是在钝性外力作用下，由于淋巴管断裂，致使淋巴液聚积于组织内的一种非开放性损伤。

（一）病因

淋巴外渗是钝性外力在动物体上强行滑擦，致使皮肤或筋膜与其下部组织发生分离，因而淋巴管发生断裂。淋巴外渗常发生于淋巴管较丰富的皮下结缔组织，而筋膜下或肌间则较少。

（二）诊断要点

淋巴外渗在临床上发生缓慢，一般于伤后3～4天出现肿胀，并逐渐增大，有明显的界限，呈明显的波动感，皮肤不紧张，炎症反应轻微。穿刺液为橙黄色、稍透明的液体，或其内混有少量的血液。时间较久，析出纤维素块，如囊壁有结缔组织增生，则呈明显的坚实感。

（三）防治

治疗原则为制止渗出、防止感染。

【处方1】

首先使羊安静，有利于淋巴管断端的闭塞。

较小的淋巴外渗可不必切开，于波动明显部位，用注射器抽出淋巴液，然后注入95%酒精或酒精福尔马林液（95%酒精100毫升，福尔马林1毫升，碘酊数滴，混合备用），停留片刻后，将其抽出，以期淋巴液凝固堵塞淋巴管断端，而达制止淋巴液流出的目的。应用一次无效时，可行第二次注入。

【处方2】

较大的淋巴外渗，可行切开，排出淋巴液及纤维素，用酒精福尔马林液冲洗，并将浸有上述药液的纱布填塞于腔内，作假缝合。当淋巴管完全闭塞后，取出纱布，可按创伤治疗。治疗时应当注意，冷敷能使皮肤发生坏死，温热、刺激剂和按摩疗法，均可破坏已形成的淋巴栓塞，都不宜应用。

青霉素2～3万单位/千克体重，注射用水5毫升，肌内注射，每日2次，连用3日。

六、脓肿

脓肿是在任何组织和器官内形成的外有脓肿膜包裹，内有脓汁潴留的局限性脓腔。脓肿是致病菌感染后所引起的局限性炎症，如果在解剖腔内有脓汁潴留称为蓄脓、如关节蓄脓、上颌窦蓄脓、胸膜腔蓄脓等。

（一）病因

1. 皮肤感染

常见于继发急性化脓性感染的后期，主要致病菌是葡萄球菌，其次是化脓性链球菌、大肠杆菌、绿脓杆菌等。主要通过皮肤伤口感染，以及因注射给药时不消毒或消毒不彻底而引起。

2. 强烈刺激

静脉注射刺激性强的药物（如水合氯醛、氯化钙），药液漏于静脉外，或将其进行皮下注射和肌内注射。

3. 转移

血液、淋巴循环将原发化脓灶转移到新的组织或器官，形成转移性脓肿，主要见于机体抵抗力差，或病原微生物毒力较强时。

（二）诊断要点

1. 急性浅在性脓肿

常发生于皮下结缔组织、筋膜下及表层肌肉组织内。表现为局部发红，出现弥漫性肿胀，界限不清，触诊肿胀增温、坚实、敏感疼痛，以后逐渐界限清晰，中间软化出现波动。之后脓肿可自行破溃，排脓，但常因皮肤溃口过小，脓汁不易排尽。

2. 慢性浅在性脓肿

一般发生缓慢，有明显的波动感，局部无热、无痛或疼痛非常轻微，穿刺时，有脓汁流出。

3. 深在性脓肿

常发生于深层肌肉、肌间、骨膜下、腹膜下及内脏器官。由于被覆较厚的组织，初期症状不明显。局部皮肤仅出现炎性水肿，触之敏感且有压痕，穿刺排出脓汁。有的脓肿可以逐渐浓缩，甚至钙化，个别较大的脓肿，未能及时切开，脓肿膜坏死，脓汁自皮肤破溃处排出，或向深部周围组织蔓延，导致感染扩散，病羊渐进性消瘦，甚至引起败血症。

（三）防治

治疗原则为初期消炎止痛，促进炎性产物吸收，后期促进脓肿成熟，切开排脓。

【处方 1】

脓肿初期用此方。

樟脑软膏，或鱼石脂酒精、复方醋酸铅散（醋酸铅 100 克，明矾 50 克，樟脑 20 克，薄荷 10 克，白陶土 820 克，醋调备用）等适量，冷敷。

青霉素 5 万～10 万单位/千克体重，链霉素 10～15 毫克/千克体重，注射用水 10 毫升，肌内注射，每日 1～2 次，连用 3 日。

【处方 2】

脓肿中、后期用此方。

采取温热疗法，或超短波疗法、短波透热疗法，促进炎性产物消散。

10%鱼石脂软膏，或鱼石脂樟脑软膏，适量，外敷。

【处方 3】

脓汁抽出法，适用于关节部等脓肿膜形成良好的小脓肿。其方法是利用连接粗针头的注射器将脓肿腔内的脓汁抽出，然后用生理盐水反复冲洗脓腔，抽净腔中的液体，最后灌注 10%～20%青霉素液。

【处方 4】

脓肿切开法，脓肿成熟出现波动后立即切开。切口应选择波动最明显，易排脓的部位。局部剪毛，常规消毒，浸润麻醉或全身麻醉，切开前先用粗针头将脓汁排出一部分，切开时一定要防止外科手术刀损伤对侧的脓肿膜。切口要有一定的长度，并作纵向切口，以保证在治疗过程中脓汁能顺利地排出，深在性脓肿切开时，除进行确实麻醉外，最好进行分层切开，并对出血的血管进行仔细的结扎或钳压止血，以防引起转移性脓肿。脓肿切开后，脓汁要尽力排尽，但切忌用力压挤脓肿壁，或用棉纱等用力擦拭脓肿膜里面的肉芽组织，这样就有可能损伤脓肿腔内的肉芽防卫面而使感染扩散。如果一个切口不能彻底排出脓汁时，亦可根据情况作必要的辅助切口。对浅在性脓肿，可用防腐液或生理盐水反复清洗脓腔。最后用脱脂纱布轻轻吸出残留在腔内的液体，然后撒布青霉素粉或灌注5%碘酊，切口一般不缝合，必要时进行包扎。

【处方5】

脓肿摘除法，常用以治疗脓肿膜完整的浅在性小脓肿。局部剪毛，常规消毒，浸润麻醉，切开皮肤，摘除脓肿，撒布青霉素粉，结节缝合皮肤。注意勿刺破脓肿膜，防止新鲜手术创被脓汁污染。

七、蜂窝织炎

蜂窝织炎是指在疏松结缔组织内发生的急性弥漫性化脓性炎症。它常发生在皮下、筋膜下及肌肉间的蜂窝内，以在其中形成浆液性、化脓性和腐败性渗出液并伴有明显的全身症状为特征。临床上的分类方法见表9-3。

表9-3　蜂窝织炎的分类及特点

类　型	特　　点
按部位的深浅	分为浅在性蜂窝织炎(如皮下、黏膜下蜂窝织炎)和深在性蜂窝织炎(如筋膜下、肌间、软骨周围和腹膜下蜂窝织炎)
按渗出液的性状和组织的病理学变化	分为浆液性、化脓性、厌气性和腐败性蜂窝织炎，如化脓性蜂窝织炎伴发皮肤、筋膜和腱的坏死时，则称为化脓坏死性蜂窝织炎，在临床上也常见到化脓菌和腐败菌混合感染而引起的化脓腐败性蜂窝织炎
按发生的部位	分为关节周围、食管周围、淋巴结周围、股部和直肠周围蜂窝织炎等

（一）病因

1. 外伤感染

多经皮肤微细创口感染引起。主要的致病菌是溶血性链球菌、金黄色葡萄球菌、大肠杆菌和厌氧菌等。

2. 药物刺激

刺激性强的药物误注或漏入皮下疏松结缔组织。

3. 化脓灶扩散

邻近组织或器官化脓感染的直接扩散，或通过血液循环和淋巴道的转移。

（二）诊断要点

1. 共同症状

蜂窝织炎病情发展迅速，局部症状表现为大面积肿胀，局部增温，疼痛剧烈和机能障碍。全身症状表现为病羊精神沉郁，体温升高，食欲不振，并出现各系统(循环、呼吸及消化系统等)的机能紊乱。

2. 特有症状

（1）皮下蜂窝织炎　常发生于四肢，主要由外伤感染引起。病初局部出现弥漫性渐进性肿胀，触诊热痛明显，呈捏粉状，之后呈稍坚实感，局部皮肤紧张，无可动性。随着炎症的发展，局部由浆液性浸润转变为化脓性浸润，患部肿胀、热痛明显而剧烈，病羊体温显著升高。如局部坏死组织化脓溶解，可出现化脓灶，触诊柔软有波动。经过良好者，化脓过程局限化或形成蜂窝织炎性脓肿，脓汁排出后，病羊局部和全身症状减轻，病情恶化时，化脓灶继续向周围和深部蔓延，使病情加重。

(2) 筋膜下蜂窝织炎　常发生于前肢的前臂筋膜下、背腰部的深筋膜下，以及后肢的小腿筋膜下和股阔筋膜下的疏松结缔组织中。其临床特征是患部热痛反应剧烈，机能障碍明显，患部组织呈坚实性炎性浸润。当向周围蔓延时，全身症状恶化，甚至发生全身性化脓感染，导致动物死亡。

(3) 肌间蜂窝织炎　常继发于开放性骨折、化脓性骨髓炎、关节炎及腱鞘炎之后。有些是由于皮下或筋膜下蜂窝织炎蔓延的结果。感染可沿肌间和肌群间大动脉及大神经干的径路蔓延。首先是肌外膜，然后是肌间组织，最后是肌纤维。先后发生炎性水肿、化脓性浸润和化脓性溶解。患部肌肉肿大、肥厚、坚实、界限不清，机能障碍明显，触诊和踏步运动时疼痛剧烈。表层筋膜因组织内压增高而高度紧张，皮肤可动性受到限制。肌间蜂窝织炎时全身症状明显，体温升高，精神沉郁，食欲不振。局部已形成脓肿时，切开后可流出灰色、常带血样的脓汁。有时由化脓性溶解可引起关节周围炎、血栓性血管炎和神经炎。

3. 实验室检查

白细胞数升高，脓液可分离培养出致病菌。

(三) 防治

1. 预防

加强饲养管理，多给些富有维生素的饲料，增加运动，增强机体抵抗力，注射有刺激性的药物时，严格按照操作规程进行，如出现各种外伤，及时处理，防止感染蔓延。

2. 治疗

治疗原则为减少炎性渗出、抑制感染扩散、减轻组织内压、改善全身状况、增强机体抗病力。

【处方 1】

10%鱼石脂酒精（或 90%酒精、醋酸铅明矾液、栀子浸液、涂以醋调制的醋酸铅散），适量，于病初 1～2 天，冷敷。

病后 3～4 天，炎性渗出已基本平息，为促进炎症产物的消散吸收，可用上述溶液温敷。

【处方 2】

雄黄散：雄黄 200 克，白及 200 克，白蔹 200 克，龙骨（煅）200 克，大黄 200 克，研碎成细粉，过筛混匀，用热醋或热水调成糊状，待温外敷。

【处方 3】

0.5%盐酸普鲁卡因注射液 10～40 毫升，青霉素溶液 160 万单位，四肢环状封闭或病灶周围封闭。

【处方 4】

手术切开。蜂窝织炎一旦炎性渗出不能停止，应不待形成化脓性坏死，早期做广泛切开，并尽快引流。局部剪毛，常规消毒，浸润麻醉或全身麻醉，切口部位选在炎症最明显处，切口数量依据肿胀范围大小而定，可多处切开，切口的长度应利于引流又利于愈合（多采用纵切或斜切，并有一定深度，必要时应造反对口），创内用10%～20%硫酸镁液冲洗，也可配合用2%双氧水冲洗和湿敷，用硫酸镁新洁尔灭液（硫酸镁100～200克，新洁尔灭液1毫升，蒸馏水加至1000毫升）或魏氏流膏纱布引流。当炎症渗出停止时，按化脓创治疗用药。

【处方5】

青霉素钠5万～10万单位/千克体重（或氧氟沙星注射液2.5～5毫克/千克体重），生理盐水500毫升，地塞米松注射液4～12毫克，静脉注射，每日1～2次，连用3日。

甲硝唑注射液10毫克/千克体重，静脉注射，每日1次，连用3次。

5%碳酸氢钠注射液50～100毫升，静脉注射，每日1次，连用3次。

八、风 湿 病

风湿病是一种以全身结缔组织内胶原纤维发生纤维样变性为特征的常反复发作的急性或慢性非化脓性炎症。风湿病的常见发病部位是骨骼肌、心肌、关节囊和蹄部，其中骨骼肌和关节囊发病时常有对称性和游走性，且疼痛和机能障碍随运动量增大而逐渐减轻。根据发病的组织和器官不同，风湿病分为肌肉风湿病、关节风湿病和心脏风湿病，根据病程经过可分为急性风湿病和慢性风湿病。该病多见于我国北方和寒冷的冬春季节。

（一）病因

风湿病的病因和发病机理迄今尚未完全明了，该病是一种变态反应性疾病，一般认为溶血性链球菌的感染和自身免疫调节紊乱有关。遭受感染，久卧湿地，遭风侵袭，汗后受风，暴饮冷水，夜受风寒，突遭雨淋、过度疲劳等因素，均可诱发此病。

（二）诊断要点

1. 病史

有遭受感染、风寒、潮湿、阴冷、过劳等作用的病史。

2. 临床症状

（1）急性风湿病　病羊往往突然发病，体温升高，食欲减退，患部肌肉或关节似有痛感，背腰强拘，跛行，并随适当运动而暂时减轻，病羊喜卧，不愿走动。一般经过数日（10日左右）即可好转或痊愈，但容易复发。

（2）慢性风湿病　病程拖延较长，可达数周或数月。患病的组织或器官缺乏急性经过的典型症状，热痛不明显或根本见不到。但患羊运动强拘不灵活，容易疲劳，重者肌肉萎缩，感觉迟钝。

（3）肌肉风湿病（风湿性肌肉炎）　发病部位主要是一些活动性较大的肌群。风湿性肌炎的特征是症状随运动量的增加和时间的延长而有减轻或消失的趋势，并且常有游走性，时而一个肌群好转而另一个肌群又发病。急性肌肉风湿病时，患病部位发生浆液性或纤维素性渗出，并积聚于肌肉结缔组织中。病羊表现为精神沉郁，食欲减退，体温升高1～1.5℃，结膜和口腔黏膜潮红，脉搏和呼吸加快，重者出现心内膜炎症状，可听到心内杂音。病程一般较短，多在数日或1～2周好转或痊愈，但易复发。病羊血沉加快，白细胞增多。慢性肌肉风湿病时，全身症状不明显，但肌肉和腱的弹性降低，肌肉中常有硬结节，表面凹凸不平，重者肌肉僵硬、萎缩，易疲劳，运步强拘。

（4）关节风湿病（风湿性关节炎） 最常发生于活动性较大的关节，如肩关节、肘关节、髋关节和膝关节等。常对称关节同时发病，有游走性。该病的特征是急性期呈现风湿性关节滑膜炎的症状。关节囊及周围组织水肿，滑液中有的混有纤维蛋白及颗粒细胞。患病关节外形粗大，触诊温热、疼痛、肿胀。运步时出现跛行，跛行可随运动量的增加而减轻或消失。患羊精神沉郁，食欲减退，体温升高，脉搏和呼吸加快，有的可听到明显的心内杂音。慢性时呈慢性关节炎的症状。关节滑膜及周围组织增生、肥厚，因而关节肿大且轮廓不清，活动范围变小，运动时关节强拘，他动运动时能听到噼啪音。

（5）心脏风湿病（风湿性心肌炎） 主要表现为心内膜的症状。听诊时第一心音及第二心音增强，有时出现期外缩期性杂音。

3. 实验室检查

血常规（如血沉加快，白细胞增多）和X线检查（观察关节结构异常和损伤情况）有助于该病的诊断。另外，有条件的地方可以测定溶血性链球菌的抗体和与风湿病相关的自身抗体等辅助诊断。

（三）防治

1. 预防

加强饲养管理，备足草料，饲料中要含有足够的蛋白质、矿物质、微量元素和维生素，改善养羊的环境条件，在早春、晚秋或冬天等气温变化较大的季节，注意防寒、防淋、防潮湿、防贼风，对溶血性链球菌感染引起的上呼吸道疾病，如急性咽喉炎、扁桃体炎、鼻卡他等疾病，早期应用大剂量青霉素等抗生素彻底治疗，可对风湿病的发生和复发起到一定的预防作用。

2. 治疗

治疗原则为消除病因，加强护理，祛风除湿，解热镇痛，消除炎症。

【处方1】

急性肌肉风湿病，应用水杨酸钠片2～5克，内服，或10%水杨酸钠注射液20～50毫升，静脉注射，每日1次，连用5～7日。

【处方2】

急性肌肉风湿病，应用10%水杨酸钠注射液20～50毫升，复方氨基比林注射液10毫升，40%乌洛托品注射液10毫升，10%安钠咖注射液10毫升，5%葡萄糖酸钙注射液50～100毫升，静脉注射，每日1次，连用5～7日。

【处方3】

青霉素2万～3万单位/千克体重，注射用水5毫升，肌内注射，每日2～3次，连用10～14日。

青霉素配伍用地塞米松注射液4～12毫克，30%安乃近注射液1～3克，肌内注射，可以明显改善症状，但剂量不宜过大，疗程不易过长。

【处方4】

保泰松片33毫克/千克体重，内服，每日2次，3日后用量减半，连用7日。

水杨酸甲酯软膏（水杨酸甲酯15克，松节油5毫升，薄荷脑7克，白色凡士林 15 克），或水杨酸甲酯莨菪油擦剂（水杨酸甲酯 25 克，樟脑油 25 毫升，莨菪油 25 毫升），樟脑酒精，氨擦剂（含浓氨溶液 25%、豆油或其他植物油 75%，用时振摇），适量，局部涂抹，每日 3～4 次。

【处方 5】

慢性风湿病，用 40℃热酒精，或麸皮、醋以 4∶3 混合炒，装袋热敷，或红外线照射 20～30 分钟/次，1～2 次/日，直至明显好转为止。

【处方 6】

独活寄生散：独活 25 克，桑寄生 45 克，秦艽 25 克，防风 25 克，细辛 10 克，当归 25 克，白芍 15 克，川芎 15 克，熟地黄 45 克，杜仲 30 克，牛膝 30 克，党参 30 克，茯苓 30 克，肉桂 20 克，甘草 20 克，共为细末，每次 60～90 克，开水冲调，待温，加黄酒 60 毫升为引，灌服，每日 1 次，连用 3 日。

九、结 膜 炎

结膜炎是指眼结膜受外界刺激和感染所引起以结膜表面或实质发生炎性浸润为特征的一种急、慢性炎症。结膜炎是最常见的一种眼病，按炎症性质可分为卡他性、化脓性、蜂窝织炎性、伪膜性和滤泡性结膜炎等。

（一）病因

病因有机械性（主要见于各种异物对眼结膜的刺激，如眼睑或结膜外伤，结膜囊内异物，眼睑内翻、外翻或睫毛倒生等）、化学性（如硫酸、盐酸、刺激性化学试剂或农药误入眼内）、物理性（如热水、火焰灼烧、X 线、紫外线的刺激）、感染性（见于衣原体病、传染性角膜结膜炎、吸吮线虫病等）以及免疫介导性（受过敏源的刺激，如花粉、粉尘等）等因素。

（二）诊断要点

1. 病史

病羊眼结膜有遭受各种外界因素刺激和病原感染的病史。

2. 临床症状

结膜炎患羊都有羞明流泪，结膜充血、肿胀、疼痛和炎性渗出的症状。不同类型的结膜炎有不同表现。

（1）卡他性结膜炎　这是临床上最常见的病型，发生在急性炎症的早期。可分为急性和慢性型。

① 急性型。轻时结膜及穹窿部稍肿胀，呈鲜红色，分泌物较少，初似水，继而变为黏液性。重度时，眼睑肿胀、带热痛、羞明、充血明显，甚至有出血斑。炎症可波及球结膜，有时角膜面也见轻微的混浊。若炎症侵及结膜下时，则结膜高度肿胀，疼痛剧烈。

② 慢性型。此型常由急性转来，症状往往不明显，羞明很轻或见不到。结膜充血、肿胀，分泌物少。经久病例，结膜变厚呈丝绒状。

（2）化脓性结膜炎　因感染化脓菌或在某种传染病经过中发生，一般症状都较重，常由眼内流出多量纯脓性分泌物，上、下眼睑常粘在一起。化脓性结膜炎常波及角膜而形成溃疡，且常带有传染性。

（3）蜂窝织炎性结膜炎　这是侵害结膜实质和结膜下结缔组织的严重炎症过程。病因与化脓性结膜炎相同。临床特征是结膜下蜂窝组织高度肿胀，眼结膜超出角膜缘而隆起。结膜初期呈鲜红色，后变成暗红色。突出的结膜表面有光泽，干燥，易出血，并有擦伤和大量的脓性分泌物。眼睑全层灼热、疼痛、肿胀和体温升高。

（4）伪膜性结膜炎　结膜肿胀、充血和肥厚，结膜表面被覆一层淡红黄色或淡灰黄色薄膜。

（5）滤泡性结膜炎　主要发生于绵羊，特别是育肥羔和哺乳羔。结膜因衣原体感染或长期受到刺激，结膜下淋巴组织增生，常在瞬膜和眼睑结膜上形成鲜红色或暗红色粟状物，多为双侧性。

3. 实验室检查

必要时进行结膜上皮刮片及分泌物涂片检查，或培养检查细菌、真菌、分离病毒等，并做药物敏感试验。

（三）防治

1. 预防

改善卫生条件，保持羊舍和运动场的清洁，注意通风换气与光线，防止风尘侵袭，严禁在羊舍内调制饲料，及时隔离有结膜炎症状的病羊，并遮蔽阳光，积极治疗原发病，加强防疫消毒，控制传染性结膜炎的发生。

2. 治疗

治疗原则是消除病因，减少刺激，抗菌消炎，促使炎症消散。

【处方 1】

急性病例用下列处方。

冷敷患眼，患羊避光饲喂，必要时装眼绷带。

生理盐水，或2%～3%硼酸、2%明矾液，适量，洗眼。

地塞米松眼药水，或醋酸可的松眼药水、氧氟沙星眼药水，0.5%金霉素眼膏，0.5%土霉素眼膏，0.5%～2%硫酸锌液（分泌物减少时用），滴眼或涂于结膜囊内，每日3～4次。

硫酸锌0.05～0.1克，普鲁卡因0.05克，硼酸0.3克，0.1%肾上腺素2滴，蒸馏水10毫升，混合滴眼，可止痛。

【处方 2】

急性病例用下列处方。

0.5%普鲁卡因注射液3毫升，氢化可的松注射液10毫克，青霉素40万单位，取1毫升，球结膜注射，隔日一次。

【处方 3】

慢性病例用下列处方。

冷敷患眼。

0.5%～1%硝酸银溶液，滴眼，每日1～2次，用药后10分钟，要用生理盐水冲洗。

0.5%～2%硫酸锌液，或2%黄降汞眼膏，2%～5%蛋白银溶液，滴眼或涂于结膜囊内，每日2～3次。

结膜有增生时，先反复清洗外翻结膜上的污物，用外科方法除去坏死组织和增生组织，再滴注0.5%金霉素眼膏或5%磺胺软膏。

结膜严重水肿时，可用消毒过的注射针头，于肿胀的结膜多处乱刺，然后再涂布抗菌药物。

【处方 4】

1%敌百虫溶液或盐酸左旋咪唑注射液，滴眼，用于吸吮线虫导致的结膜炎。

十、角 膜 炎

角膜炎是指角膜因受微生物和理化因素的影响而发生的炎症。角膜炎可分为外伤性、表层性、深层性、化脓性角膜炎等。该病山羊、绵羊均可发生，但比结膜炎少见。

（一）病因

1. 外伤

见于鞭打，树枝擦伤，异物入眼等。

2. 诱发因素

例如角膜暴露、微生物感染、营养缺乏（如维生素 A)，或角膜受刺激性物质（如石灰粉、碘酊、强酸）等作用。

3. 继发因素

继发于结膜炎、虹膜睫状体炎、传染性角膜结膜炎和吸吮线虫病等。

（二）诊断要点

1. 病史

病羊有角膜受到损伤、感染和刺激，以及继发于其他眼部疾病的病史。

2. 临床症状

角膜炎的患羊都有羞明、流泪、疼痛、眼睑闭合、角膜混浊、角膜缺损或溃疡，角膜周围形成新生血管和睫状体充血等症状。不同类型的角膜炎有不同表现。

(1) 外伤性角膜炎　常可找到伤痕，表面变为淡蓝色或蓝褐色。由于致伤物体的种类和力量不同，外伤性角膜炎可出现角膜浅创、深创或贯通创。角膜内如有铁片存留时，于其周围可见带铁锈色的晕环。由于化学物质引起的角膜炎，轻的仅见角膜上皮被破坏，形成银灰色混浊。深层受伤时则出现溃疡，重剧时发生坏疽，呈明显的灰白色。

(2) 表层性角膜炎　可见到角膜表面粗糙不平，角膜面上形成不透明的白色瘢痕时叫角膜混浊或角膜翳。角膜混浊是角膜水肿和细胞浸润的结果，致使角膜表层或深层变暗而混浊，混浊可呈局限性或弥漫性，也可呈点状或线状，角膜混浊一般呈乳白色或橙黄色。新的角膜混浊有炎症症状，界限不明显，表面粗糙稍隆起。陈旧的角膜混浊没有炎症症状，境界明显。表层性角膜炎的血管来自结膜，呈树枝状分布于角膜面上，可看到其来源。

(3) 深层性角膜炎　角膜混浊呈白色不透明，新生血管来自角膜缘的毛细血管网，呈刷状，自角膜缘伸入角膜内，看不到其来源。

(4) 化脓性角膜炎　触诊眼球疼痛剧烈，混浊呈黄色或灰黄色，眼内排出脓性分泌物，脓肿破溃后即形成溃疡，可导致角膜穿孔，眼房液流出，角膜塌陷，由于眼前房压力降低，虹膜前移，常常与角膜粘连，或后移与晶状体粘连。角膜穿孔愈合后，角膜常留下白色的瘢痕（角膜白斑)。化脓性角膜炎常继发化脓性全眼球炎。

（三）防治

1. 预防

防止眼部外伤，积极治疗原发病；加强管理，给予维生素 A 含量丰富的饲料，减少角膜炎发生概率。

2. 治疗

治疗原则为除去病因，消炎，镇痛，促进渗出物吸收，预防和控制感染。

【处方 1】

冷敷患眼，患羊避光饲喂，必要时装眼绷带。

生理盐水，或 2%～3%硼酸、2%明矾液，适量，洗眼。

地塞米松眼药水，或醋酸可的松眼药水、氧氟沙星眼药水，0.5%金霉素眼膏，0.5%土霉素眼膏，0.5%～2%硫酸锌液（分泌物减少时用），滴眼或涂于结膜囊内，每日 3～4 次。

【处方 2】

甘汞和乳糖（或白糖）各等份，研匀取少许，角膜混浊时，吹入眼内。

或用 40%葡萄糖溶液、自家血、1%～2%黄降汞眼膏，点眼或涂于眼内。

2%可卡因溶液或 2%～5%狄奥宁滴眼液（即乙基吗啡滴眼剂），剧痛时滴眼。

0.5%～1%阿托品液，滴眼散瞳，防止虹膜粘连。

【处方 3】

角膜手术。角膜穿孔时，应严格消毒防止感染，对于直径小于 2～3 毫米的角膜破裂，可用眼科无损伤缝针和可吸收缝线进行缝合。对新发的虹膜突出病例，可将虹膜还纳展平，脱出久的病例，可用灭菌的虹膜剪剪去脱出部，再用第三眼睑覆盖固定予以保护，溃疡较深或后弹力膜膨出时，可用附近的球结膜做成结膜瓣，覆盖固定在溃疡处，这时移植物即可起生物绷带的作用，又有完整的血液供应。虹膜一旦脱出，即使治愈，也严重影响视力。

【处方 4】

1%三七液煮沸灭菌，冷却后滴眼，可促进角膜损伤的愈合，使角膜混浊减退。

5%氯化钠溶液，滴眼，每日 3～5 次，有利于结膜和角膜水肿的消退。

十一、脐　　疝

疝又称赫尔尼亚，是腹部的内脏从自然孔道或病理性破裂孔脱至皮下或其他解剖腔的一种常见病，也称腹疝。它由疝孔（即疝环、疝轮）、疝囊和疝内容物组成。脐疝是指腹腔脏器从脐孔脱出至皮下的疾病。

（一）病因

1. 先天性原因

脐疝一般以先天性原因为主，即脐疝与遗传有关。胎儿的脐静脉、脐动脉和脐尿管通过脐带与胎膜相连，胎儿出生后，脐带被切断，脐血管和脐尿管被结扎，脐孔周围结缔组织增生，在短时间内使脐孔闭锁。遗传因素导致脐孔发育不全没有闭锁或腹壁发育缺陷等，在腹内压增加的情况下如强烈努责、用力跳跃等，腹腔内的脏器从脐孔脱出至皮下形成脐疝。

2. 后天性原因

断脐不正确，如脐带留得太短，或脐带感染，导致脐孔闭合不全。

（二）诊断要点

1. 共同症状

脐部出现局限性球形肿胀，质地柔软，无红、热、痛等炎症反应，肿胀的大小随羊的大小以及脏器脱出程度不同而差别较大。

2. 脐疝的检查

在病初挤压疝囊或改变体位时肿胀物能还纳腹腔，即具有可复性（可复性脐疝），并可摸到疝孔，此时病羊无全身症状，精神、食欲和排便均正常。当疝内容物与疝孔或疝囊粘连时，则不能还纳腹腔，也摸不清疝孔，即为箝闭性脐疝，可导致严重的全身症状。疝内容物如果是肠管，听诊有时可听到肠蠕动音。

（三）防治

小羔羊有相当数量不需要治疗，即可自愈。

【处方 1】

保守疗法（非手术治疗）适用于羔羊的小脐疝，由于疝孔较小，用非手术疗法使疝孔随着幼畜的生长发育而闭合。用一块大于脐环的木片，外包纱布，抵住脐环，然后用疝带（皮带或复绷带）加以固定，防止移动。如果用95%酒精或10%氯化钠注射液，在疝孔四周分点注射，每点3～5毫升，效果更佳。

【处方 2】

手术治疗（根治疗法）。较大的脐疝因不能自愈，而且随着病程的延长，疝内容物往往发生粘连，因此必须尽早进行手术治疗。

(1) 术前准备　术前一般禁食1～2天，但不禁水。仰卧位或半仰卧位保定。用0.25%～0.5%的普鲁卡因注射液局部浸润麻醉，或用速眠新Ⅱ注射液，每千克体重0.1～0.15毫升，肌内注射全麻，局部剃毛，用0.1%新洁尔灭溶液消毒术部、器械、敷料、手及手臂。

(2) 手术方法　切开的原则是在疝囊内容物不粘连处作切口，不粘连的病例在疝囊颈部，平行于腹白线作切口，发生粘连的病例在疝囊体部或底部不粘连处作切口。切开疝囊后，认真检查疝内容物有无粘连和坏死，如果无粘连和坏死，可将疝内容物直接还纳腹腔，然后缝合疝孔；如果有粘连，则需仔细剥离粘连处，再还纳腹腔；如果有肠管坏死，需行肠部分切除吻合术，然后缝合疝孔。闭合疝孔时，应对疝孔切削成新鲜创面，如果疝孔较大或腹压较高，可用10号双股丝线或18号丝线进行水平纽扣状缝合（注意应缝在疝孔的肌肉上，否则容易复发），也可进行结节缝合，分离疝囊壁形成左右两个纤维组织瓣，术部撒布青霉素后，将一侧纤维组织瓣缝在对侧疝孔外缘上，然后将另一侧的纤维组织瓣缝在对侧纤维组织瓣的表面上，即重叠缝合（或双衣襟缝合法）。最后将两侧皮肤囊拎起，切除多余部分，修整皮肤创缘，结节缝合皮肤。

(3) 术后护理　术部包扎绷带7～10天，可减少复发，术后不宜喂得过饱，限制剧烈活动，防止腹压增高，行肠管吻合术者禁食2天，补液，连续用抗生素（如肌内注射青霉素5万～10万单位/千克体重）5～7天。

【处方 3】

对于可复性疝，也可不切开疝囊（腹膜），切开皮肤后将内容物还纳，用止血钳靠近疝孔钳夹、结扎疝囊，切除多余疝囊，然后缝合疝孔和皮肤。钳夹疝囊时注意不要夹疝内容物。

十二、腹股沟阴囊疝

腹腔脏器经腹股沟管脱出至腹股沟鞘膜管内，称为腹股沟疝，多见于母畜。腹腔脏器经腹股沟管脱出至阴囊鞘膜腔内，称为腹股沟阴囊疝，多见于公畜。疝内容物多为肠管、网膜或膀胱。

（一）病因

1. 生理原因

腹股沟管位于腹壁内靠近耻骨部，是由腹内斜肌和腹外斜肌构成的漏斗状裂隙，腹股沟管朝向腹腔面有一椭圆形腹股沟内环，而朝向阴囊面有一裂隙状的腹股沟外环。当腹股沟管内环过大，肠管可通过大的内环进入腹股沟管至阴囊而发生腹股沟阴囊疝。

2. 先天性疝

多与遗传有关，即因腹股沟内环先天性扩大所致。

3. 后天性疝

多因妊娠、肥胖、瘤胃臌气或剧烈运动等使腹内压增高及腹股沟内环扩大，以致腹腔脏器下降。

（二）诊断要点

1. 主要症状

腹股沟疝时，腹股沟处出现卵圆形隆肿物，腹股沟阴囊疝时，一侧或两侧阴囊显著增大。

2. 疝部检查

两者早期大多可回复，触之柔软有弹性，无热无痛，倒提动物并压挤隆肿物和阴囊不能缩小，则因疝内容物与鞘膜发生粘连。疝内若为肠管有时可以听到肠蠕动音。

3. 继发症状

如果发生肠管箝闭，局部显著肿胀，疼痛剧烈，排粪停止，随即出现体温升高等一系列全身反应，很快发生中毒性休克而死亡。

4. 鉴别诊断

囊不随腹压增大而增大，鞘膜腔穿刺检查有血液或脓汁流出。阴囊积水多为两侧性，阴囊无热、无痛、无炎症反应，触诊有波动感，局部穿刺有大量浆液流出。

（三）防治

1. 预防

做好选种选配工作。患有腹股沟阴囊疝的羔羊，不能留作种用，生此种羔羊的母羊发情配种时，最好更换原配公羊，如某种公羊子代羔羊的腹股沟阴囊疝发病率高，应及早淘汰此种公羊，其可能带有隐性遗传基因；减少腹压增高的因素。加强饲养管理，适当运动，避免惊吓、捕捉、追赶、角斗等应激因素。

2. 治疗

【处方】

手术疗法，术前一般禁食1～2天，但不禁水，仰卧位或半仰卧位保定，用0.25%～0.5%的普鲁卡因注射液局部浸润麻醉（羔羊用局麻即可），或用速眠新Ⅱ注射液，每千克体重0.1～0.15毫升，肌内注射全麻，局部剃毛，0.1%新洁尔灭溶液消毒。于腹股沟内环处切开，向下分离至显露疝囊及腹股沟内环。抬高后躯，用手将疝内容物完全还纳入骨盆腔，若有粘连现象，宜小心剥离，以防剥破肠管，剥离后将其还纳。对母羊直接闭合腹股沟内环（结节缝合或扭孔状缝合，一定要缝到周围的肌肉上，但避免向外缝合过多而刺破股动脉），对不作种用的公羊，结扎精索并切除，取出睾丸，然后闭合腹股沟内环。对欲作种用的公羊，还纳疝内容物后注意保护精索，采用结节或扭孔状缝合适当缩小腹股沟环即可。局部撒布青霉素粉，常规闭合皮肤切口。术后注射抗生素，并加强护理，不宜喂得过饱，应限制剧烈活动，防止感染和腹压过高。

十三、外伤性腹壁疝

外伤性腹壁疝主要是由于腹肌或腱膜受到钝性外力的作用而形成的腹壁疝，约占疝病的3/4。

（一）病因

1. 羊受到强大的钝性暴力或手术

如羊倒于矮桩上，被木桩顶伤，山羊的抵角争斗，羊之间的相互撞伤，或继发于剖腹产、胚胎移植手术（即腹部切口疝）。

2. 腹内压过大

见于母畜妊娠后期，或母羊分娩、难产导致的强烈努责。

（二）诊断要点

1. 病史

病羊有受钝性暴力作用或腹内压增高的病史。

2. 主要症状

腹壁受伤后，局部突然出现局限性、扁平、柔软的肿胀，触诊敏感疼痛，常为可复性，多数可摸到疝孔。伤后两天，炎性症状逐渐发展，形成越来越大的扁平肿胀，并逐渐向下、向前蔓延。外伤性腹壁疝可伴发淋巴管断裂，局部肿胀加重，引发腹下水肿时，原发部位变得稍硬，腹下的水肿常偏于病侧，一般仅达中线或稍过中线，其厚度可达10厘米。

3. 疝部检查

发病两周内常因大面积炎症反应而不易摸清疝孔。疝囊的大小与疝孔的大小有关，疝孔越大脱出的内容物越多，疝囊就越大，但也有疝孔很小而脱出大量小肠的，多是因腹内压过大所致，在腹壁疝病羊肿胀部位听诊时可听到皮下的肠蠕动音。箝闭性腹壁疝发病比例不高，但如发生粪性箝闭将出现不同程度的腹痛，病羊可表现为轻度不安、前肢刨地，时卧时起、急剧翻滚等，有的甚至继发肠坏死而死亡。腹壁疝内容物多为肠管，但也有网膜、皱胃、瘤胃、膀胱、怀孕子宫等脏器，并常与相近的腹膜或皮肤粘连，尤其是急性炎症阶段多见。

（三）防治

1. 预防

加强管理，公母分群饲养，防止羊受钝性外力的作用，提高剖腹产、胚胎移植手术的技术水平，减少外伤性腹壁疝的发生。

2. 治疗

【处方1】

保守疗法，适用于初发的外伤性腹壁疝，凡疝孔位置高于腹侧壁的1/2以上，疝孔小，有可复性，尚不存在粘连的病例，可试作保守疗法。在疝孔位置安放特制的软垫，用特制压迫绷带在羊体上绷紧后可起到固定填塞疝孔的作用。随着炎症及水肿的消退，疝孔即可自行修复愈合。缺点是压迫的部位有时不很确实，绷带移动时会影响疗效。

用橡胶轮胎或5毫米厚的胶皮带切成长25～30厘米，宽20厘米的长方块，周边打8个孔（长方块的两个长边各打3个孔，贴在腹壁上处在前方的短边打2个孔），并接上8条固定带，以便固定。先整复疝内容物，在疝孔部位压上适量的脱脂棉。随即将压迫绷带对正患部，将长边两侧的三条固定带经背上及腹下交叉缠好，紧紧压实，同时将向前的两条固定带拴在颈环上，以防止其前后移动。经常检查压迫绷带，使其保持在正确的位置上，经过15天，如已愈合即可解除压迫绷带。

【处方2】

手术疗法是积极可靠的方法。术前应作好确诊和手术准备，手术要求无菌操作。停喂一顿，饮水照常。对疝孔较大的病例，要充分禁食，以降低腹内压，便于修补。进行手术的时间，应根据病情决定。国外不少人主张发病后急性炎症阶段（5～15天）不宜做手术，但国内许多单位经长期实践证明，手术宜早不宜迟，最好在发病后立即手术。

（1）*手术方法*　病羊侧卧保定，患侧在上，局部剃毛消毒，局部浸润麻醉或全身麻醉，切口部位的选择决定于是否发生粘连，在病初尚未粘连的，可在疝孔附近作切口，如已粘连需在疝囊处作一皮肤梭形切口，钝性分离皮下组织，将内容物还纳入腹腔，缝合疝孔，闭合手术切口。

① 新患腹壁疝的疝修补手术。当疝孔小，腹壁张力不大时，若腹膜已破裂用2号或3号铬制肠线缝合腹膜和腹肌，然后用丝线作内翻缝合闭锁疝孔，皮肤结节缝合。如疝孔较大，腹壁张力大，缝合过程中病羊挣扎时就可能发生撕裂，因此要用双纽孔缝合法。腹膜与腹肌依然用肠线缝合，然后用双股10号或16号粗丝线和大缝针先从疝孔右侧皮肤外侧刺透皮肤，再刺入腹外斜肌与腹内斜肌（勿伤及已缝好的腹横肌与腹膜），将缝针拔出后再从对侧（左侧）由内向外穿过腹内斜肌、腹外斜肌将针拔出，相距约1厘米左右处在左侧由外向内穿过腹外斜肌和腹内斜肌再回到右侧，由内向外将缝针穿过腹内斜肌和腹外斜肌及皮肤，将线头引出作为一个纽孔暂不打结。用相似方法从左侧下针通过右侧面又回到左侧，与前面一个纽孔相对才成为双纽孔缝合法。根据疝孔的大小作若干对双纽孔缝合。所有缝线完全穿好后逐一收紧，助手要使两边肌肉及皮肤靠拢，分别在皮肤外打结并垫上圆枕，皮肤结节缝合。

② 陈旧性腹壁疝的疝修补手术。因腹壁疝急性期错过手术治疗的机会，或因其他原因造成疝孔大部分已瘢痕化，肥厚而硬固的疝称为陈旧性腹壁疝，其疝孔必须作修整手术将瘢痕化的结缔组织用外科刀切削成新鲜创面，如果疝孔过大还需用邻近的纤维组织或筋膜作成瓣以填补疝孔。在切开皮肤后先将疝囊的皮下纤维组织用外科手术刀将其与皮肤囊分离。然后切开疝囊，将一侧的纤维组织瓣用纽孔缝合法缝合在对侧的疝孔组织上，根据疝孔的大小作若干个纽孔缝合；再将另一侧的组织瓣用纽孔缝合法覆盖在上面，最后用减张缝合法闭合皮肤切口。

近年来国外选用金属丝或合成纤维（如聚乙烯、尼龙丝）等材料修补大型疝孔，取得了较好的效果。也有用钽丝或碳纤维网修补马的下腹壁疝孔的报道，可以参考应用。方法是先在疝部皮肤作椭圆形切口，选一块比疝孔周边略大 2～3 厘米的钽丝网，将其入腹壁肌与腹膜之间，用铬制肠线固定钽丝网作结节缝合，然后选用较粗的铬制肠线作水平纽孔状缝合，关闭疝孔，皮肤作结节缝合。

少数腹壁疝病例已发生感染时，应在疝的修补术前控制感染，待机进行修补术。修补术后感染化脓者，局部作好引流，使用大剂量抗生素，而不需要去掉修补筛网。

(2) *术后护理*　注意术后是否发生腹痛或不安，如疝内容物整复不确实、手术粗糙过度刺激内脏或术后粘连等均可引起疝痛。此时要及时采取必要的措施，甚至重新做手术。腹壁疝手术部位易伤及膝褶前的淋巴管，常在术后 1～3 天出现高度水肿，并逐渐向下蔓延，应与局部感染所引起的炎症相区别，并采取相应措施。保持术部清洁、干燥，防止摔跌。加强箝闭性疝的术后护理，术后注意补液、抗菌消炎，尤其要注意肠管是否畅通，并适当控制饲喂等。

十四、子　宫　疝

子宫疝是因腹肌破裂而妊娠子宫直接位于皮下，致使腹壁突出的疾病，常见于山羊，绵羊较少发生。

（一）病因

1. 腹壁外伤

腹壁外伤是子宫疝发生的主要原因，可由打击、跌倒、跳跃、车撞等引起。

2. 腹压过大

孕羊缺乏运动而全身肌肉衰弱，同时腹壁又受到剧烈伸张，如喂给体积大的饲料、胎水过多或多胎等。

3. 腹直肌腱断裂

大部分疝都是由于一侧或两侧腹直肌腱在骨盆骨附近发生断裂，而引起的下腹壁疝气，侧腹壁疝气，则很少发生。

（二）诊断要点

1. 病史

孕羊有腹壁外伤或腹压过大的病史。

2. 主要症状

开始时腹壁的某一部分形成一个小而软的肿胀，以后随着胎儿的生长，肿胀逐渐变大，触诊时可以摸到胎儿的某一部分，有时甚至可以看到胎动，有时损伤剧烈，可突然发生大面积肿胀，当腹直肌在耻骨联合附近发生破裂时，常常可以见到乳房前移，而且下腹壁有可能达到地面。

3. 继发症状

子宫疝可以导致分娩迟缓和困难，胎儿可能发生窒息死亡。

（三）防治

1. 预防

加强对孕羊的管理和护理，保证足够的运动，避免腹壁受到损伤。

2. 治疗

当前没有良好的治疗方法，因为施行手术在经济上不太合算。治疗原则主要是设法产出有生活能力的胎儿。为了防止疝气囊继续增大，应该加上结实的绷带。饲料应当体积小而富于营养，每次要少量饲喂。分娩时让羊仰卧，使胎儿由子宫排出时的方向变为正常。为了加强阵缩，可以用手挤压疝气的内容物。必要时可以进行剖腹产。

十五、直 肠 脱

直肠末端的黏膜层脱出肛门的称为脱肛或肛门脱垂。直肠的一部分甚至大部分向外翻转脱出肛门，称直肠脱。严重病例在发生直肠脱的同时并发肠套叠或直肠疝。

（一）病因

1. 原发因素

直肠韧带松弛，直肠黏膜下层组织和肛门括约肌松弛或机能不全是导致直肠脱的主要原因。

直肠全层肠壁垂脱见于直肠发育不全、萎缩或神经营养不良松弛无力，不能保持直肠正常位置。

2. 诱发因素

见于长时间腹泻、便秘，病后瘦弱、病理性分娩（如难产）、腹压增高、刺激性药物灌肠等引起的强烈努责。

（二）诊断要点

1. 临床症状

（1）主要症状　在病羊卧地或排粪后，肛门口处见到圆球形或圆筒状肿胀物，颜色淡红或暗红，不能自行缩回。全身症状重剧，病羊精神沉郁，体温升高，食欲减退，频频努责，做排粪姿势。

（2）继发症状　随病程延长，脱出物发生水肿、糜烂、出血、坏死等，表面污秽不洁，沾有泥土、草屑等。甚至并发肠套叠、直肠疝。

2. 鉴别诊断

单纯性直肠脱，圆筒状肿胀脱出向下弯曲下垂，手指不能沿着脱出的直肠和肛门之间向骨盆腔的方向插入，而伴有肠套叠的脱出时，脱出的肠管由于后肠系膜的牵引，而使脱出的圆筒状肿胀向上弯曲，坚硬而厚，手指可沿直肠和肛门之间向骨盆腔方向插入，不遇障碍。

（三）防治

1. 预防

加强营养，适当运动，提高机体健康水平，积极治疗腹泻、便秘、难产和腹压增高的疾病。

2. 治疗

【处方 1】

整复：0.1％温的高锰酸钾溶液，或1％明矾溶液清洗。病羊站立保定，体躯保持前低后高，0.25％～5％盐酸普鲁卡因注射液后海穴封闭和局部浸润麻醉（进行荷包缝合时应用）。将脱出的直肠在羊不努责时用手指翻入、推送、展平，切忌粗暴操作。整复后可进行腹部触诊，不应触到粗硬的香肠状肠管。

固定：距肛门孔 1～3 厘米处作荷包缝合，保留 1～2 指大小的排粪口，打成活结。或采用药物固定，药物可使直肠周围结缔组织增生，借以固定直肠，距肛门孔 2～3 厘米处，肛门上方和左、右两侧直肠旁组织内分点注射 70%酒精 3～5 毫升或 10%明矾液 5～10 毫升（在其中加 2%普鲁卡因溶液 3～5 毫升），刺入深度为 3～10 厘米。术后喂柔软多汁饲料，多饮温水，并注意抗菌消炎，镇静等。

【处方 2】

直肠部分截除术，如直肠脱出过多，整复有困难，脱出的直肠发生坏死、穿孔或有套叠而不能复位时，可采用手术切除。进行局部浸润麻醉或荐尾间隙硬膜外腔麻醉。

（1）直肠部分切除术　在充分清洗消毒脱出肠管的基础上，取两根灭菌的兽用麻醉针头或细编织针，紧贴肛门十字交叉刺穿脱出的肠管将其固定。在固定针后方约 2 厘米处，将直肠环形横切，充分止血（必要时结扎止血）后，撒布青霉素粉，用细丝线和圆针把肠管两层断段的浆膜和肌层分别作结节缝合，然后用单纯连续缝合法缝合内外两层黏膜层。缝合结束后再涂以青霉素粉。

（2）黏膜下层切除术　适用于单纯性直肠脱。在距肛门周缘约 1 厘米处，环形切开黏膜下层，向下剥离，并翻转黏膜层，将其剪除，最后顶端黏膜边缘与肛门周缘黏膜边缘用肠线作结节缝合。整复脱出部，肛门口作荷包缝合。

并发套叠性直肠脱时，采用温水灌肠，力求以手将套叠肠管挤回盆腔，若不成功，侧切开脱出直肠外壁，用手指将套叠的肠管推回肛门内，或开腹进行手术整复。为防止复发，应将肛门固定。术后注意抗菌消炎，喂给柔软多汁饲料，多饮温水。

十六、骨　　折

骨折是指骨或软骨的连续性发生完全或部分中断所引起的疾病。骨折常伴有周围组织不同程度的损伤，是一种较严重的外科病。临床常见四肢骨折。

（一）病因

1. 外伤性骨折

多由于管理不善，直接和间接暴力所致。直接暴力如外力直接打击、车辆冲撞、重物压轧、两羊角斗，间接暴力如跨越沟渠，在行走中滑倒，蹄部卡于洞穴、木栅缝隙之中等都可造成骨折。

2. 病理性骨折

多是由于代谢性疾病，如佝偻病、骨软病、纤维性骨营养不良、骨髓炎、氟中毒等使骨骼坚韧性发生变化，在受到外力作用时便可发生骨折。

（二）诊断要点

1. 病史

病羊有受到外力作用的病史，或患骨骼坚韧性发生变化的疾病。

2. 临床症状

由于骨折的性质、部位、程度不同，所以临床症状也不相同。但共同临床症状为变形（上下骨折端因受肌肉的牵拉和肢体重力的影响而表现肢体缩短、侧方移位、纵轴移位、旋转等）、异常活动（四肢下端的长骨完全骨折后，随着运动，其远端可出现晃动等异常活动）、肿胀与出血（骨折引起的肿胀，一般都是由于骨折时血管损伤，导致出血和组织炎症所致）、疼痛（骨折后病羊即有疼痛感，主要是由于神经、骨膜受到损伤而致）、骨摩擦音（骨折的两断端相碰时发出尖锐的撕裂声，也有因局部肿胀或两端有软组织嵌入而不发音的）及机能障碍（病羊常在骨折后立即出现机能障碍，四肢的完全骨折最为明显，站立时不愿负重，运步时二路跳，由于剧烈疼痛致使病羊不愿运动。脊椎骨骨折伤及骨髓时可导致相应区后部的躯体瘫痪等。但发生不全骨折、棘突骨折、肋骨骨折时，功能障碍可能不显著）等。

3. 继发症状

如发生开放性骨折，除上述症状外，可以见到皮肤及软组织的创伤。有的形成创囊，骨折断端暴露于外，创内变化复杂，常含有血凝块、碎骨片或异物等。严重骨折可引起内脏出血，休克，细菌感染，体温升高，食欲减退等症状。

4. X线检查

通过X线检查可以清楚地了解到骨折的性状、移位情况、骨折后的愈合情况等，以及关节附近的骨折和关节脱位的鉴别。

（三）防治

1. 预防

骨折主要由意外事故造成，所以，平时必须加强饲养管理。搞好高产母羊的妊娠后期及泌乳高峰期的管理，合理搭配饲料，减少羊产后疾病，尽量杜绝骨折的发生。

2. 治疗

（1）闭合性骨折　按早期整复、合理固定的原则进行。

【处方】

整复的时间越早越好，整复是使两断端处在接触部位．回复到原来的位置。为了防止整复时的疼痛，可用2%普鲁卡因注射液10～30毫升注入血肿内或用传导麻醉，再行整复。固定分为内固定与外固定。内固定一般需使用髓内钉、贯穿钉、接骨板与骨螺丝，必须通过无菌手术将皮肤与肌肉切开，直接在断裂的骨折处安装好。外固定是用石膏绷带或石膏夹板绷带固定病部，目前临床上多采用小夹板固定法，此法既适用，价格又低廉，其方法是骨折部位包裹脱脂棉，并将木条、竹片、树皮或厚纸壳做成夹板，夹板的长度根据骨折部位确定，厚0.5厘米左右，宽0.5～2厘米，配成对，对称地夹上去，然后缚以绷带。一般在临床治疗3～4周后，要做适当活动，并逐渐增加活动量，以避免肌肉萎缩。

（2）开放性骨折　应根据病情发展，正确处理外伤治疗与局部固定的关系。

【处方】

在病初应以处理外伤为主，即对局部外伤作彻底消毒处理，清除坏死组织和游离的碎骨片，创口撒布青霉素粉，并加以包扎，夹板固定要稍偏松，以利于伤口的愈合。一般每隔1～2天处理一次。以后随着外伤的逐渐愈合，转为固定为主。并逐渐延长外伤处理的间隔时间，加紧外固定。

十七、关节扭伤

关行扭伤是指关节在突然受到间接的机械外力作用下，超越了生理活动范围，瞬时的过度伸展、屈曲或扭转而发生的关节损伤。羊常发生于系关节、肩关节和髋关节。

（一）病因

关节扭伤多为间接外力的作用，如急转、急停、跳跃障碍、跌倒、失足蹬空、不合理的保定、一肢钳夹于洞穴而急速拔出，使关节的伸、屈或扭转超越其生理活动范围，引起关节韧带和关节囊的纤维发生剧伸、断裂，以及软骨和骨骺的损伤。

（二）诊断要点

1. 病史

病羊关节有受间接外力作用的病史。

2. 临床症状

发病突然，病羊出现疼痛，关节发生肿胀、温热（一般而言，动物发病后立即有疼痛症状，表现为触诊敏感，特别是当触诊有损伤的关节侧韧带时，有明显压痛点，甚至拒绝检查。肿胀是因为病初关节滑膜出血、渗出而表现为炎性肿胀，转成慢性时，形成骨赘，表现为关节硬固、肿胀，但四肢上部关节扭伤，常因肌肉丰满而肿胀不明显。一般伤后经过12～24小时，温热和炎性肿胀、疼痛、跛行并存，但在慢性过程中，在关节周围纤维性增殖和骨性增殖阶段仅有肿胀、跛行而无温热），跛行（扭伤后立即出现跛行，上部关节扭伤时为悬跛，下部关节扭伤时为支跛，如骨组织受伤时，则表现为重度跛行，呈三肢跳跃前进或拖拉前进）和骨质增生（当转为慢性经过时，可继发骨化性骨膜炎，常在韧带、关节囊与骨的结合部位形成骨赘，并长期跛行）。由于患病关节的组织损伤程度以及病理发展阶段不同，症状表现也不同。

（三）防治

1. 预防

加强饲养管理，避免羊受各种间接外力作用。

2. 治疗

治疗原则为制止溢血和炎性渗出，促进吸收，镇痛消炎，防止组织增生，恢复关节机能。

【处方1】

初期（12小时内）用冷敷、冷水浴等冷却疗法或压迫绷带制止渗出。

安络血注射液10～20毫克，或止血敏注射液0.25～0.5克，肌内注射，每日1～2次，连用3日。

青霉素2万～3万单位/千克体重，安乃近注射液0.3～1克，注射用水5毫升，肌内注射，每日2次，连用3日。

生理盐水500毫升，5%氯化钙注射液50～150毫升，维生素C注射液0.5～1.5克，静脉注射，每日1～2次，连用3日。

【处方2】

雄黄31克，白芨62克，明矾31克，乳香62克，红花31克，栀子31克，共为细末，醋500毫升调敷患部（肿痛明显者）。

【处方3】

中期，急性炎性渗出减轻后，用温水浴、温敷等温热疗法或局部涂抹鱼石脂来促进吸收。

青霉素 80 万～160 万单位，0.25%盐酸普鲁卡因注射液 10～15 毫升，关节疼痛较重时，关节腔注入。

当韧带、关节囊损伤严重或怀疑有软骨、骨损伤时，应根据情况装固定绷带。

【处方 4】

慢性病例，用碘樟脑醚合剂（碘片 20 克，95%酒精 100 毫升，乙醚 60 毫升，精制樟脑 20 克，薄荷脑 3 克，蓖麻油 25 毫升），患部涂擦 5～10 分钟，每日 2 次，涂药同时进行按摩，连用 5～7 天。

十八、关节创伤

关节创伤是指由外力引起关节囊的开放性损伤。有时并发软骨和骨的损伤，多发于跗关节、腕关节、肩关节和膝关节。

（一）病因

刀、叉、枪弹、铁丝、铁条等所引起的刺伤、枪伤等；车撞、蹦踢，特别是在冬季路滑时的跌倒等引起的挫伤、挫裂伤等。

（二）诊断要点

1. 病史

病羊关节有受各种外力作用的病史。

2. 临床症状

关节创伤表现为透创和非透创两种。

（1）关节透创　从伤口流出黏稠透明、淡黄色的关节滑液，有时混有血液或由纤维素形成的絮状物。滑液流出的状态，因损伤关节的部位以及伤口大小不同，表现也不同。活动性较大、伤口较大时，则滑液连续性流出，当关节因刺伤，组织破坏较小、伤口较小时只有当自动或他动屈曲患关节时才流出滑液。一般关节透创病初无明显跛行，严重时跛行明显，常为悬跛或混合跛行。如果关节透伤的伤口处理不及时或闭合时易形成感染性关节炎。诊断时要进行 X 光检查有无金属异物残留在关节内。

（2）关节非透创　关节皮肤破裂或缺损、出血、疼痛、轻度肿胀。重者皮肤伤口下方形成创囊，内含坏死组织和异物，易引起感染。有时甚至关节囊的纤维层遭到损伤，同时损伤腱、腱鞘或黏液囊，并流出黏液。非透创病初跛行一般不明显，腱和腱鞘损伤时，跛行显著。

3. 临床检查

为了鉴别有无关节囊和腱鞘的损伤时，可向关节内、腱鞘内注入带色消毒液，如从关节囊伤口流出药液，证明为透创。诊断关节创伤，忌用探针探查，以防污染和损伤滑膜层。也可做关节充气造影 X 线检查。

（三）防治

1. 预防

加强饲养管理，避免羊受各种外力作用。

2. 治疗

治疗原则为及时、合理地处理伤口，防止感染，减少关节活动，加速创伤愈合，促进机能恢复。

【处方 1】

创伤周围皮肤剃毛，彻底消毒，对新鲜创清理伤口，清除坏死组织、异物、游离软骨和骨片，排除伤口内盲囊，用防腐剂穿刺洗净关节创，由伤口的对侧向关节腔穿刺注入防腐剂，禁止由伤口向关节腔冲洗，以防止污染关节腔，最后撒布青霉素粉，包扎伤口，对关节透创应包扎固定绷带，限制关节活动，控制炎症发展和渗出，关节切创在清净关节腔后，可用肠线或丝线缝合关节囊，其他软组织可不缝合，然后包扎绷带，或包扎有窗石膏绷带，如伤口被凝血块堵塞，滑液停止流出，关节腔内尚无感染征兆时，此时不应除掉血凝块，应注意全身疗法和抗生素疗法，慎重处理伤口，可以期待关节囊伤口的闭合。

在关节腔未发生感染之前，为了闭合关节囊伤口，可在对伤口进行一般处置后，用自家血凝块填塞闭合切口，效果较好，方法是在无菌条件下取静脉血适量，放置 3～6℃处，待血凝后析出血清，取血凝块塞入关节囊伤口，压迫组织滑液流出，可迅速促进肉芽组织增生而闭合伤口，还可以同时使用局部封闭疗法（适用于新鲜关节创伤）。

【处方 2】

已发生感染化脓时，清净伤口，除去坏死组织，用防腐剂穿刺洗涤关节腔，清除异物、坏死组织和骨的游离块，用青霉素粉撒布伤口或用 10%～20%青霉素液灌注，包扎绷带，此时不缝合伤口（适用于陈旧关节创伤）。

【处方 3】

局部理疗，为改善局部的新陈代谢，促进伤口早期愈合，可应用温热疗法，如湿敷、石蜡疗法、紫外线疗法、红外线疗法和超短波疗法及激光疗法，用低功率氦氖激光或二氧化碳激光扩焦局部照射等。

【处方 4】

生理盐水 500 毫升，氨苄青霉素 50～100 毫克/千克体重，地塞米松注射液 4～12 毫克（孕羊禁用），10%葡萄糖注射液 500 毫升，5%氯化钙注射液 50～150 毫升，10%安钠咖注射液 10 毫升，静脉注射，每日 1～2 次，连用 3 日。

十九、腐 蹄 病

腐蹄病是趾（指）间隙皮肤及皮下组织的急性或亚急性炎症，是反刍兽的常发蹄病，也称趾间腐烂。该病以蹄角质腐败、趾间皮肤和组织腐败、化脓为特征，病原菌为结节状梭菌和坏死厌氧丝杆菌等。此病多见于低湿地带和湿热多雨季节。

（一）病因

饲养管理差，在炎热雨季，圈舍潮湿泥泞，蹄部受粪尿浸渍，护蹄不当，草料中钙、磷比例不平衡，致使蹄角质疏松，弹性降低，引起龟裂、发炎。或先天性蹄角质软弱，蹄部被石子、铁器、玻璃等刺伤，感染病菌发病。

（二）诊断要点

1. 临床症状

病羊跛行，喜卧怕立，行走困难。病初精神沉郁，体温升高，食欲减退或废绝，轻度跛行，多为一蹄患病。随着病程的发展，跛行加重。若两前肢患病，病羊常跪地或爬行，后肢患病时，常见病肢伸到腹下，蹄壳腐烂变形时，卧地不起，久卧不起易发生褥疮。多数病羊跛行达数十天甚至几个月，逐渐消瘦，不及时治疗可引起败血症。

2. 蹄部检查

蹄部发热、肿大、敏感、疼痛，趾（指）间隙皮肤充血、肿胀及溃烂，并有恶臭的分泌物排出，可以蔓延至蹄冠、蹄后部和系部，亦可侵害腱、韧带、关节，使其发生化脓性炎症。有时蹄底溃烂，形成小孔或大洞，内充满污灰色或黑褐色的坏死组织及恶臭的脓汁，以至导致蹄壳脱落，最后可引起蹄畸形和继发脓毒败血症。

（三）防治措施

1. 预防

（1）加强饲养管理　备足草料，改善营养，圈舍地面硬化，保持干燥卫生，定期消毒，尽量减少和避免在低湿地带放牧。

（2）加强蹄部护理　经常检查和修理羊蹄，及时处理蹄部外伤。

（3）药物预防　在多雨潮湿季节或发病时，全群定期用10%硫酸铜溶液或10%福尔马林进行浴蹄。

2. 治疗

治疗原则是修蹄排污，杀菌消炎。

【处方1】

轻症用下列药剂。3%双氧水或0.2%高锰酸钾溶液500毫升，冲洗患蹄。

10%硫酸铜溶液，或10%硫酸锌溶液、10%福尔马林500毫升，浴蹄，之后包扎。

【处方2】

重症用下列药剂。蹄叉腐烂，蹄底出现小洞，并有脓汁和坏死组织渗出时，先用消毒剂将蹄洗净擦干，5%碘酊消毒后，用小刀或锐匙，由外向内将坏死组织和脓汁彻底清除，再灌注5%碘酊消毒，撒入土霉素粉或碘仿磺胺粉、四环素粉，外用福尔马林松馏油（1∶4）棉塞填塞，包扎蹄绷带。最后用棕片或帆布片包住整个蹄，在系部用细绳捆紧，一般2～3天换药一次。

青霉素5万～10万单位/千克体重，链霉素10～15毫克/千克体重，30%安乃近注射液3～10毫升，注射用水10毫升，肌内注射，每日1次，连用2～3日。

10%甲硝唑注射液，10毫克/千克体重，静脉注射，每日1次，连用3日。

二十、绵羊蹄间腺炎

绵羊蹄间腺炎是绵羊蹄间腺由于外伤或堵塞而引起的一种炎症。该病多发生于秋冬季节，个别羊群发病率达10%～15%，多侵害一肢。该病一般病程较长，影响绵羊采食和生长发育。

（一）病因

蹄间腺被草茬、种子或植物毛刺刺伤或泥土嵌入堵塞蹄间腺排泄孔发病。

（二）诊断要点

1. 主要症状

患肢蹄间裂张开、张大，出现跛行，主要引起支跛。

2. 蹄部检查

通常可见到植物毛刺侵入蹄间组织，蹄间组织有外伤、蹄间腺的排泄孔口有凸起、炎性反应、脓肿及分泌物溢出等症状，触之有痛感。病程较长时，在患处形成瘘管或发生蹄冠蜂窝织炎、化脓性蹄真皮炎、蹄壁部分剥离等病变。

（三）防治

1. 预防

加强管理，避免在含多刺的刈割植物干茬地带放牧羊群，避免造成损伤；建立检查制度，经常检查羊蹄部卫生情况，发现有异物要及时清理，做到早发现、早治疗。

2. 治疗

【处方 1】

轻度炎症反应，清洗蹄部，排除异物，在患处涂上碘酊或涂抹防腐软膏。

【处方 2】

手术切开，摘除蹄间腺体，用松馏油与凡士林以 1∶1 比例混合油膏涂抹患部，绷带包扎。术后在清洁、干燥舍内，单栏饲养 3 日。

青霉素 2 万～3 万单位/千克体重，注射用水 5 毫升，肌内注射，每日 1～2 次，连用 3 日。

第九章　羊产科病的诊疗与处方

第一节　妊娠期疾病和分娩期疾病

一、流　　产

流产是指在妊娠期间，因胎儿与母体的正常关系受到破坏而使妊娠中断的病理现象。流产可发生在妊娠的各个阶段，但以妊娠早期较多见。山羊发生流产较多，绵羊少见。

（一）病因

1. 侵袭性流产

多见于布鲁菌病、沙门菌病、支原体病、衣原体病、弯曲菌病、毛滴虫病、弓形虫病，以及某些病毒性传染病等。通常表现为群发性流产。

2. 普通流产

（1）生殖器官疾病　相关疾病如先天性生殖器官畸形，子宫内膜炎在妊娠期间复发，迁徙性子宫炎症，卵巢及黄体的病变，子宫黏连，阴道脱出，阴道炎，胎膜炎，胎水过多。

（2）饲养管理不当　牧草和精料严重不足，饲料发霉、腐败、酸败、冰冻、有毒，环境温度过高，湿度过大，剧烈运动，打斗，滑倒，惊吓，长途运输，过度拥挤，注射应激等。

（3）继发因素　见于内科病（如急性瘤胃臌气、顽固性前胃弛缓，皱胃阻塞、肺炎、肾炎、日射病及热射病、重度贫血）、营养代谢病（如维生素 A 或维生素 E 缺乏症，矿物质缺乏症、微量元素不足或过剩等）、中毒病（如农药中毒、棉籽饼粕中毒、有毒植物中毒、食盐中毒等）、外科病（如外伤、蜂窝织炎、败血症）。

（4）诊疗错误及用药不当　大量放血、采血，对孕羊催情、交配（或授精）、粗暴的保定和临床检查，应用地塞米松、氯前列烯醇、缩宫素、麦角制剂、比赛可灵、毛果芸香碱、全身性麻醉药，以及妊娠忌服的中草药（如乌头、附子、桃仁、红花、冰片等），注射某些疫苗。

（二）诊断要点

突发流产者，产前一般无特征表现。发病缓慢者，表现精神不振，食欲废绝，腹痛起卧，努责，咩叫，阴户流出羊水，待胎儿排出后转为安静。由传染病、寄生虫病、营养代谢病和中毒病等引起者，常陆续出现流产。由外科病引起者，由于受外伤程度的不同，受伤的胎儿常因胎膜出血、剥离，于数小时或数天排出体外。临床上常见的流产有几种。

1. 隐性流产

因为发生在妊娠的早期，主要在妊娠第一个月内，胚胎还没形成胎儿，故临床上难以看到母羊有什么症状表现。临床表现为配种后发情，发情周期延长，习惯性久配不孕。

2. 早产

排出不足月的活胎儿，这类流产的预兆和过程与正常分娩相似，胎儿是活的，因未足月即产出，故又称为早产。

3. 小产

排出死亡而未变化的胎儿，这是流产中最常见的一种，故通常称为小产。病羊表现精神不振，食欲减退或废绝，腹痛，起卧不安，努责，咩叫，阴门流出羊水，胎儿排出后逐渐变安静。

4. 延期流产（死胎停滞）

指胎儿在母体内死亡后，由于子宫收缩无力，子宫颈不开张或开张不全，死亡的胎儿可长期留在子宫内，称为延期流产。根据子宫颈口是否开放，分为胎儿干尸化和胎儿浸溶。

胎儿干尸化是指胎儿死亡后，未被排出，其组织中的水分及胎水被吸收，变为棕色，好像干尸一样，称为胎儿干尸化。胎儿干尸化多是由于胎儿死亡后黄体不萎缩，子宫颈口不开放所致。

胎儿浸溶是指妊娠中断后，死亡胎儿的软组织被分解，变为液体流出，骨骼部分仍旧留在子宫内，称为胎儿浸溶。其原因为胎儿死亡后，黄体萎缩，子宫颈口部分开放，腐败菌等微生物从阴道进入子宫及胎儿，胎儿的软组织分解液化而排出，骨骼则因子宫颈口开放不全而滞留于子宫。此时，病羊经常发生努责，并由阴道内排出红褐色或棕褐色有异味的黏稠液体，有时混有小的骨片，后期排出脓汁。严重时可诱发子宫内膜炎、腹膜炎、败血症等。

5. 习惯性流产

自然流产连续发生三次以上者称为习惯性流产。其特征往往是每次流产发生在同一阶段，也可能下次流产比上次流产稍长些。这类流产是普通流产中较典型的表现形式，其原因多见于幼稚病（身体发育不良）、子宫的瘢痕（多有难产或剖腹产病史）、变性，以及黄体发育不良、孕酮不足。

6. 先兆性流产

孕畜因某些原因出现流产的先兆，如采取有效的保胎措施，能够防制的一类流产，先兆性流产是普通流产的一种表现形式，其原因多见于外科手术、意外损伤事故、较重的其他疾病、特殊的环境应激等。表现为孕畜出现腹痛，阵缩，兴奋不安，呼吸、脉搏加快等现象，但阴道检查时，可见子宫颈口还是闭锁的，子宫颈黏液塞尚未溶解，有时可感触明显的胎动和子宫阵缩现象，B超检查胎儿尚存活。

根据病史和临床症状即可作出初步诊断，必要时需结合病原学检查等进行确诊。

（三）防治

1. 预防

对妊娠母羊，应给予充足的优质饲料，严禁饲喂冰冻、霉败变质或有毒饲料，防止饥饿、过渴、过食、暴饮；妊娠母羊要适当运动，防止挤压碰撞、跌摔、踢跳、鞭打惊吓或追赶猛跑，做好防寒、防暑工作；合理选配，以防偷配、乱配，母羊的配种、预产都要记录；妊娠诊断和阴道检查时，要严格遵守操作规程，禁止粗暴操作；对羊群要定期检疫、预防接种、驱虫和消毒，及时诊治疾病，谨慎用药；当羊群发生流产时，首先进行隔离消毒，边查原因，边进行处理，以防侵袭性流产的发生。

2. 治疗

【处方 1】

0.1%高锰酸钾液 20～100 毫升，冲洗子宫，并排尽冲洗液。

促孕灌注液 10～15 毫升，隔日 1 次，3 次为 1 个疗程，连用 1～2 个疗程。

黄体酮注射液 15～25 毫克，配种后第 3 天起，每日 1 次，肌内注射，连用 5～7 日。受胎率可提高 30%左右。

适用于隐性流产。对多次配种不孕或有子宫疾病的母羊实行子宫灌注药物，子宫冲洗。必要时配合黄体酮。

【处方 2】

黄体酮注射液 15～25 毫克，肌内注射，每日或隔日 1 次，连用 2～3 次；或绒毛膜促性腺激素 400～800 单位，每日 1 次，连用 2～3 次。

维生素 E 注射液 0.1～0.5 克，皮下或肌内注射。

维生素 K_1 注射液 0.5～2.5 毫克/千克体重，止血敏注射液 0.25～0.5 克或安络血注射液 10～20 毫克，肌内注射。

1%硫酸阿托品注射液 0.5～1.5 毫克，皮下或肌内注射；或水合氯醛 2～4 克，配成 1%～5%浓度，内服或灌肠；或安乃近注射液 1～3 克，肌内注射（适用于先兆性流产和习惯性流产）。

【处方 3】

白术安胎散：白术（炒）25 克，当归 30 克，川芎 20 克，白芍 30 克，熟地 30 克，阿胶（炮）20 克，党参 30 克，苏梗 25 克，黄芩 20 克，艾叶 20 克，甘草 20 克。每次 60～90 克，水煎候温灌服，隔日 1 次，连服 3 次（适用于先兆性流产和习惯性流产）。

【处方 4】

泰山磐石散：党参 30 克，黄芪 30 克，当归 30 克，续断 30 克，黄芩 30 克，川芎 15 克，白芍 30 克，熟地 45 克，白术 30 克，砂仁 15 克，甘草（炙）12 克。每次 60～90 克，水煎候温灌服，每日 1 次，连服 7 次为 1 个疗程，必要时再间断服用 3 个疗程（适用于先兆性流产和习惯性流产）。

对于小产和早产。上述处理仍难保胎，胎膜破，胎水流者，保胎无效，应及时引产，必要时进行助产。对于排出的不足月胎儿或死亡胎儿，不需要进行特殊处理，仅对母羊进行护理（适用于小产和早产）。

【处方 5】

青霉素 2 万～3 万单位/千克体重，地塞米松注射液 4～12 毫克，注射用水 5～10 毫升，肌内注射。

缩宫素注射液 30～50 单位，子宫颈口开张后，皮下注射、肌内注射或静脉注射（适用于小产和早产）。

【处方 6】

氯前列烯醇注射液 0.2 毫克，肌内注射。

【处方 7】

苯甲酸雌二醇注射液 1～3 毫克，肌内注射，隔日再注射 1 次。

缩宫素注射液 30～50 单位，子宫颈口开张后，皮下注射、肌内注射或静脉注射。

【处方 8】

0.1%利凡诺液 20～100 毫升，子宫冲洗，并排尽冲洗液。

1%～1.5%露它净（宫炎清）100 毫升，子宫灌注。

【处方 9】

益母生化散：益母草 120 克，当归 75 克，川芎 30 克，桃仁 30 克，干姜（炮）15 克，甘草（炙）15 克。每次 30～60 克，或每千克体重 1 克，水煎候温灌服，每日 1 次，连用 3～6 次。

【处方 10】

青霉素 5 万～10 万单位/千克体重，链霉素 10～15 毫克/千克体重，地塞米松注射液 10 毫克，注射用水 5～10 毫升，肌内注射，每日 1～2 次，连用 3 日。

甲硝唑注射液 10 毫克/千克体重，静脉注射，每日 1 次，连用 3 次。

注：处方 5～10 适用于延期流产。对延期流产者应尽早引产。死胎滞留时，应采用引产或助产措施。先肌内注射雌激素，使子宫颈开张，然后灌入少量石蜡油，从产道拉出胎儿。必要时进行子宫灌注和子宫冲洗，并配合抗菌消炎。若上述方法不能取出干尸或胎骨，宜行截胎术或剖腹产术，没有价值的要及时淘汰。

对于侵袭性流产，应先查清病因，再选择高敏药物（如磺胺间甲氧嘧啶、甲硝唑）、疫苗（如布氏杆菌羊型 5 号冻干苗、羊流产衣原体灭活疫苗）等进行防治。

二、阴道脱出

阴道脱出是阴道壁的部分或全部外翻脱出于阴门之外。此时，阴道黏膜暴露在外面，因外界的刺激可引起黏膜充血、发炎，甚至形成糜烂或坏死。该病常发生于妊娠后期和产后。

（一）病因

1. 体内雌激素过多

妊娠后期胎盘分泌雌激素增多，卵泡囊肿，使用雌激素时间过长或剂量过大等，均可导致体内雌激素过多，使骨盆内固定阴道的组织、阴道及外阴松弛，发生此病。

2. 腹压过大

妊娠后期母羊腹压增大，若遇到腹压增高的疾病，如瘤胃臌气、长期便秘、顽固下痢、胎儿过大、胎水过多，分娩或胎衣不下时努责过强等极易发生阴道脱出，或者患产前孕畜截瘫、严重骨软症母羊，长期卧地不起，使腹压增高，压迫阴道壁，使之脱出发病。

3. 饲养管理不良

多见于老龄妊娠母羊、营养不良、运动不足、产后过度疲劳、体质虚弱等，导致阴道周围的组织和韧带弛缓，另外，粗暴助产、强行拉出胎儿、阴道黏膜水肿也可引发此病。

4. 遗传因素

阴道脱出有时与遗传有关。

（二）诊断要点

1. 病史

多发生于妊娠后期或产后，或者年老体弱的母羊，以及引起腹压增高的疾病。

2. 典型症状

阴门处隆起如鹅卵大（为部分脱出，卧出立入，能自行缩回，反复脱出时，则难以自行缩回），甚至达拳头大（为全部脱出，子宫颈口仍闭锁，阴道不能回缩）的红色或暗红色的半球状的阴道壁。

3. 继发症状

脱出的阴道初呈粉红色，后因空气刺激和摩擦而发生瘀血、水肿，逐渐变为紫红色，表面常有污染的粪尿、泥土或草棍，严重者可使黏膜与肌层分离，阴道壁水肿、破裂、糜烂及坏死。个别羊可伴发膀胱脱出。

4. 全身症状

全身症状一般较轻，多见患病羊不安、回顾腹部、拱背努责、作排尿姿势。

（三）防治

1. 阴道部分脱出的防治

增加运动，减少卧地时间，卧地时最好呈前低后高姿势，给予营养丰富、易消化的草料，如青草、白菜、麸皮等，喂六成饱，防止发生便秘和腹压增高。一般在分娩后即可恢复。

【处方】

黄体酮注射液15～25毫克，肌内注射，每日或隔日1次，直到分娩前10天停药。

2. 阴道全部脱出或部分脱出不能回缩者的防治

应及早整复、固定，防止再脱。若脱出严重，患畜卧地不起，同时努责强烈，妊娠难以继续维持下去，应考虑及早进行人工引产或剖腹产，尤其是接近预产期时，以保证母子安全。

【处方1】

整复及用药如下：盐酸普鲁卡因注射液2毫克/千克体重，配成0.25%～0.5%溶液，努责严重时后海穴封闭。

0.1%高锰酸钾液或0.01%～0.05%新洁尔灭溶液300～500毫升，清洗消毒。

2%明矾水50～100毫升，纱布浸透后压迫水肿的阴道黏膜15～30分钟，或针刺水肿黏膜，挤压排液，或0.3%～1%双氧水冲洗，可使水肿减轻，黏膜发皱。

保定时保持前低后高姿势，将脱出的阴道在动物不努责时翻入、推送、展平，切忌粗暴操作。

【处方2】

固定及用药如下：0.25%～0.5%盐酸普鲁卡因注射液10～20毫升，局部浸润麻醉。

整复阴道缝合，即用粗缝线在阴门上作纽扣状缝合、圆枕缝合或内翻缝合。

【处方3】

补中益气汤：黄芪（炙）75克，党参60克，白术（炒）60克，甘草（炙）30克，当归30克，陈皮20克，升麻20克，柴胡20克。每次45～60克，水煎候温灌服，每日1次，连用3次。

三、早期胚胎死亡

早期胚胎死亡专指妊娠的胚胎早期发生的死亡。早期胚胎死亡在流产中占30%左右的比例，是隐性流产的主要原因。临床表现为屡配不孕（附植前死亡）或返情推迟（附植后死亡），以及妊娠率降低，产羔数减少，窝产羔数或年产羔数减少。各种动物均可发生，绵羊和山羊的胚胎死亡主要发生在妊娠第一个月内，大部分发生在附植以前。

（一）病因

1. 内因

见于以下因素：遗传因素（如染色体畸变），基因与遗传标志的影响（绵羊的垂肉、山羊的无角等，均对多胎性有影响），精卵结合异常，双亲亲本亲和力低，母子双方免疫不相容均可导致胚胎死亡；分子信号及细胞信号的影响（绵羊的胚胎多时，会因孕酮不足而导致胚胎死亡，但孕酮必须与雌二醇成适当比例才能维持妊娠）；子宫环境异常（胚胎的发育必须与子宫的发育同步，才能附植，以及子宫疾病）；公畜对胚胎死亡的影响（如精液品质不良）。

2. 外因

见于以下因素：传染病（如弯曲菌病、布鲁菌病等）；营养过剩或不足（如钙、磷、钠、钼、氟等过多，可降低受精率或影响胚胎质量，营养不足可以抑制胚胎发育）；环境因素的影响（如长光照周期和环境高温可以降低公羊等精液质量，使胚胎死亡率增高）；另外，精液的稀释、贮存条件以及输精时间都能影响胚胎的存活。

（二）诊断要点

胚胎死亡属于隐性流产，因为发生在妊娠初期，临床上难以发现外部症状。胚胎发育程度低，尚未形成胎儿，死亡后发生液化，被母体吸收，或者随母体尿液排出，难以发现。一般在超过一个发情周期后返情，并可能表现出屡配不孕。

必要时可通过测定母畜血清中的早孕因子（绵羊在配种或受精给后不久出现，胚胎死亡或取除后不久即消失）和孕酮（怀孕早期，家畜血、奶中的孕酮水平一直持续在高水平，一旦胚胎死亡，孕酮水平及急剧下降）进行判断。

（三）防治

加强种公、母羊的饲养管理，尽可能满足其对维生素及微量元素的需要，创造优良的环境条件，以提高配子质量，另外提高配种的技术水平。在妊娠早期视情况补充孕酮。

【处方】

促孕灌注液 10～15 毫升，隔日 1 次，3 次为 1 个疗程，连用 1～2 个疗程。

黄体酮注射液 15～25 毫克，配种后第 3 天起，每日 1 次，肌内注射，连用 5～7 日。受胎率可提高 30%左右。

四、围产期胎儿死亡

围产期胎儿死亡是指胎儿在产出过程中或出生前和出生后不久（产后不超过 1 天）所发生的死亡。出生时即已死亡者称为死胎。

（一）病因

1. 繁殖与分娩异常

近亲繁殖、过早配种、老龄妊娠、妊娠期延长、胎儿过大、产羔过多、胎儿吸入羊水、胎儿产出期过长、生殖器官发育不良或畸形和子宫疾患等，都能对胎儿产生不同程度的影响。

2. 饲养管理不当

草料不足或缺乏某些营养物质（如蛋白质、维生素A、维生素E、铁、钴），是导致围产期胎儿死亡的重要原因，牧草中含雌激素物质过多（如红三叶草），羊的死产增多；应激因素，如高温高湿、挨淋受冻、长途运输、畜舍狭窄、过度拥挤、碰撞、跌摔、踢跳、鞭打惊吓或追赶猛跑等因素会对母羊产生不良影响，导致胎儿死亡。

3. 继发因素

传染病（如布鲁菌病、沙门菌病、衣原体病、链球菌病）、寄生虫病（如毛滴虫病、弓形虫病）、中毒病（如农药中毒、棉籽饼粕中毒、有毒植物中毒、黄曲霉毒素中毒）等疾病过程中，可导致围产期胎儿死亡。

（二）诊断要点

1. 病史

妊娠母羊有繁殖生产异常，缺乏营养，遭受应激和摄入有毒物质等病史。

2. 临床表现

母羊产出发育正常的死胎或产后1天内羔羊发生死亡。

3. 其他

传染病和寄生虫病引起的围产期胎儿死亡，多具有群发性，可根据病史、临床症状、病理变化等作出初步诊断，必要时采集病料进行实验室检查确诊。

（三）防治

1. 加强选配和淘汰

分群饲养，加强选配，防止近亲交配、过早配种，淘汰体弱的老龄母羊。

2. 加强饲养管理

妊娠母羊喂给全价配合饲料，不喂发霉变质、有毒及有刺激性的饲料，尽量减少环境应激，创造良好的环境条件，防止发生碰撞、挤压。

3. 避免继发因素

防治引起胎儿死亡的传染病和寄生虫病。

4. 进行引产

为防止胎儿死亡，必要时进行引产。对可救活的胎儿进行抢救。

五、孕畜截瘫

孕畜截瘫是妊娠后期孕畜既无导致瘫痪的局部因素（如腰、臀、后肢损伤），又无明显的全身症状，但后肢不能站立的一种疾病。该病有地区性，多见于冬、春季节，以及体弱和衰老的孕畜。通常发生于分娩前一个月之内。

（一）病因

1. 饲养管理不当

草料单一，品质不良，缺乏营养可能是发病的主要原因。如饲料中严重缺乏糖、脂肪、蛋白质、矿物质（主要是钙、磷或钙、磷比例失调）、维生素（维生素D、维生素A）、微量元素（铜、钴、铁）等。

2. 继发因素

孕畜截瘫可能是怀孕后期许多疾病表现出的一种症状，可以继发于胎水过多、妊娠毒血症、酮病、捻转血矛线虫病、严重子宫捻转、风湿病等。

（二）诊断要点

1. 病史

多发于冬、春季节，分娩前一个月之内的体弱老龄母羊，有营养缺乏的病史。

2. 临床表现

病初病羊后躯摇摆，步态不稳，起立困难，最后，后肢不能站立，卧地不起。个别母羊突然倒地，后肢不能直立。后躯局部及后肢无明显病理变化，无疼痛现象，但痛感反应正常，也无明显全身症状，食欲正常。病程较长可引发阴道脱出或褥疮，甚至败血症。如果此病发生后不久即分娩，则产后大多能很快自愈。

3. 鉴别诊断

注意与胎水过多、妊娠毒血症、酮病、捻转血矛线虫病、严重子宫捻转、风湿病、骨盆骨折、后肢韧带及肌腱断裂等进行鉴别。

（三）防治

1. 预防

母羊怀孕后期，应加强饲养管理，保证机体对糖、蛋白质、矿物质、维生素及微量元素的需要，补充精料，供给优质干草和青绿饲料，有条件的可以饲喂全价配合饲料，多晒太阳，多运动。

2. 治疗

治疗原则为除去病因，加强护理（勤换垫草，定期翻身，排除粪便，防止褥疮发生），尽早治疗，重点补充钙、磷和维生素D。

【处方1】

10%葡萄糖酸钙注射液50～150毫升或5%氯化钙注射液20～100毫升，10%葡萄糖注射液100～500毫升，10%安钠咖注射液5～20毫升，静脉注射，每日1～2次，连用3～5日。

维丁胶性钙注射液2～3毫升，皮下或肌内注射，每日1次，连用3～5次，或维生素D_3注射液0.15万～0.3万单位/千克体重，肌内注射，每日1次，连用3～5次。

【处方2】

20%磷酸二氢钠注射液40～50毫升，5%葡萄糖氯化钠注射液500毫升，10%氯化钾注射液5～10毫升，静脉注射，每日1次，连用3～5次。

5%碳酸氢钠注射液50～100毫升，静脉注射，每日1次，连用3～5次。

【处方3】

维生素B_1注射液25～50毫克，硝酸士的宁注射液2～4毫克，臀部皮下或肌内注射，每日1次，连用5～7日。

【处方4】

当归散加减：当归50克，白芍35克，熟地50克，续断35克，补骨脂35克，川芎30克，杜仲30克，枳实20克，青皮20克，红花15克，每次40～60克，水煎候温灌服，每日1次，连用3次。

六、难　　产

难产即分娩受阻，是指母畜在分娩过程中，超过能正常分娩的时间，不能将胎儿顺利产出，需要人工辅助或全靠人工将胎儿取出者，称为难产。难产是产科的常见病、多发病，它严重威胁着动物母仔的生命安全，如处理得当，母仔存活，处理失误，母仔双亡。正常分娩所需要的时间：绵羊为1.5小时，山羊为3小时。难产的发病率在绵羊为5%，山羊为3%。

（一）病因

难产的病因相当复杂，但归纳起来不外于产力、产道和胎儿三大要素。

1. 产力不足（或产力性难产）

妊娠期间饲养管理不当，缺乏运动，母羊过肥、过瘦，患腹壁疝或子宫疝（因腹肌破裂而妊娠子宫直接位于皮下，致使腹壁突出的疾病）等，使子宫阵缩无力，腹肌收缩乏力，影响胎儿娩出。

2. 产道异常（或产道性难产）

见于产道狭窄（如早孕、盆腔狭窄和骨盆骨骨折等导致的硬产道狭窄，以及发育不良、配种过早、子宫颈狭窄、阴门及阴道狭窄、软产道水肿等引起的软产道狭窄），产道变形（如子宫捻转、阴道黏膜水肿），影响胎儿产出。

3. 胎儿异常（或胎儿性难产）

胎儿正确的产出姿势为胎儿身体与母体平行，背部朝向母体背腰，分娩时两前肢抱着头部伸直先进入产道，称为“纵向上位正生”，或胎儿身体与母体平行，背部朝向母体背腰，两后肢先进入产道称为“纵向上位倒生”。胎儿异常导致的难产最常见，如胎儿过大或畸形（如全身气肿、腹腔积水、裂腹畸形、先天性假佝偻、先天性歪颈），双胎难产，以及胎势、胎位和胎向异常。

（1）*胎势异常*　胎势是指胎儿本身各部分之间的相互关系。胎势异常包括头颈侧弯、头颈下弯、头颈后仰、头颈捻转、腕部前置（或腕关节屈曲）、肩部前置（或肩关节屈曲）、肘关节屈曲、跗部前置（或跗关节屈曲）和坐骨前置（或髋关节屈曲）。

（2）*胎位异常*　胎位是指胎儿在子宫里的姿势和位置，是指胎儿背部与母体背腹部的相对位置关系。胎位异常包括正生侧位、正生下位、倒生侧位、倒生下位。

（3）*胎向异常*　胎向是指胎儿纵轴与母体纵轴的关系。胎向异常包括横向（背横向、腹横向）、竖向（背竖向、腹竖向）。

（二）诊断要点

1. 病史调查

主动询问畜主，了解孕羊的饲养管理情况，年龄及胎次，初产或经产，早产或超期，努责开始时间及其特点，胎囊外露及破水情况，胎儿肢体外露情况，胎儿产出情况，有无难产病史和剖腹产史，用药及助产情况等，可以帮助了解病情，建立诊断。

2. 临床检查

难产多发于超过预产期，妊娠母羊表现不安，不时徘徊，阵缩或努责，阴唇松弛湿润，阴道流出胎水、污血或黏液，时而回顾腹部和阴部，但经1～2天不见产羔。有的外阴部夹着胎儿的头或腿，长时间不能产出。随着难产时间延长，妊娠母羊精神变差，痛苦加重，表现精神沉郁、呻吟、卧地、心率增加，呼吸加快、阵缩减弱。病至后期阵缩消失，卧地不起，甚至昏迷。检查时要注意努责和宫缩情况，有无腹壁疝和子宫疝，了解机体的机能状态和产力，初步诊断是否发生难产，判断预后，为拟定正确的治疗方案打下基础。

3. 产道检查

胎儿未进入阴道或未露出阴门外，进行产道检查，判断产道是否狭窄和变形。检查内容：外阴有无异常，阴道的情况（松软程度、湿润度、是否狭窄、有无损伤和疤痕、有无螺旋状皱襞），子宫颈的情况（子宫颈开张还是闭锁，子宫颈黏液塞情况，子宫颈阴道部方向，子宫颈开张度大小，胎囊凸出及破水情况，是否可以触摸到胎儿），硬产道检查（骨盆是否狭窄、变形、发育异常，有无骨瘤和肿瘤）。进行检查时应注意对术者的手和手臂、器械及母羊阴门进行充分消毒。

4. 胎儿检查

胎囊（胞）或胎儿的某部已进入产道，应进行胎儿检查。如胎囊凸出及破水情况，头和四肢的认识（鉴别前、后肢及蹄底朝向），胎势、胎位、胎向是否异常，胎儿是否存活［拉舌头、掐肢体、按眼球、感吸吮、拔被毛、摸心跳、摸脉搏（颈动脉和脐动脉）、触肛门，如胎儿有反应证明为活胎，没有反应或被毛脱落、皮下气肿则为死胎］，有无胎儿过大和畸形。上述检查可以判定胎儿死活和是否发生胎儿性难产，从而确定助产方法。

5. B 超检查

B 超检查可以进行妊娠诊断、产道检查、胎儿检查（检查胎心与胎动，胎儿的性别与数量，胎盘与脐带，胎儿的骨骼和内脏，以及胎势、胎位、胎向）等，给妊娠检查、难产诊断和助产等提供精确的依据，有条件的羊场可以应用。

（三）防治

1. 预防

预防难产的关键是加强对母羊的饲养管理。满足青年母羊的营养需要，促进其生长发育，加强运动，防止过肥；种公、母羊分群饲养，防止早配和偷配，青年母羊配种不应早于1～1.5岁，也不宜与体型差别过大的种公羊配种，防止骨盆狭窄和胎儿过大造成难产；妊娠母羊注意补充干草和精料，并少量多次饲喂，适当运动。妊娠母羊临近预产期，应在产前1周至半月送入产房，并提供良好的环境条件。对有乳房胀大，可挤出奶汁，阴门肿大，流浓稠黏液，肷窝下陷，臀部肌肉塌陷，孤独站立或起卧不安，排尿次数增多，不断回顾腹部，不时鸣叫等临产表现的母羊，要专人护理和接产，留心观察分娩中的异常表现，及时进行临产检查。

2. 治疗

治疗措施主要是助产。助产原则是诊断准确，处置果断，首选药物助产、牵引助产和矫正后助产，无效时选用截胎术或剖腹产术。做好助产准备，消毒（术者手和手臂、器械及动物阴门，要用0.1%新洁尔灭清洗消毒），保定母羊（侧卧或站立保定，取前低后高姿势），润滑产道（产道灌注灭菌石蜡油，或植物油，必要时灌服1%温盐水）等工作，助产方法如下。

(1) 药物助产　分娩时子宫阵缩和腹肌收缩乏力，不能将胎儿排出，阴道检查子宫颈口已经充分开张，产道无异常，胎势、胎位和胎向正常时采用药物助产。

【处方】

缩宫素注射液或垂体后叶素注射液10～20单位，皮下或肌内注射，半小时1次（如分娩开始后1～2日，可先皮下或肌内注射苯甲酸雌二醇注射液1～3毫克）。

10%葡萄糖注射液100～500毫升，10%葡萄糖酸钙注射液50～100毫升，静脉注射。

(2) 扩张产道　子宫颈扩张不全，如果努责不强，胎囊未破，胎儿还活，宜稍等待，同时注射药物扩张宫颈。也可采用子宫颈切开术，但会导致子宫颈更狭窄，甚至完全封闭。

【处方】

苯甲酸雌二醇注射液1～3毫克，皮下或肌内注射。

地塞米松注射液4～12毫克，青霉素2万～3万单位/千克体重，注射用水5～10毫升，肌内注射。

缩宫素注射液30～50单位，子宫颈口开张后，皮下或肌内注射。

(3) 矫正胎儿　胎儿的胎势、胎位和胎向发生异常，可使母羊采用前低后高姿势，将胎儿暴露的部分送回，将手伸入产道进行纠正，必要时，可以反复拉出和送回。

(4) 矫正子宫　如病羊努责、呻吟，产道检查见阴道壁紧张，子宫颈管完全闭合，并呈螺旋皱襞，不能直接触到胎儿，可能是发生子宫捻转导致的难产。采用翻转母体法纠正，捻转缓解后，如能拽出胎儿的前肢或后肢，可转动胎儿辅助纠正捻转，无效时进行剖腹产术。

(5) 牵引助产　对于胎儿过大，子宫阵缩及努责微弱，轻度的产道狭窄，胎势、胎位轻度异常的，可实施牵引助产。将母羊前高后低站立保定，进行消毒和润滑后，用右手握住胎儿的两前肢或两后肢，左手向前推送母羊外阴，防止撕裂，随着母羊的努责，慢慢向下方拉出胎儿，助手如能向上托起或压迫母羊腹部，更有利于胎儿产出。

(6) 截胎术　胎儿过大，已经死亡，牵引助产无效，可施行截胎术，术中防止损伤子宫和阴道。

(7) 剖腹产术　当胎儿过大或畸形严重，胎势、胎位、胎向异常，难以矫正，严重的硬和软产道狭窄，不能矫正的子宫捻转，以及子宫破裂等，可进行剖腹产术。羊横卧保定，左侧（或右侧）肷部中下切口，进行全麻（速眠新Ⅱ注射液，每千克体重0.1～0.15毫升，肌内注射，或40%酒精，每千克体重3.5～4毫升，口服），或局麻（0.5%的普鲁卡因注射液），局部剃毛，用0.1%新洁尔灭溶液消毒术部、器械、敷料、手及手臂，依次切开皮肤、肌肉和腹膜，找到子宫，在靠近子宫体沿孕角大弯处，避开子宫阜切开子宫（摸着切），子宫上的大血管最好避开或先行结扎，子宫壁周围垫纱布，防止胎水流入腹腔，缓慢拉出胎儿，擦干净胎儿口鼻黏液，将子宫切口边缘的胎衣剥离，子宫内放置青、链霉素，第一层用肠线或丝线进行全层连续缝合，第2层用丝线进行连续内翻缝合，局部涂布青霉素，逐层闭合腹壁及皮肤，并用碘酊消毒，加强术后护理。

第二节　产后期疾病

一、胎衣不下

胎衣不下又称胎膜滞留，是指母畜在分娩后，胎衣在正常时限内未排出体外。产后胎衣正常排出的时间，山羊为2.5小时，绵羊为4小时，奶山羊为6小时。

（一）病因

1. 产后子宫收缩无力

草料单一，营养不良，缺乏钙、磷、硒以及维生素A和维生素E，母羊消瘦、过肥、老龄、体弱、运动不足，胎儿过大等都能使羊发生子宫弛缓，胎儿过多或过大、胎水过多，难产时间过长，流产，早产，生产瘫痪，子宫捻转，难产后子宫肌疲劳，产后未能及时给羔羊哺乳等，致使催产素释放不足，都能影响子宫肌的收缩。

2. 胎盘未成熟或老化

未成熟的胎盘，母体子叶胶原纤维呈波浪形，轮廓清晰，不能完成分离过程，因此，早产时间越早，胎衣不下的发生率越高。胎盘老化时，母体胎盘结缔组织增生，母体子叶表层组织增厚，使绒毛钳闭在腺窝中，不易分离，胎盘老化后，内分泌功能减弱，使胎盘分离过程复杂化。

3. 胎盘充血或水肿

在分娩过程中，子宫异常强烈收缩或脐带血管关闭太快会引起胎盘充血，使绒毛钳闭在腺窝中。同时还会使腺窝和绒毛发生水肿，不利于绒毛中的血液排出。水肿可延伸到绒毛末端，结果腺窝内压力不能降低，胎盘组织之间持续紧密连接，不易分离。

4. 胎盘炎症

妊娠期间子宫受到感染（如李氏杆菌、胎儿弧菌、沙门菌、支原体、霉菌、毛滴虫、弓形虫等），发生子宫内膜炎及胎盘炎，使结缔组织增生，胎儿胎盘与母体胎盘发生黏连。

5. 胎盘组织构造

羊胎盘属于上皮绒毛膜与结缔组织绒毛膜混合型胎盘，胎儿胎盘与母体胎盘联系紧密，是羊发生胎衣不下的主要原因。

（二）诊断要点

1. 病史

羊产后3～4小时仍不排出胎衣，即可诊断为胎衣不下。

2. 临床症状

病羊背部拱起，时常努责，有时努责强烈，引起子宫脱出。胎衣不下超过1天，胎衣腐败，腐败产物可被吸收，使病羊全身症状加重，如精神沉郁，体温升高，呼吸加快，食欲减退或废绝，产乳量减少或泌乳停止，从阴道中排出恶臭的分泌物。一般5～10天胎衣发生腐烂脱落。此病往往并发或继发败血症、破伤风、气肿疽、子宫和阴道的慢性炎症，甚至导致病羊死亡。山羊对胎衣不下的敏感性比绵羊高。

(1) 全部胎衣不下　分娩后未见胎衣排出，胎衣全部滞留在子宫内，少量胎衣呈带状悬垂于阴门之外，呈土红色，表面有大小不等的子叶，之后胎衣腐败，恶露较多，有时继发败血症。

(2) 部分胎衣不下　排出的胎衣不完整，大部分垂于阴门外（可达跗关处）或胎衣排出时发生断离，从外部不易发现，恶露排出量较少，但排出的时间延长，有臭味，其中含有腐烂的胎衣碎片。

(三) 防治

1. 预防

饲喂含钙及维生素丰富的饲料，加强运动，尽可能母畜自己添干仔畜身上的黏液，必要时应用药物，促进子宫复旧和排出胎衣，预防子宫内膜炎。

2. 治疗

治疗原则为控制子宫感染，促进子宫收缩和胎盘分离，手术剥离，以及全身治疗。

【处方 1】

益母草 10～30 克，水煎服，每日 1～2 次，连用 3 日。

缩宫素注射液 5～10 单位，皮下或肌内注射。

【处方 2】

促进子宫收缩可用下方。

苯甲酸雌二醇注射液 1～3 毫克，皮下或肌内注射。

缩宫素注射液 30～50 单位，用雌二醇 1 小时后，皮下或肌内注射，2 小时后重复注射 1 次。

【处方 3】

促进子宫收缩，垂体后叶素注射液 10～50 单位，皮下或肌内注射；或马来酸麦角注射液 0.5～1 毫克，肌内或静脉注射。

【处方 4】

促进母子胎盘分离，用 5%～10%食盐水 500～1000 毫升，子宫灌入，注入后并使其完全排出；或 3%双氧水 10～20 毫升，子宫灌注。

【处方 5】

控制子宫感染用下列药物。1%～1.5%露它净（宫炎清）100 毫升，子宫灌注。

或 0.5%碘液（碘片 0.5 克，碘化钾 1 克，蒸馏水加至 100 毫升）100 毫升，灌注到子宫与胎膜间隙中，必要时隔日再灌 1 次。

或青霉素 160 万单位，链霉素 100 万单位，蒸馏水 20 毫升，子宫灌注，每日 2 次，连用 3 日。

【处方 6】

控制子宫感染，可用 0.1%利凡诺液（或 0.1%高锰酸钾液、0.5%来苏儿液、0.02%新洁尔灭溶液）20～100 毫升冲洗子宫，并排尽冲洗液。

【处方 7】

用药物治疗已达 48 小时仍不奏效，应立即进行手术疗法剥离胎衣。病羊站立保定，按常规准备及消毒后，进行人工剥离，努责严重的进行后海穴麻醉。术者应佩戴手套，一手握住阴门外的胎衣并稍拉，另一只手沿胎衣表面伸入子宫黏膜和胎衣之间，用食指相中指夹住胎盘周围绒毛呈一束，以拇指剥离开（推开）母子胎盘相结合的周围边缘，剥离半周后，手向手背侧翻转以扭转绒毛膜，使其从小窦中拔出，与母体胎盘分离。剥后冲洗，并灌注抗生素或防腐消毒药液。

也可采用自然剥离方法，即不借助手术剥离，而辅以防腐消毒药或抗生素，让胎衣自溶排出，从而达到自行剥离的目的。在子宫内投放土霉素 0.5 克，效果较好。

【处方 8】

全身治疗用如下药物。5%葡萄糖氯化钠注射液 500 毫升，庆大霉素 20 万单位，地塞米松注射液 4～12 毫克，10%安钠咖注射液 10 毫升；10%葡萄糖注射液 500 毫升，10%葡萄糖酸钙注射液 50～150 毫升，维生素 C 注射液 0.5～1.5 克，依次静脉注射，每日 1～2 次，连用 2～3 日。

5%碳酸氢钠注射液 100 毫升，静脉注射，每日 1 次，连用 2～3 次。

【处方 9】

益母生化散：益母草 120 克，当归 75 克，川芎 30 克，桃仁 30 克，干姜（炮）15 克，甘草（炙）15 克，每次 30～60 克，或每千克体重 1 克，水煎候温灌服，每日 1 次，连用 3～6 次。

二、子宫内翻及脱出

子宫角前端翻入子宫腔或阴道内，称为子宫内翻，子宫全部翻出于阴门之外，称为子宫脱出。二者为程度不同的同一个病理过程。子宫脱出多在产后数小时之内发生，产后超过 1 天发病的患畜极为少见。

（一）病因

营养不良，体质虚弱，运动不足，老龄妊娠，胎水过多，胎儿过大或多次妊娠，导致子宫肌收缩力减退，子宫及子宫韧带过度扩张、弛缓，这些均是子宫内翻及脱出的主要原因；难产时，产道干燥，子宫黏膜紧裹胎儿，强拉胎儿造成宫内负压，产后腹压增高（如分娩和胎衣不下的强烈努责），床栏坡度过大时母羊长期取前高后低姿势，以及长期便秘、顽固腹泻和疝痛等也可引起此病。

（二）诊断要点

1. 病史

多发生于产后体质虚弱的母羊，有粗暴助产，子宫弛缓，努责频繁（特别是母羊产后仍有明显努责），腹压增高的病史。

2. 临床症状

（1）子宫内翻　即子宫部分脱出。轻度内翻，常无明显症状，多能在子宫复旧中自愈。子宫角尖端通过子宫颈进入阴道内时，病畜不安、努责、举尾。阴道检查，则见翻入阴道的子宫角尖端，呈柔软圆形。母羊卧地后可看到阴道内翻的子宫角，持续努责时可发展成子宫脱出。

（2）子宫脱出　有长圆形物体突出阴门之外，有时可达跗关节，脱出的子宫黏膜表面常附着有未脱落的胎膜，剥去胎膜或自行脱落呈粉红色或红色，子宫黏膜光滑，表面有多量圆形隆起的暗红色子叶（母体胎盘），若两个子宫角都脱出，可见大小不同的两个脱出物，其末端均有一凹陷。之后子宫黏膜可发生瘀血（呈紫红色或深灰色）、水肿、出血、结痂、干裂、糜烂和坏死，甚至被粪土污染或冻伤。有的伴有阴道脱出。

（3）继发症状　轻度子宫内翻及脱出，一般无明显全身症状。严重者可能继发子宫黏膜出血、坏死，甚至感染，而引起腹膜炎、败血症；肠管进入脱出的子宫腔内，出现疝痛症状，外部触诊可摸到宫腔内的肠管；扯破肠管系膜、卵巢系膜及子宫阔韧带，扯断血管，引起大出血，很快出现结膜苍白、战栗、脉搏变快、微弱，刺破子宫末端有血液流出。

（三）防治

1. 预防

加强妊娠母羊的饲养管理，补充精料、优质干草、钙、磷和维生素，适当运动，增强体质，积极治疗使母羊腹压升高的疾病，禁止粗暴助产及强拉胎衣。对体质虚弱、老龄、多胎、子宫弛缓的母羊在产后细心观察，促进子宫复旧。

【处方】

益母草 10～30 克，水煎服，每日 1～2 次，连用 3 日。

缩宫素注射液 5～10 单位，皮下或肌内注射。

2. 治疗

治疗原则是及早整复固定，加强冲洗消毒和术后护理，子宫严重损伤、穿孔及坏死，不宜整复时，实施子宫切除术。

（1）整复　病羊站立或侧卧保定，取前低后高姿势。努责严重时进行后海穴封闭（0.25%～0.5%盐酸普鲁卡因注射液 2 毫克/千克体重），用生理盐水或 0.01%～0.05%新洁尔灭溶液冲洗子宫黏膜，将脱出的子宫由助手托起，术者一手用拳头顶住子宫角尖端的凹陷外，小心而缓慢地将子宫角推入阴道，另一手和助手从两侧辅助配合，防止送入的部分再度脱出，同法处理另一子宫角，逐渐将脱出的子宫全部送回骨盆腔内，并使子宫展平。也可以从子宫基部两侧压挤并推送靠近阴门的子宫部分，一部分一部分地推送，直至脱出的子宫全部被送回骨盆腔内。待子宫被全部还纳后，将手臂尽量伸入其中，以便使子宫恢复正常位置并防止再脱出。整复后，为防止感染，子宫内可注入防腐消毒药或抗生素类药物。

（2）固定　子宫整复后，可用粗缝线在阴门上作纽扣状缝合、圆枕缝合或内翻缝合。

（3）子宫切除术　若子宫脱出后无法进行整复者，必须进行子宫切除术。子宫切除术的适应症为无法还纳者，子宫有严重的损伤与坏死，还纳后有可能引起全身感染者。病羊站立或侧卧保定，保持前低后高姿势。用 0.1%新洁尔灭溶液冲洗消毒，速眠新Ⅱ注射液，每千克体重 0.1～0.15 毫升，肌内注射，进行全身浅麻醉，0.25%～0.5%盐酸普鲁卡因注射液进行后海穴封闭和子宫切除线上局部浸润麻醉。在子宫角基部作一纵行切口，检查其中有无肠管及膀胱，有则先将它们推回。仔细触诊，找到两侧子宫阔韧带上的动脉，在其前部进行结扎，粗大的动脉需结扎两道。在纵向切口的近子宫角基部横向切透子宫壁，断端如有出血应结扎止血，断端做全层连续缝合，再进行内翻缝合，撒布青霉素粉或其溶液，最后将缝好的断端送回阴道内。

【处方 1】

5%葡萄糖氯化钠注射液 500 毫升，氨苄青霉素 50～100 毫克/千克体重，地塞米松注射液 4～12 毫克，10%葡萄糖注射液 500 毫升，10%葡萄糖酸钙注射液

50～150毫升，静脉注射，每日1～2次，连用2～3日。

甲硝唑注射液10～20毫克/千克体重，静脉注射，每日1次，连用2～3日。

12.5%止血敏注射液0.25～0.5克，肌内或静脉注射，每日2～3次，连用1～3日。

【处方2】

青霉素160万单位，链霉素100万单位，蒸馏水20毫升，子宫灌注，每日1次，连用3日。

【处方3】

补中益气汤：黄芪（炙）75克，党参60克，白术（炒）60克，甘草（炙）30克，当归30克，陈皮20克，升麻20克，柴胡20克。每次45～60克，水煎候温灌服，每日1次，连用3次。

三、子宫内膜炎

子宫内膜炎是子宫内膜的炎症，是常见的生殖器官疾病，常于分娩后发生，一般为急性子宫内膜炎，如治疗不当，炎症扩散，可引起子宫肌炎、子宫浆膜炎、子宫周围炎，常转为慢性炎症，是导致母羊不孕的主要原因之一。

（一）病因

主要由于分娩、助产、子宫脱出、阴道脱出、胎衣不下、腹膜炎、子宫复旧不全、流产、死胎滞留在子宫内或由于配种、人工授精和接产过程中消毒不严，或造成子宫和软产道的损伤等因素，导致细菌感染而引起的子宫黏膜炎症；也可继发于传染病或寄生虫病，如布鲁菌病、沙门菌病、弓形虫病等。

（二）诊断要点

1. 病史

通常发生于产后，有生殖器官遭受损伤和感染的病史。

2. 临床症状

病羊有时拱背、努责，从阴门内排出黏性或黏液脓性分泌物，严重时分泌物呈污红色或棕色，且有臭味，卧下时排出较多，在尾根和阴门常附着炎性分泌物。严重时，精神沉郁，体温升高，食欲减退或废绝，反刍减弱或停止，轻度臌气。若治疗不当，可转变为慢性。常继发子宫积脓、积液、子宫与周围组织黏连、输卵管炎等，表现为发情期紊乱，屡配不孕，或受孕后又流产。

3. 阴道检查

子宫颈充血、肿胀、稍开张，有时见到其中有分泌物流出。

（三）防治

1. 预防

（1）加强饲养管理　保持圈舍和产房的清洁卫生，临产前后，对母羊阴门及周围部位进行消毒，在配种、人工授精和助产时，应注意器械、术者手臂和母羊外生殖器的消毒。

（2）治疗相关原发病　流产、难产、胎衣不下、子宫内翻及脱出、阴道炎等生殖器官疾病应积极治疗，以防造成子宫损伤和感染。积极防治布鲁菌病、沙门菌病、弓形虫病等侵袭性疾病。

(3) 产后药物预防

【处方 1】

缩宫素注射液 5～10 单位，皮下或肌内注射。

促孕灌注液 10～15 毫升，隔日 1 次，连用 2～3 次。

青霉素 2 万～3 万单位/千克体重，链霉素 10～15 毫克/千克体重，注射用水 5～10 毫升，肌内注射，每日 2 次，连用 3 日。

【处方 2】

益母生化散：益母草 120 克，当归 75 克，川芎 30 克，桃仁 30 克，干姜（炮）15 克，甘草（炙）15 克。每次 30～60 克，或每千克体重 1 克，水煎候温灌服，每日 1 次，连用 3～6 次。

2. 治疗

治疗原则为抗菌消炎，防止感染扩散，促进分泌物排出。

【处方 1】

苯甲酸雌二醇注射液 1～3 毫克，肌内注射。

0.1%利凡诺液（或 0.1%高锰酸钾液）100～300 毫升，子宫冲洗，并用虹吸方法排尽冲洗液。

1%～1.5%露它净（宫炎清）100 毫升，子宫灌注，每日 1 次，连用 3 次。

缩宫素注射液 30～50 单位，皮下注射、肌内注射或静脉注射。

【处方 2】

氧氟沙星注射液 2.5～5 毫克/千克体重，肌内注射，每日 2 次，连用 2～3 天。

【处方 3】

5%葡萄糖氯化钠注射液 500 毫升，氨苄青霉素钠 10～20 毫克/千克体重，地塞米松注射液 4～12 毫克，10%安钠咖注射液 10 毫升；10%葡萄糖注射液 500 毫升，10%葡萄糖酸钙注射液 50～150 毫升，维生素 C 注射液 0.2～0.5 克，依次静脉注射，每日 1～2 次，连用 2～3 日。

甲硝唑注射液 10～20 毫克/千克体重，静脉注射，每日 1 次，连用 2～3 日。

预防部分所述之益母生化散同样可用于治疗，请参考前文内容。

四、生产瘫痪

生产瘫痪又叫乳热症，中兽医称为产后风，是母畜分娩前 24h 至产后 72h 内突然发生的以轻瘫、昏迷和低钙血症为主要特征的一种代谢性疾病。主要发生于第 2～5 胎的高产奶山羊，特别是产后 1～3 天，成年绵羊也可发病。

(一) 病因

确切原因还不清楚，一般认为与以下因素有关。

1. 病羊的血钙、血磷、血糖浓度显著降低

主要原因是由于母羊分娩之后，将大量的血液物质作为原料合成初乳，其中钙、磷、糖是合成初乳的主要物质，从而导致血钙、血磷、血糖浓度下降。其中，血钙降低是各种反刍兽生产瘫痪的共同特征。如营养良好的舍饲母羊产乳量过高，钙、磷不平衡等都可以诱发此病。

2. 肾上腺皮质激素的含量下降和大脑皮层抑制

在血钙、血磷、血糖浓度下降的同时，常常伴随肾上腺皮质激素的下降。分娩过程中，大脑皮层常常处于高度兴奋紧张状态，产后由高度兴奋即转为深度抑制，同时由于分娩后腹内压突然下降，血液重新分布（即腹腔器官发生被动性充血和大量血液进入乳房），造成大脑皮层缺氧，引起暂时性的脑贫血，加深大脑皮层的抑制程度，从而产生昏睡。

（二）诊断要点

1. 病史

主要发生于高产奶山羊，特别在分娩前 1 天至产后 1～3 天，以及第 2～5 胎次。

2. 临床症状

分娩前后数日内母羊突然出现精神沉郁，食欲减退，反刍停止，后肢发软，行走不稳，喜卧恶立。病羊倒地后起立困难，个别不能站立，头颈伸直，不排粪便和尿液，皮肤对针刺的反应很弱，体温一般正常。严重时，四肢伸直，头弯于胸部，体温逐渐下降，有时降至 36℃，心跳微弱，呼吸深而慢，皮肤、耳朵和角根冰冷，少数病羊完全丧失知觉，最后昏迷死亡。

3. 实验室诊断

血钙（正常血钙含量为 2.48 毫摩尔/升，发病时血钙含量可降至 0.94 毫摩尔/升）、血磷、血糖浓度显著降低。

4. 治疗性诊断

用钙剂治疗疗效迅速而确实。

5. 鉴别诊断

此病应与孕畜截瘫、产后截瘫（产后截瘫神志清楚，病变一般在腰部，多由外伤引起）和产褥热（产褥热多由产后感染引起，常有体温升高等全身症状，甚至出现败血症）进行区别。

（三）防治

1. 预防

妊娠母羊加强饲养管理，科学补充各种矿物质，如添加磷酸氢钙、骨粉等，保持钙、磷比例在 1.5∶1～1∶1，注意运动，多晒太阳。高产奶羊产后不立即哺乳或挤奶，或产后 3 天内不挤净初乳。

2. 治疗

治疗原则为补充血钙、血磷、血糖，也可采用乳房送风疗法。

【处方 1】

10％～25％葡萄糖注射液 200～500 毫升，10％葡萄糖酸钙注射液 50～150 毫升（或 10％硼葡萄糖酸钙注射液 0.21～0.43 毫升/千克体重，或 5％氯化钙注射液 1～5 克），地塞米松注射液 4～12 毫克，10％安钠咖注射液 10 毫升，静脉注射，每日 1～2 次，连用 2～3 日。

【处方 2】

5％葡萄糖氯化钠注射液 500 毫升，20％磷酸二氢钠注射液 40～50 毫升，10％氯化钾注射液 5～10 毫升，静脉注射，每日 1 次，连用 3～5 次。

维丁胶性钙注射液 2～3 毫升，皮下或肌内注射，每日 1 次，连用 3～5 次。

【处方 3】

乳房送风疗法：乳房消毒后，用通乳针依次向每个乳头管内注入青霉素 40 万单位，链霉素50万单位（用生理盐水溶解）。然后再用乳房送风器或100毫升注射器依次向每个乳头管注入空气，注入空气的适宜量，以乳房皮肤紧张，乳腺基部的边缘清楚并且变厚，轻叩呈现鼓音为标准。送完气后，用纱布将乳头轻轻束住，防止空气逸出。待病羊站起后，经过1小时，将纱布解除。

五、乳 房 炎

乳房炎是由各种病因引起的乳房的炎症，其主要特点是乳汁发生理化性质及细菌学变化，乳腺组织发生病理学变化。多见于泌乳期的山羊、绵羊。

（一）病因

1. 病原微生物感染

多由非特异性微生物从乳头管侵入乳腺组织而引起，绵羊乳房炎常见的病原有金黄色葡萄球菌、溶血性巴氏杆菌、大肠杆菌、乳房链球菌、无乳链球菌等，山羊乳房炎的病原菌主要有金黄色葡萄球菌、无乳链球菌、停乳链球菌、化脓链球菌和伪结核菌等。

2. 饲养管理不当

营养不足，圈舍卫生不良，挤奶消毒不严，乳头咬伤、擦伤，停乳不当，乳头管给药时操作不当或污染均可导致乳房炎。

3. 继发性因素

乳房炎可继发于胃肠炎、腹膜炎、产褥热、子宫内膜炎、产后脓毒血症、胎衣不下和结核病等。

（二）诊断要点

根据临床症状初步诊断。乳房炎的主要症状为乳汁异常（色泽异常、凝块、絮片和染血），乳房的大小、质地、温度异常及全身反应。急性乳房炎临床炎症明显，局部红、肿、热、痛，局部坚实，产奶量减少，乳汁呈淡棕色或黄褐色，含有血液或凝乳块，全身症状明显，精神沉郁，食欲减退，反刍停止，体温高达41～42℃，呼吸和心跳加快，眼结膜潮红等。乳汁镜检见有多量细菌和白细胞；慢性乳房炎病程较长，临床症状不太明显，乳房无热无痛，但泌乳减少，乳房内有大小不等的结节或硬肿，严重的出现化脓。

（三）防治

1. 预防

（1）加强饲养管理　枯草季节要适当补喂草料，避免严寒和烈日曝晒，杀灭蚊虫，乳用羊要定时挤奶，一般每天挤奶3次为宜，产奶特别多而羔羊吃不完时，可人工将剩奶挤出和减少精料，分娩前如乳房过度肿胀，应减少精料及多汁饲料。

（2）搞好卫生　定期清扫、消毒羊圈，保持圈舍干燥、卫生，挤奶时用温水洗净乳房及乳头，再用干毛巾擦干，挤完奶后，用0.05%新洁尔灭液浸泡或擦拭乳头，对病羊要隔离饲养，单独挤乳，防止病原扩散。

（3）保护乳房　放牧时防止母羊乳房受伤，做好分群和断奶工作，怀孕后期停奶要逐渐进行，停奶后将抗生素注入每个乳头管内。

（4）做好检测　定期化验乳汁，检出病羊，积极治疗。

2. 治疗

治疗原则为抗菌消炎，增免消肿。局部形成脓肿时，按照化脓创处理。

【处方 1】

公英散：蒲公英 60 克，金银花 60 克，连翘 60 克，丝瓜络 30 克，通草 25 克，芙蓉叶 25 克，浙贝母 30 克。每次 30～60 克，水煎候温灌服，每日 1 次，连用 3 日。

【处方 2】

庆大霉素 8 万单位（或青霉素 40 万单位，链霉素 50 万单位），蒸馏水 20 毫升，酒精棉球消毒乳头，挤净病侧乳汁，用通乳针通过乳头管注入，注后按摩乳房，每日 2 次，连用 3～5 日。

或林可霉素-新霉素乳房注入剂 7 克，乳头管注入，注后按摩乳房，每日 1 次，连用 3 日。

【处方 3】

青霉素 80 万单位，0.5%盐酸普鲁卡因注射液 40 毫升，在乳房基底部或腹壁之间，用封闭针头进针 4～5 厘米，分 3～4 次注入，每 2 天封闭 1 次。

【处方 4】

20%硫酸镁 500 毫升，乳房炎初期可用冷敷，中后期用热敷（40～50℃），每次 10～20 分钟，每日 2 次。

10%鱼石脂酒精或 10%鱼石脂软膏 100 克，外敷。

【处方 5】

碘樟脑酒（2%碘酊加入 10%樟脑）100 毫升，慢性乳房炎时涂擦乳房皮肤，必要时隔 1～2 日再用 1 次。

【处方 6】

盐酸左旋咪唑片 5 毫克/千克体重，内服，每日 1 次，连用 5～7 次。

【处方 7】

5%葡萄糖氯化钠注射液 500 毫升，氨苄青霉素钠 10～20 毫克/千克体重（或硫酸庆大霉素注射液 20 万单位，或氧氟沙星 2.5～5 毫克/千克体重）；10%葡萄糖注射液 500 毫升，维生素 C 注射液 0.5～1.5 克，依次静脉注射，每日 1～2 次，连用 3 日。

5%碳酸氢钠注射液 50～100 毫升，静脉注射，每日 1 次，连用 3～5 次。

六、泌乳不足及无乳

母畜产后及泌乳期乳腺机能异常，乳汁量显著减少，甚至完全无乳，乳房局部及全身没有临床症状，称为泌乳不足及无乳。临床特征为泌乳量减少或无乳。

（一）病因

1. 饲养管理不当

母羊怀孕期过瘦或过肥，草料单一，品质不良，甚至霉变，饲料营养不全，突然换料；母羊配种过早，乳腺发育不全，或年龄过大，导致泌乳机能衰退，挤奶不净或不及时哺乳，抑制乳腺分泌，奶山羊停乳过迟；哺乳母羊遭受应激因素，如气候突变，圈舍阴冷潮湿，环境过热，长途运输，受惊，突然换饲养人员，突然改变挤奶时间、地点及挤奶员等。

2. 用药不当

泌乳母羊使用碘酊、泻剂和雌激素，均可影响泌乳，降低泌乳量。

3. 继发因素

可继发于前胃疾病、妊娠毒血症、热性传染病、寄生虫病、难产、乳腺炎、胎衣不下，以及产后感染（如产后阴道炎、子宫内膜炎、败血症、脓毒血症）。

（二）诊断要点

1. 临床症状

乳房及乳头缩小，乳房皮肤松弛，乳腺松软，母羊拒绝哺乳，常腹卧或站立，甚至攻击羔羊，泌乳量减少，挤出的乳汁正常，羔羊经常用头碰撞母羊乳房，吮乳次数增加，或跟在母羊后鸣叫待哺，常因饥饿很快消瘦，甚至死亡。

2. 临床检查

母羊乳房常无炎症反应，不红、不肿、不痛，羔羊消瘦，死亡剖检胃内无乳汁或乳凝块。

（三）防治

1. 预防

加强饲养管理，给予母羊优质干草，适当补充蛋白质、谷物和青绿多汁饲料，有条件的羊场可饲喂全价配合饲料，加强羊舍建设，创造良好环境条件，定时挤奶，挤奶前对乳房进行热敷和仔细充分按摩。积极防治原发病。

2. 治疗

治疗原则为加强饲养管理，促进泌乳。

【处方 1】

垂体后叶素注射液或缩宫素注射液 10～20 单位，皮下或肌内注射，每日 1 次，连用 3～4 次。

【处方 2】

催乳片（复方王不留行片）5～10 片，维 D_2 磷酸氢钙片 5～10 片，干酵母片 30～60 克，胃复安片 5～10 毫克，甘油 20～30 毫升，炒黄豆 50 克，内服，每日 2 次，连用 3～5 日。

【处方 3】

通乳散：当归 30 克，王不留行 30 克，黄芪 60 克，路路通 30 克，红花 25 克，通草 20 克，漏芦 20 克，瓜蒌 25 克，泽兰 20 克，丹参 20 克。每次 60～90 克，水煎候温灌服，每日 1 次，连用 3～5 日。

【处方 4】

催奶灵散：王不留行 20 克，黄芪 10 克，皂角刺 10 克，当归 20 克，党参 10 克，川芎 20 克，漏芦 5 克，路路通 5 克。每次 40～60 克，水煎候温灌服，每日 1 次，连用 3～5 日。

第三节 不育症

一、母羊的不育症

母羊不育症通常称为不孕症，是指已达到配种年龄的母羊暂时性或永久性的不能繁殖。临床特征为发情异常，受精障碍和胎儿生前死亡，屡配不孕。母羊超过始配年龄或产后经过 3 个发情周期的配种仍不能受孕，就可视为该母羊患有不育症。

临床上导致母羊不育的生殖器官疾病主要包括卵巢机能减退、不全或萎缩和卵巢囊肿。卵巢机能减退是指卵巢机能暂时受到扰乱，处于静止状态，不出现周期性活动；卵巢机能不全是有发情的外表症状，但不排卵或排卵延迟，或者是有排卵，但无发情的外表症状（即安静发情）。卵巢萎缩是指卵巢变小，质地稍硬，没有卵泡发育。卵巢机能减退、不全或萎缩在各类不孕症中所占比例最高。卵巢囊肿是指卵巢中形成了顽固的球形腔体，外面盖着上皮包膜，内容物为水状或黏液状液体，同时卵巢上无正常黄体结构的一种病理状态。主要见于高产奶山羊。

（一）病因

1. 先天性不育

主要见于生殖器官发育异常，如幼稚病，生殖器官畸形，两性畸形，异性孪生不孕母羊，近亲繁殖等，这种器质性不育的羊要及时淘汰。

2. 饲养不当

饲料长期不足、单一，饲料中缺乏蛋白质、碳水化合物、矿物质（如钙、磷）、维生素（如维生素 A、维生素 B、维生素 D、维生素 E）和微量元素（如硒、锰、钴、碘）。饲料品质不良，饲料腐败变质、发霉，及长期饲喂未脱毒的有毒饲料，如棉籽饼、菜籽饼、酒糟、淀粉渣等。营养过剩，母羊过肥。

3. 管理不良

母羊泌乳过多，断奶过迟，长期处在寒冷潮湿的圈舍，缺乏运动，外界气温突变，光照不足，突然改变母羊生活环境条件。

4. 配种技术差

如母羊漏配，配种时间不当，精液品质不良，人工授精技术不当，精子受损，输精不当，妊娠检查不准。

5. 卵巢机能减退、不全或萎缩

由于长期饲喂不足或饲料质量不好，哺乳过多及长期患病（如子宫疾病或严重的全身性疾病），使母羊营养过度消耗，身体瘦弱导致。卵巢炎可引起卵巢萎缩及硬化。天气过冷、过热或变化无常，也可引起卵巢机能暂时减退。羊安静发情常见于初情期及发情季节的第一次发情，也发生于营养缺乏时。

6. 卵巢囊肿

饲料缺乏维生素 A、磷或含有较多的植物雌激素（主要见于三叶草、苜蓿草、青贮料、大豆、豌豆等草料中），饲喂精料过多而又缺乏运动，内分泌机能紊乱（如促黄体素分泌不足或促肾上腺皮质激素分泌过多），或雌激素用量过多。由于子宫内膜炎、胎衣不下及其他卵巢疾病而引起卵巢炎可导致排卵受阻，此外，也与气候突变，遗传有关。

7. 继发因素

继发于其他生殖器官疾病（如流产、早期胚胎死亡、围产期胎儿死亡、难产、胎衣不下、子宫脱出、慢性子宫内膜炎、子宫积水、阴道炎、慢性子宫颈炎等）、内科病、传染病（布鲁菌病、沙门菌病、衣原体病）和寄生虫病等。

（二）诊断要点

1. 病史

母羊饲养不当，营养缺乏或过多，生殖器官有发育异常、受损或患病的病史。

2. 临床症状

母羊表现为长期繁殖障碍，如长期不发情（或乏情），发情不明显，发情周期延长，发情但屡配不孕，频繁发情，怀孕后发生流产和胎儿死亡等。

卵巢机能减退和不全的特征是发情周期延长或长期不发情，发情的外表症状不明显，或出现发情症状，但不排卵。卵巢萎缩时母羊不发情。母羊安静发情，可以利用公羊检查。

卵泡囊肿的临床特征是无规律的频繁发情和持续乏情，甚至出现羡慕雄性（慕雄狂）。黄体囊肿的特征为长期不发情（或乏情）。

3. 阴道检查

可以发现子宫颈外口闭锁、畸形、不正、有肿瘤，或充血、水肿、附有黏液或脓液。

4. B 超检查

对生殖器官的发育异常和形态学变化（如子宫积水、卵巢囊肿），延期流产等引起的不育有重要的诊断价值。

（三）防治

1. 预防

（1）改善饲养管理　饲料要多样化，补喂富含蛋白质、矿物质、维生素和微量元素的饲料，满足种羊的营养需要。注意防止母羊过肥，过肥母羊要减少精料喂量，增加青绿多汁饲料喂量。加强草场养护，提高牧草质量，严禁牧地超载，增加母羊放牧和日照时间，冬天注意防寒保暖，夏季注意防暑降温。

（2）做好母羊配种和分娩工作　做好发情鉴定，提高本交和人工授精技术，防止漏配和配种不适时，减少配种过程中的污染，进行妊娠检查，及时发现未孕母羊。必要时用输精管结扎的公羊，混于母羊群中催情。公母羊分群饲养，防止偷配、乱配和近亲交配。接产时注意卫生消毒，助产动作轻柔，促进子宫复旧，做好产后保健，防止生殖器官疾病的发生。

（3）积极淘汰和治疗原发病　及早淘汰或治疗有生殖器官发育异常和有生殖器官疾病（如子宫内膜炎等）的母羊，对羊群定期进行预防接种和驱虫。

2. 治疗

（1）卵巢机能减退和不全

【处方 1】

促卵泡素（FSH）5～2.5 毫克，皮下、肌内或静脉注射，每日 1 次，连续 2～3 次。

促黄体激素（LH）2.5 毫克，发情后皮下或静脉注射，可在 1～4 周内重复注射。

【处方 2】

马促性腺激素（孕马血清，PMS）200～1000 单位，皮下或静脉注射，1 日或隔日 1 次。

绒毛膜促性腺激素（HCG）400～800 单位，肌内注射，可在发情后或与马促性腺激素同时注射。

【处方 3】

维生素 AD 注射液 0.5～1 毫升，肌内注射，每 10 日 1 次，连用 3 次。

【处方 4】

氯前列烯醇注射液 0.2 毫克，肌内注射。

或黄体酮注射液15～25毫克，肌内注射。

或苯甲酸雌二醇注射液1～3毫克，肌内注射，隔日再注射1次。注意本品只能引起发情，不能引起卵泡发育及排卵，故第一次发情，不必配种。配种前最好配合促排卵药物。

【处方5】

催情散：淫羊藿6克，阳起石（酒淬）6克，当归4克，香附5克，益母草6克，菟丝子5克。每次50克，拌料或水煎候温灌服，每日1次，连用5日。配种前最好配合促排卵药物。

（2）卵巢囊肿

【处方1】

促黄体激素（LH）2.5毫克，皮下或静脉注射。或绒毛膜促性腺激素（HCG）400～800单位，肌内注射。

【处方2】

促排卵3号（促黄体素释放激素A_3，LRH-A_3）5～10微克，肌内注射。

【处方3】

黄体酮注射液5～10毫克，肌内注射，每日或隔日1次，连用2～7次。

【处方4】

氯前列烯醇注射液0.2毫克，肌内注射，用于黄体囊肿。

二、精液品质不良

精液品质不良是指公羊的精子达不到使母羊受精所需要的标准，主要表现是无精子、少精子、死精子、精子畸形、精子活力不强，或含有红细胞、白细胞。这是公羊不育最常见的原因。

（一）病因

饲料的喂量不足或质量低劣，营养成分不全，运动不足，配种过度，长期不配种，人工授精时精液处理不当等；隐睾、睾丸发育不全、睾丸炎及附睾炎、精索静脉曲张等；继发于高热性疾病、传染病（布鲁菌病、衣原体病）。

（二）诊断要点

1. 病史

公羊有饲养管理不当，性欲减退，以及所配母羊发生返情或不孕的病史。

2. 肉眼观察

精液带血时呈粉红色至深红色，带尿液时呈黄色，常有尿臭味。

3. 显微镜检查

精液可能是无精子、少精子、精子的活力降低或死亡，或者出现各种不同的畸形。如畸形精子数不超过10%～20%，公畜基本具有正常生育力，畸形精子数达到30%～50%以上时，明显影响生育力。生殖器官疾病时，可发现大量白细胞和脓细胞。

（三）防治

1. 预防

加强饲养管理，如改善饲料品质（补充蛋白质、碳水化合物、维生素和矿物质），增加饲料的数量，加强运动，暂停配种。积极治疗引起精液品质不良的原发病。对先天性不育的公羊，不能留作种用。

2. 治疗

【处方 1】

马促性腺激素（孕马血清，PMS）200～1000 单位，皮下或静脉注射，1 日或隔日 1 次。

或绒毛膜促性腺激素（HCG）400～800 单位，肌内注射，间隔 1～2 日 1 次，连用 2～3 次。

或促黄体激素（LH）2.5 毫克，皮下或静脉注射，可在 1～4 周内重复注射。

【处方 2】

丙酸睾丸酮注射液 30～60 毫克，皮下或肌内注射，隔日 1 次，连用 2～3 次。

第四节 新生羔羊疾病

一、新生羔羊窒息

新生羔羊窒息又称为假死，是指胎儿在刚出生时无呼吸动作而仅有微弱的心跳。如抢救不及时，可致死亡。

（一）病因

主要是胎盘血液循环障碍，胎儿体内二氧化碳含量过高所致。可见于分娩时间过长（如老龄、体弱母羊，产力不足，产道干燥、狭窄），胎儿排出受阻（如胎儿过大，难产），胎盘分离过早，胎囊破裂过晚，脐带受到挤压，脐带缠绕，催产素使用过量，子宫痉挛收缩，胎盘血液循环障碍，母畜严重贫血或伴有热性病，血液循环不良，血液质量差，胎儿过早发生呼吸反射，使羊水吸入胎儿的呼吸道等，均可导致新生羔羊窒息。

（二）诊断要点

新生羔羊出现全身松软，黏膜发绀或苍白，呼吸微弱或停止，反射减弱或消失，心跳加快或微弱，舌伸于口外，口鼻充满黏液，肺部听诊有湿性啰音。

（三）防治

1. 预防

母羊临产要专人看护，正确助产，合理用药，治疗原发病。

2. 治疗

治疗原则为及时清理呼吸道，兴奋呼吸。用布擦净羔羊口鼻羊水，倒提羔羊，不断抖动、拍打颈部及臀部，空出羊水，进行人工呼吸（如有规律地按压胸部或腹部，拉动四肢，一般每分钟 60 次），用氨水等刺激鼻黏膜，诱导呼吸，或氧气吸入。

【处方 1】

25%尼可刹米注射液 0.5 毫升，皮下、肌内或静脉注射，也可选脐血管注射。

或山梗菜碱注射液 1～3 毫克，皮下或静脉注射。

【处方 2】

氨苄青霉素 10～20 毫克/千克体重，地塞米松注射液 1～2 毫克，盐酸山莨菪碱注射液（654-2 注射液）1～2 毫克，注射用水 2 毫升，肌内注射，每日 2 次，连用 2～3 日。

二、新生羔羊孱弱

新生羔羊孱弱是指羔羊生理功能不全，衰弱无力，生命力不强的一种先天性发育不良综合征。此病主要表现为出生后如果不及时处理可能在数小时或几天内死亡，或因生活能力低下而长久卧地不起。多见于冬季和早春季节，母羊舍饲，以及多胎羔羊。

（一）病因

1. 母羊妊娠期间饲料营养不良

饲料不足，或缺乏蛋白质、碳水化合物、维生素、矿物质等。

2. 母羊患病

妊娠毒血症、产前截瘫、生产瘫痪、产后感染、布鲁杆菌病等。

3. 羔羊生活力降低

母羊老龄体弱，早产，近交，护理不当，羔羊受冻，过度饥饿等。

（二）诊断要点

1. 病史

有妊娠母羊饲养管理不当，羔羊早产或护理不当的病史。

2. 临床诊断

临床特征为新生羔羊全身生理功能低下，活力降低。表现为羔羊出生后体质衰弱，肌肉松弛，站立困难或卧地不起，心跳快而弱，呼吸浅表而不规则，体温降低，末端发凉，不会吮吸，闭眼，皮肤震颤，对外界反应迟钝。

（三）防治

1. 预防

加强妊娠母羊的饲养管理，提供营养丰富的饲料，产房注意保暖，寒冷季节，母羊产后进行取暖。辅助羔羊吃足初乳，必要时进行寄养或人工哺乳。积极治疗母羊疾病。

2. 治疗

治疗原则为强心补液，补充营养。

【处方】

10%葡萄糖注射液 20～30 毫升，10%葡萄糖酸钙注射液 1～2 毫升，1%三磷酸腺苷二钠注射液（ATP 注射液）0.5～1 毫升，注射用辅酶 A 10～20 单位，维生素 C 注射液 0.1～0.2 克，10%安钠咖注射液 1～2 毫升，静脉注射，每日 1～2 次，连用 3 日。

三、胎粪停滞

由胎儿胃肠道黏液、脱落上皮、胆汁及吞咽的羊水等消化残物所形成的胎粪，在羔羊出生后不久排除，胎粪停滞又称为新生羔羊便秘，一般是在产后 1 天不排胎粪，并伴有腹痛现象。多发生于体弱的绵羊羔，胎粪常密结于直肠或小肠等部位。

（一）病因

怀孕后期，饲养管理不当，母羊缺乳或无乳，初乳品质不良，缺乏镁离子等轻泻元素，羔羊孱弱，未及时哺喂初乳，引起肠道弛缓，胎粪滞留。

（二）诊断要点

羔羊出生后1～2天未见胎粪排出，病初不安，吮乳次数减少，肠音减弱或消失，常作排粪姿势，如拱背、努责、收腹，但无胎粪排出，之后出现腹痛表现，如回头顾腹，后肢踢腹，频频起卧，甚至打滚咩叫。手指伸入直肠检查，可发现肛门端积有浓稠或硬性黄褐色胎粪。常继发肠臌气。

（三）防治措施

1. 预防

加强母羊怀孕后期的饲养管理，供给全价日粮，羔羊出生后，及时哺喂初乳。

2. 治疗

【处方1】

手指掏粪，带上医用手套，石蜡油润滑，用手指取出直肠内结粪。或配合腹部按摩。

【处方2】

温肥皂水200毫升，或5%芒硝液（5%硫酸镁液）20～40毫升，灌肠。

【处方3】

石蜡油5～15毫升，一次灌服。

四、新生羔羊先天性肛门及直肠闭锁

新生羔羊先天性肛门及直肠闭锁是肛门被皮肤封闭而无肛门孔（即肛门闭锁，或锁肛），或直肠末端为一盲囊，并且直肠盲端与肛门之间有一段距离（即直肠闭锁），或是指直肠末端开口于阴道前庭或阴道的上壁（即膣肛，或直肠阴道瘘）的先天性畸形。此病发生于各种羔羊。

（一）病因

属于先天性畸形，为隐性遗传病，多为近亲繁殖的结果。

（二）诊断要点

1. 肛门闭锁和直肠闭锁

新生羔羊排不出胎粪，表现不安，咩叫，时常努责，1～2日后，精神沉郁，食欲减退，腹围逐渐增大，常表现起卧打滚，以后逐渐出现自体中毒症状，很快死亡。临床检查发现羔羊没有肛门口，会阴部往往发育不良，呈平坦状，肛区为完整皮肤覆盖，努责时肛门处皮肤明显突出，隔着皮肤用手指可摸到胎粪。

2. 膣肛

母羔排粪不畅，轻微腹胀，疼痛不安，不停咩叫，努责时从阴道口排出少量粪便。临床检查发现羔羊只有阴门而无肛门，直肠末端开口于阴道前庭或阴道上壁，但开口通常较小，用导管或体温计进行探诊时病羔极度痛苦。膣肛羔羊症状常比较缓和，往往发现较晚，存活时间较长。

（三）防治措施

1. 预防

加强妊娠母羊的饲养管理，公母羊分群饲养，防止近亲繁殖，淘汰隐性基因，病羊不作种用。

2. 治疗

治疗原则为及早手术，恢复肛门和肠道畅通，加强术后护理。

【处方 1】

肛门成形术。用于肛门闭锁和直肠闭锁的治疗。羔羊侧卧或倒立保定，肛门周围用 0.01%～0.05%新洁尔灭溶液清洗，2%碘酊消毒，70%～75%酒精脱碘，0.25%～0.5%盐酸普鲁卡因注射液局部浸润麻醉，助手轻压腹部，在肛门部最突出处，用手术刀做“X”形切口，长 0.8～1.2 厘米，切开皮肤，翻开 4 个皮瓣，其下方可见环形外括约肌纤维，经括约肌中间向深层钝性分离软组织，寻找直肠盲端，在盲端肌层穿 2 根丝线做牵引，直肠盲端做“十”字形切口切开，用吸引器吸尽胎粪，或让其自然流出拭净，之后在直肠中放置棉球，避免创面污染。将直肠盲端与周围软组织固定数针，用细丝线或肠线结节缝合肠壁与肛周皮肤，注意肠壁与皮肤瓣应交叉对合，使愈合后瘢痕不在一个平面上。术部撒布青霉素粉。术后 10 天左右开始扩肛，防止肛门狭窄。

【处方 2】

锁肛造孔术。

（1）*用于治疗肛门闭锁和直肠闭锁*　羔羊侧卧或倒立保定，术部常规消毒，局部浸润麻醉。在肛门突出部或相当于正常肛门的位置，按正常羔羊肛门的大小切出一圆形皮瓣，分离暴露直肠盲段。充分剥离直肠壁与周围结缔组织，尽可能向外牵引直肠盲段，用灭菌纱布严密隔离盲段周围，环形切开盲段，排出肠内聚集的粪便，用消毒液清理直肠及其切口周围，将其末端肠壁于对应的肛门部皮肤结节缝合一周，也可以先将直肠与皮肤缝合固定，再切断直肠盲端。

（2）*用于治疗锁肛并发直肠阴道瘘*　羔羊站立或倒立保定，术部及阴道常规消毒，局部浸润麻醉。在会阴正中线切开皮肤，将瘘管与周围组织分离，然后牵引直肠到肛门部，并将直肠断端与肛门部皮肤创缘对接缝合，最后闭合会阴切口。

【处方 3】

直肠移动瓣修补术。用于治疗锁肛并发直肠阴道瘘，并且瘘口较大。羔羊站立保定，后躯抬高，肛门周围及阴道常规消毒，局部浸润麻醉。瘘道内插入探针或体温计，探清内外口，并辅助寻找直肠，直肠黏膜瓣采用“U”形切口，瓣长宽比不能大于 2∶1，并保证足够的血液供应。黏膜下注射 1∶20000 肾上腺素以减少出血。分离内括约肌，并在中线缝合。瘘口周边切除宽约 0.3 厘米黏膜组织形成创面，然后将移动瓣下拉覆盖瘘管内口创面，用肠线或细丝线间断缝合，恢复黏膜与皮肤连接的正常解剖学关系，阴道伤口不缝合，作引流用。

【处方 4】

轻症病例术后给药。20%长效土霉素注射液 10～20 毫克/千克体重，肌内注射，每日 1 次，连用 3 日。

【处方 5】

重症病例术后给药。5%葡萄糖氯化钠注射液 60～100 毫升，氨苄青霉素 50～100 毫克/千克体重，地塞米松注射液 2 毫克，10%安钠咖注射液 1～2 毫升，维生素 C 注射液 0.1～0.2 克（液体剩三分之一时加入），静脉注射，每日 1～2 次，连用 3 日。

甲硝唑注射液 10 毫克/千克体重，静脉注射，每日 1 次，连用 3 次。

主要参考文献

[1] 王建辰等. 羊病学. 北京：中国农业出版社，2002.

[2] 王小龙. 兽医内科学. 北京：中国农业大学出版社. 2004.

[3] 薛占永等. 羊病诊治关键技术一点通. 石家庄：河北科学技术出版社，2004.

[4] 陈怀涛. 牛羊病诊治彩色图谱. 北京：中国农业出版社，2004.

[5] 王建华. 家畜内科学. 第3版. 北京：中国农业出版社，2002.

[6] 唐兆新. 兽医临床治疗学. 北京：中国农业出版社，2002.

[7] 陈溥言. 兽医传染病学. 第5版. 北京：中国农业出版社，2006.

[8] 胡元亮. 兽医处方手册. 第2版. 北京：中国农业出版社，2005.

[9] 卫广森. 羊病. 北京：中国农业出版社，2009.

[10] 何生虎. 羊病学. 银川：宁夏人民出版社，2006.

[11] 贺普霄. 家畜营养代谢病. 北京：中国农业出版社，1994.

[12] 石冬梅. 羊病门诊实用技术. 郑州：河南科学技术出版社，2005.

[13] 宁长申等. 畜禽寄生虫病学. 北京：北京农业大学出版社，1995.

[14] 丁伯良. 动物中毒病理学. 北京：中国农业出版社，1996.

[15] 胡功政等. 新全实用兽药手册. 郑州：河南科学技术出版社，2006.

[16] 甘肃农业大学. 兽医产科学. 第2版. 北京：中国农业出版社，1996.

[17] 丁明星. 兽医外科学. 北京：科学出版社，2009.

[18] 王贵等. 畜禽普通病学. 北京：中国农业科技出版社，1997.

续表

书　号	书　　名	定价
08819	科学自配鹅饲料	22
04230	简明牛病诊断与防治原色图谱	27
03075	兽药问答	49.8
02868	猪传染性疾病快速检测技术	35
01558	禽疾诊疗与处方手册	18

●重点推荐

高效健康养羊关键技术
朱奇　主编

本书从养羊的发展趋势入手，介绍了羊的品种和利用、羊的繁殖技术、羊的饲养管理技术、饲料的加工和利用技术、种草养羊技术、羊场的建造和羊场设施、羊病的防治和羊的产品和加工等方面，系统地讲述了羊的生产全过程。不仅阐述了肉羊的饲养，而且也谈及了乳用羊、裘皮用羊、毛用羊等。本书在谈及理论的同时，更加突出了生产实用技术。

本书本着实际、实用的原则，便于广大的养殖场、养殖园区、养殖户在生产中使用，同时为技术人员提供参考，便于更好地指导养羊的生产。

简明羊病诊断与防治原色图谱
马玉忠　主编

本文图文并茂，介绍了羊的传染病、寄生虫病、内科病、外科病、产科病、代谢和中毒病的病原、病因、流行特点、症状、病理变化、诊断、预防及治疗等内容。全书在介绍每一种疾病时，附有大量照片，具有图像清晰、直观易懂、内容翔实、系统性与科学性强、理论联系实际等特点。可让读者“看图识病，识病能治”，达到快速掌握各种羊病诊断与防治技术的目的。

本书是广大羊病防治工作者和羊场兽医技术人员、动物检疫工作者、基层兽医必备的工具书，同时也是大专院校动物医学、畜牧、养羊和羊病防治等专业师生的重要参考书。

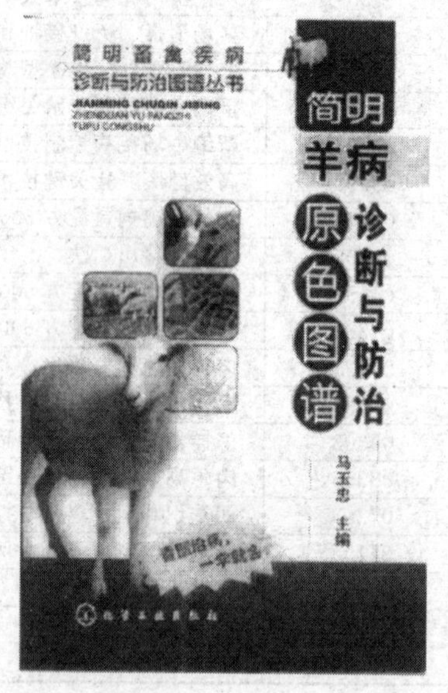

如需以上图书的内容简介、详细目录以及更多的科技图书信息，请登录 www.cip.com.cn。

邮购地址：（100011）北京市东城区青年湖南街 13 号　化学工业出版社

服务电话：010-64518888，64518800（销售中心）

如要出版新著，请与编辑联系。联系方法：010-64519352　sgl@cip.com.cn（邵桂林）